U0263450

中国石油大学(北京)学术专著系列

鄂尔多斯盆地
天然裂缝与注水诱导裂缝

曾联波　赵向原　著

科学出版社

北京

内 容 简 介

本书以鄂尔多斯盆地上三叠统延长组致密低渗透砂岩油藏为例,在研究天然裂缝的形成机理、主控因素与分布规律的基础上,重点介绍了注水诱导裂缝概念、形成条件、形成机理、控制因素及其识别与预测方法,探讨了致密低渗透油藏在注水开发过程中的裂缝动态变化规律及对开发的影响,成果对致密低渗透油藏中后期注水开发具有重要的指导作用。

本书可供从事致密低渗透油藏勘探开发的科研人员、生产管理人员和高等院校的师生参考。

图书在版编目(CIP)数据

鄂尔多斯盆地天然裂缝与注水诱导裂缝 / 曾联波,赵向原著. —北京:科学出版社,2019.7

(中国石油大学(北京)学术专著系列)

ISBN 978-7-03-061777-4

Ⅰ. ①鄂… Ⅱ. ①曾… ②赵… Ⅲ. ①鄂尔多斯盆地-致密砂岩-砂岩油气藏-裂缝(岩石)-研究 Ⅳ. ①P618.130.2

中国版本图书馆CIP数据核字(2019)第126872号

责任编辑:万群霞 崔元春 / 责任校对:樊雅珠
责任印制:师艳茹 / 封面设计:耕者设计工作室

科 学 出 版 社 出版
北京东黄城根北街 16 号
邮政编码:100717
http://www.sciencep.com

三河市春园印刷有限公司 印刷
科学出版社发行 各地新华书店经销
*
2019 年 7 月第 一 版 开本:720×1000 B5
2019 年 7 月第一次印刷 印张:18 1/2
字数:372 000

定价:218.00 元
(如有印装质量问题,我社负责调换)

丛 书 序

　　大学是以追求和传播真理为目的，并为社会文明进步和人类素质提高产生重要影响力和推动力的教育机构和学术组织。1953 年，为适应国民经济和石油工业发展需求，北京石油学院在清华大学石油系并吸收北京大学、天津大学等院校力量的基础上创立，成为新中国第一所石油高等院校。1960 年成为全国重点大学。历经 1969 年迁校山东改称华东石油学院，1981 年又在北京办学，数次搬迁，几易其名。在半个多世纪的历史征程中，几代石大人秉承追求真理、实事求是的科学精神，在曲折中奋进，在奋进中实现了一次次跨越。目前，学校已成为石油特色鲜明，以工为主，多学科协调发展的"211 工程"建设的全国重点大学。2006 年 12 月，学校进入"国家优势学科创新平台"高校行列。

　　学校在发展历程中，有着深厚的学术记忆。学术记忆是一种历史的责任，也是人类科学技术发展的坐标。许多专家学者把智慧的涓涓细流，汇聚到人类学术发展的历史长河之中。据学校的史料记载：1953 年建校之初，在专业课中有 90% 的课程采用苏联等国的教材和学术研究成果。广大教师不断消化吸收国外先进技术，并深入石油厂矿进行学术探索。到 1956 年，编辑整理出学术研究成果和教学用书 65 种。1956 年 4 月，北京石油学院第一次科学报告会成功召开，活跃了全院的学术气氛。1957~1966 年，由于受到全国形势的影响，学校的学术研究在曲折中前进。然而许多教师继续深入石油生产第一线，进行技术革新和科学研究。到 1964 年，学院的科研物质条件逐渐改善，学术研究成果以及译著得到出版。党的十一届三中全会之后，科学研究被提到应有的中心位置，学术交流活动也日趋活跃，同时社会科学研究成果也在逐年增多。1986 年起，学校设立科研基金，学术探索的氛围更加浓厚。学校始终以国家战略需求为使命，进入"十一五"之后，学校科学研究继续走"产学研相结合"的道路，尤其重视基础和应用基础研究。"十五"以来学校的科研实力和学术水平明显提高，成为石油与石化工业的应用基础理论研究和超前储备技术研究，以及科技信息和学术交流的主要基地。

　　在追溯学校学术记忆的过程中，我们感受到了石大学者的学术风采。石大学者不但传道授业解惑，而且以人类进步和民族复兴为己任，做经世济时、关乎国家发展的大学问，写心存天下、裨益民生的大文章。在半个多世纪的发展历程中，石大学者历经磨难、不言放弃，发扬了石油人"实事求是、艰苦奋斗"的优良作风，创造了不凡的学术成就。

学术事业的发展犹如长江大河,前浪后浪,滔滔不绝,又如薪火传承,代代相继,火焰愈盛。后人做学问,总要了解前人已经做过的工作,继承前人的成就和经验,在此基础上继续前进。为了更好地反映学校科研与学术水平,凸显石油科技特色,弘扬科学精神,积淀学术财富,学校从 2007 年开始,建立"中国石油大学(北京)学术专著出版基金",专款资助教师以科学研究成果为基础的优秀学术专著的出版,形成《中国石油大学(北京)学术专著系列》。受学校资助出版的每一部专著,均经过初审评议、校外同行评议、校学术委员会评审等程序,确保所出版专著的学术水平和学术价值。学术专著的出版覆盖学校所有的研究领域。可以说,学术专著的出版为科学研究的先行者提供了积淀、总结科学发现的平台,也为科学研究的后来者提供了传承科学成果和学术思想的重要文字载体。

石大一代代优秀的专家学者,在人类学术事业发展尤其是石油石化科学技术的发展中确立了一个个坐标,并且在不断产生着引领学术前沿的新军,他们形成了一道道亮丽的风景线。"莫道桑榆晚,为霞尚满天"。我们期待着更多优秀的学术著作,在园丁灯下伏案或电脑键盘的敲击声中诞生,展现在我们眼前的一定是石大寥廓邃远、星光灿烂的学术天地。

祝愿这套专著系列伴随新世纪的脚步,不断迈向新的高度!

中国石油大学(北京)校长

张来斌

2008 年 3 月 31 日

前　言

大量油气勘探和开发实践表明，致密低渗透砂岩储层是我国陆相沉积盆地中一种重要的油气储集层类型，其广泛分布在我国陆上各主要含油气盆地中，油气资源量丰富，是我国陆上油气增储上产的主要对象和油气勘探开发的重要领域。在强烈的成岩作用下，致密低渗透砂岩储层中成岩裂缝发育。同时，较强的成岩作用使储层岩石变得致密，脆性程度增大，在后期的构造作用下容易形成构造裂缝。这些构造裂缝和成岩裂缝是致密低渗透储层的主要渗流通道和有效储集空间，影响致密低渗透油藏开发方案的部署和开发效果。

我国致密低渗透砂岩油藏一般以注水开发为主，由于这类油藏储层物性差，基质孔隙及喉道细小，注入水在井底不容易扩散，会导致注水压力不断提高。因此，在长期的注水开发过程中，不断升高的注水压力和油藏地层压力的变化，一方面使储层中天然裂缝的地下张开度和渗透率发生动态变化；另一方面，当注水压力达到或超过裂缝的开启压力甚至地层破裂压力时，还会使天然裂缝张开和扩展，甚至产生注水诱导裂缝，形成致密低渗透油藏开发过程中新的渗透率非均质性，严重影响油藏的注水开发效果和最终采收率。为此，开展致密低渗透油藏天然裂缝及其注水开发过程中形成的注水诱导裂缝研究，对指导我国此类油藏的注水开发和提高采收率具有十分重要的理论意义及实际应用价值。

鄂尔多斯盆地是我国致密低渗透砂岩油气储层的重要分布区域，根据最新一轮油气资源评价，低渗透储层的石油资源量为 68 亿 t，占该盆地石油资源总量的92%。自 1989 年我国第一个亿吨级整装特低渗透大油田——安塞油田全面投入开发以来，中国石油天然气股份有限公司长庆油田分公司(简称长庆油田)先后成功开发了安塞、靖安、西峰、姬塬、白豹、合水和新安边等亿吨级储量规模的大型致密低渗透砂岩油田，通过多年的研究和试验，形成了致密低渗透砂岩油田高效开发系列配套技术。长庆油田 2015 年的原油年产量超过 2500 万 t，为长庆油田成功建设成"西部大庆"，以及实现年产 5000 万 t 油气当量的宏伟发展目标奠定了坚实的基础。

笔者从"九五"期间开始对鄂尔多斯盆地上三叠统延长组致密低渗透砂岩储层天然裂缝与地应力开展研究，先后在靖安油田、安塞油田、西峰油田、姬塬油田、华庆油田和合水地区等重点区域开展过相关工作。既有为致密低渗透油藏开发方案部署而进行的裂缝及地应力分布规律研究及其三维地质模型建立，也有为致密低渗透油藏开发中晚期的开发方案调整而进行的裂缝动态变化规律及其开发对策研究。这些研究成果为鄂尔多斯盆地致密低渗透油藏的高效合理开发和提高采收率提供了理论与地质依据，本书就是在这些研究工作的基础上总结提炼而成的，对深入认识鄂尔多斯盆地致密低渗透砂岩储层天然裂缝和注水诱导裂缝的形成、分布及其对注水开发的影响等方面具有借鉴作用，并对我国其他盆地的致密低渗透砂岩储层天然裂缝和注水开发过程中产生的注水诱导裂缝的研究具有参考价值。

致密低渗透油气藏储层天然裂缝和注水诱导裂缝的识别、预测及评价一直是油气田开发地质研究的难题，尤其是近年来，笔者依据特低渗透油藏的地质特征及在长期注水开发过程中所表现出的动态响应特征，提出了注水诱导裂缝的概念及其研究方向，对致密低渗透油藏开发地质研究提出了新的任务和要求，其研究难度大，目前尚没有成熟的技术和方法可以借鉴。希望本书的出版，能够起到抛砖引玉的作用，可以使更多的科研人员加入该研究行列，为我国致密低渗透油藏的高效合理开发做出贡献。

多年来对鄂尔多斯盆地致密低渗透油藏的研究及本书的撰写过程中，得到了中国石油大学(北京)漆家福、吴胜和、柳广弟、廖新维、程林松、张广清等教授，以及长庆油田李忠兴、赵继勇、史成恩、高春宇、李兆国、李恕军、朱圣举、何永宏、李亮、曲雪峰、王永康、穆国权、熊维亮、李书恒、张皎生、安小平、樊建明、雷启鸿、陆红军、张永强、王晓东、李向平、万晓龙、崔攀峰、刘萍、王靖华、李超、申利娜等领导、专家及同行的支持、指导和帮助；博士研究生唐小梅、巩磊、祖克威、李剑、王兆生、吕文雅、董少群、刘国平及硕士研究生王成刚、李娟、张阳禹、高昂、王继鹏、袁会会、吕鹏、王圣娇、梁丰、陆诗磊等也参加了部分研究工作。在此对他们表示衷心的感谢！

由于作者水平和掌握的资料有限，书中难免有不妥之处，敬请读者批评指正。

作　者

2018 年 8 月

目　　录

第一章　鄂尔多斯盆地基本地质特征

第一节　区域构造特征

鄂尔多斯盆地位于我国中部地区，又称为陕甘宁盆地，横跨陕、甘、宁、晋、蒙 5 个省区，北以阴山—大青山—狼山为界且与河套地堑相隔，南以渭河地堑与秦岭相望，西与贺兰山—六盘山为邻，东为吕梁山—太行山，总面积约为 37×10⁴km²，是我国内陆地区第二大含油气沉积盆地。盆地内蕴藏着丰富的石油和天然气资源，以及煤、油页岩、铀矿等十几种矿产资源，是长庆油田、中国石油化工股份有限公司华北分公司和陕西延长石油(集团)有限责任公司的油气勘探区域。

鄂尔多斯盆地是一个在古生代盆地的基础上发展而来的中生代叠合盆地，属于沉积稳定的叠合克拉通拗陷盆地(杨华等，2007)。盆地的现今构造总体表现为向西倾斜、东部较宽缓、西部略陡窄的不对称矩形盆地，由 6 个一级构造单元构成，分别为伊盟隆起、渭北隆起、晋西挠褶带、伊陕斜坡、天环拗陷和西缘冲断带(图 1-1)。在盆地边缘地区发育一系列逆断裂及褶皱，而盆地内部构造较为简单，为一向西倾斜的单斜构造，地层平均倾角不足 1°，坡降在 7m/km 左右，部分地区发育由古地貌和差异压实作用形成的小型鼻状构造。

鄂尔多斯盆地是在太古宇-古元古代结晶基底的基础上开始形成，其演化过程主要经历了中新元古代拗拉谷盆地发育阶段、古生代稳定克拉通盆地发育阶段、中生代类前陆盆地发育阶段和新生代周边断陷盆地发育阶段 4 个阶段(杨俊杰，2002；何自新，2003；杨遂正等，2006；杨华等，2007)。

1. 太古宇—古元古代基底形成阶段

古太古代—新太古代是鄂尔多斯盆地基底雏形阶段的发育时期，这一时期，该区经历了多期火山-沉积作用、构造变形作用和变质作用，使几个互不相连的初始陆块增生、扩大并拼接成一个整体，形成了盆地基底的雏形。古元古代在太古宇古陆边缘沉积了一套海相火山岩、碎屑岩和碳酸盐岩建造。古元古代末期的构造运动伴随着强烈的岩浆活动，使地壳增厚、固结和稳定，形成华北基底。

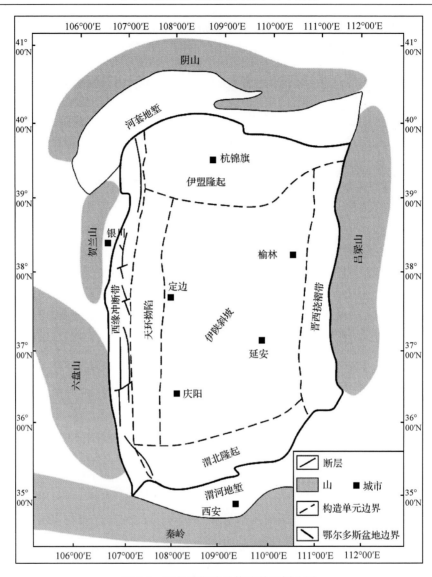

图 1-1 鄂尔多斯盆地构造单元划分图

2. 中新元古代拗拉谷盆地发育阶段

在中元古代早-中期，古中国陆块处于拼接稳定化初期，盆地主要沿袭了华北板块的演化特征。受地壳热点的控制，在盆地南缘发育祁秦大陆裂谷，与此同时在盆地南缘的西部发育贺兰拗拉谷，中部发育晋陕拗拉谷，东部形成豫陕拗拉谷。此时该盆地北部的构造相对稳定，在盆地南缘三大拗拉谷的控制下，主要沉积滨海相碎屑岩和碳酸盐岩。在中元古代晚期，盆地南缘和北缘均经历了由被动大陆边缘向主动大陆边缘转换,随后进入碰撞挤压造山阶段的发展演化。该时期鄂尔多斯盆地洋盆与裂谷相继关闭,从而使包括鄂尔多斯盆地在内的整个华北陆块成为 Rodinia 超大陆的一部分。在新元古代中—晚期,随着泛大陆解体,鄂尔多斯盆地的西南缘和北缘开始张裂,随后形成大洋,至早寒武纪末,盆地西南缘和北缘均已演化成为稳定的被动大陆边缘。

3. 古生代稳定克拉通盆地发育阶段

在古生代时期,鄂尔多斯盆地处于相对稳定的构造环境,以盆地整体升降为主,形成了稳定的克拉通盆地(图 1-2)。该时期盆地总体上表现为南部低、北部高、东西部低、中部高的特点。在古生代早期,鄂尔多斯盆地西缘和南缘由于紧邻秦祁海槽,表现为被动大陆边缘,盆地整体为华北盆地的组成部分。该时期盆地的大部分地区主要沉积了一套浅海台地相碳酸盐岩,在南部和西部地区主要沉积了一套较厚的碳酸盐岩、海相碎屑岩和浊积岩。进入奥陶纪晚期,华北地块南部和北部洋壳向地块下部俯冲,使华北地块整体发生抬升,鄂尔多斯盆地的志留系、泥盆系及下石炭统沉积普遍遭受剥蚀而缺失。到中石炭世,鄂尔多斯盆地结束抬升剥蚀,开始接受沉积。进入晚石炭世末期,盆地发生区域性沉降,海水侵入,沉积范围变大,沉积充填由拗陷型转变为广覆型,中央古隆起逐渐消亡。

4. 中生代类前陆盆地发育阶段

从中生代开始,由于受古亚洲洋、古特提斯洋和古太平洋三大区域动力体系的影响,鄂尔多斯盆地开始了独立的演化过程,表现出多旋回沉积和多期构造演化的特点。在早—中三叠世时期,鄂尔多斯盆地构造相对稳定,主要表现为在二叠纪形成的古构造格局的基础上持续沉积。至晚三叠世时期,由于受古特提斯洋闭合的影响,盆地周缘受到强烈的造山运动作用,形成了多个陆相沉积物源补给区,沉积了一套陆相碎屑岩体系,是鄂尔多斯盆地的主力含油层和石油勘探开发目标层。进入早侏罗世时期,整个盆地构造稳定,并持续沉积。到中侏罗世时期,盆地东部地区隆起范围增大,沉积范围逐渐向西缩小,使得盆地呈现出东西分异、呈南北展布的沉积特点。至晚侏罗世时期,受到特提斯构造域各地块和西伯利亚板块的双向挤压及阿拉善地块的向东挤压作用,盆地西缘产生剧烈的逆冲变形作用,盆地东部抬升和剥蚀,地层厚度由东向西逐渐加厚,并与白垩系地层呈高角度不整合接触关系。进入早白垩世时期,盆地西部持续挤压逆冲,而东部继续抬升。至晚白垩世时期,鄂尔多斯盆地整体持续隆升,地层遭受风化剥蚀作用,盆地发育结束(图 1-2)。

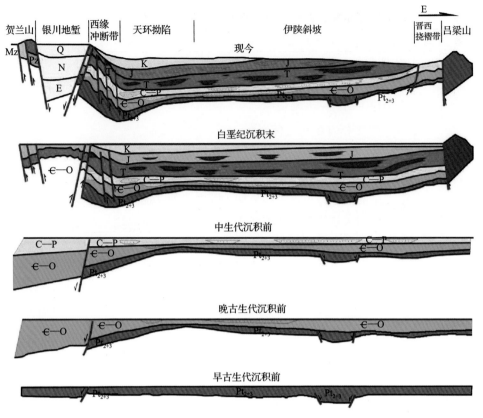

图 1-2　鄂尔多斯盆地构造-沉积演化剖面图(何自新，2003)

5. 新生代周边断陷盆地发育阶段

　　自新生代以来，鄂尔多斯盆地受到来自西北部欧亚板块、东部太平洋板块和南部印度板块的联合挤压作用，盆地整体抬升，但在盆地周围地区陆续形成了一系列小型地堑型断陷盆地，沉积了一套厚度较大的新生代地层。之后，鄂尔多斯盆地逐渐消亡，形成目前的构造格局。

第二节　地层和沉积特征

一、地层特征

　　鄂尔多斯盆地发育有中新元古界、下古生界、上古生界和中生界海相碳酸盐岩、海陆过渡相和陆相碎屑岩沉积，新生界沉积只分布在局部地区。在三叠纪时期，鄂尔多斯盆地进入内陆湖盆演化阶段，沉积了上三叠统延长组第一套陆相碎屑岩沉积体系(表 1-1)，它是鄂尔多斯盆地最重要的烃源岩层和储集层，也是本书的主要研究层位。

表1-1 鄂尔多斯盆地上三叠统延长组地层简况表(杨华等,2007)

系	统	组	段	油层组	地层厚度/m	岩性
侏罗系	下统	富县组			0～150	灰白色中粗粒含砾粗砂岩或灰黑色、杂色泥岩
三叠系	上统	延长组	第五段 (T_3y_5)	长1	0～240	灰绿色泥岩夹粉-细砂岩,碳质页岩及煤层,局部地区底部夹薄层凝灰岩
			第四段 (T_3y_4)	长2	120～150	浅灰色、灰绿色块状中、细砂岩夹灰色、深灰色泥岩
				长3	90～110	灰绿色、灰褐色细砂岩夹暗色泥岩,局部层段夹薄层凝灰岩
			第三段 (T_3y_3)	长4+5	80～90	暗色泥岩、碳质泥岩、煤线夹薄层灰绿色粉-细砂岩,中部夹薄层凝灰岩
				长6	110～130	绿灰、灰绿色细砂岩夹暗色泥岩,中下部夹薄层凝灰岩
				长7	100～120	暗色泥岩、油页岩夹粉-细砂岩,底部及中部夹薄层凝灰岩
			第二段 (T_3y_2)	长8	75～90	灰绿色细砂岩夹暗色泥岩、粉砂岩
				长9	80～110	暗色泥岩、页岩,灰绿色粉-细砂岩,局部地区发育油页岩,中上部夹薄层凝灰岩
			第一段 (T_3y_1)	长10	210～350	灰绿色中粗粒长石砂岩夹粉砂质泥岩
	中统	纸坊组			300～350	暗紫红色砂质泥岩夹紫灰色砂岩

鄂尔多斯盆地上三叠统延长组地层从下到上分为5段(T_3y_1、T_3y_2、T_3y_3、T_3y_4、T_3y_5)。再根据其岩性、电性及含油性特征,从上到下进一步细分为长1～长10共10个油层组。各段与油层组之间的对应关系及特征如下所述(杨华等,2007)。

第一段(T_3y_1):主要为长10油层组,地层厚度为210～350m,厚度稳定,为一套灰绿色中粗粒长石砂岩夹粉砂质泥岩。

第二段(T_3y_2):包括长9和长8油层组,其中长9油层组主要为一套暗色泥岩、页岩,灰绿色粉-细砂岩,局部地区发育油页岩,中上部夹薄层凝灰岩,地层厚度为80～110m;长8油层组主要为灰绿色细砂岩夹暗色泥岩、粉砂岩,地层厚度为75～90m,是盆地主要的储油层位。

第三段(T_3y_3):包括长7、长6和长4+5油层组,其中长7油层组为一套暗色泥岩、油页岩夹粉-细砂岩,底部及中部夹薄层凝灰岩,地层厚度为100～120m,是盆地的主力烃源岩和页岩油分布的主要层位;长6油层组为一套绿灰、灰绿色细砂岩夹暗色泥岩,中下部夹薄层凝灰岩,地层厚度为110～130m,是盆地主要的储油层位;长4+5主要为暗色泥岩、碳质泥岩、煤线夹薄层灰绿色粉-细砂岩,中部夹薄层凝灰岩,地层厚度为80～90m,是盆地重要的储油层位。

第四段(T_3y_4):包括长3和长2油层组,长3油层组主要为灰绿色、灰褐色细砂岩夹暗色泥岩,局部层段夹薄层凝灰岩,地层厚度为90～110m;长2油层组为浅灰色、灰绿色块状中、细砂岩夹灰色、深灰色泥岩,地层厚度为120～150m。

第五段(T₃y₅):主要为长1油层组,主要为一套灰绿色泥岩夹粉-细砂岩,碳质页岩及煤层,局部地区底部夹薄层凝灰岩,地层厚度小于240m。

根据盆地岩性的变化规律,按照层序地层学原理,鄂尔多斯盆地上三叠统延长组可识别出1个Ⅱ级层序和5个Ⅲ级层序(图1-3)。其中,5个Ⅲ级层序自下而上分别为Ⅲ₁(长10)、Ⅲ₂(长9～长8₂)、Ⅲ₃(长8₁～长6₃)、Ⅲ₄(长6₂～长3₃)、Ⅲ₅(长3₂～长1),反映了湖平面的变化规律及盆地初始扩张、最大扩张、稳定收缩、快速收缩和消亡5个演化阶段。

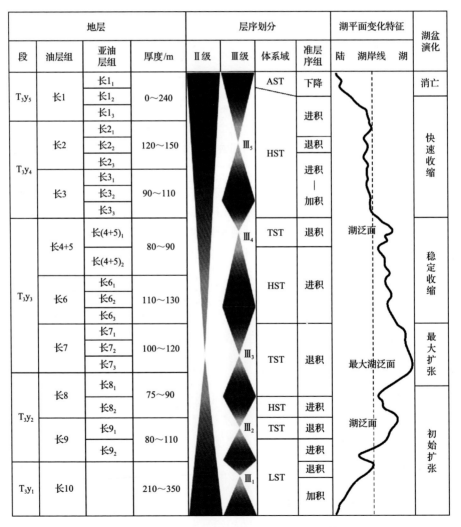

图1-3 鄂尔多斯盆地延长组层序地层划分简图

HST 高位体系域;LST 低位体系域;TST 湖进体系域;AST 冲积体系域

二、沉积特征

在晚三叠世时期，受印支构造运动的影响，鄂尔多斯盆地开始进入内陆湖盆的发展演化阶段。盆地周边强烈的造山运动为盆地的沉积提供了充足的物源，在盆地内沉积了一套完整且典型的以河流-三角洲-湖泊相为特征的陆源碎屑岩沉积体系。该套地层沉积序列发育完整，沉积演化特征明显，反映了湖盆开始形成、发育、扩张、萎缩及消亡的沉积演化过程(陈全红等，2007；杨华等，2007，2010，2011；喻建等，2010)。

在长 10 地层沉积时期，湖盆开始形成，湖水范围逐渐扩大，湖盆格局初步形成。此时，在湖盆中心部位形成浅湖亚相沉积，沿湖岸线发育一系列三角洲沉积。该时期的沉积物源充足，沉积体规模较大，其中盆地东北部的正常三角洲沉积体系和盆地西南部辫状河三角洲沉积体系是规模最大的沉积体系，均为复合型大型三角洲沉积体系。同时，在盆地的西部和南部还发育有一定规模的扇三角洲沉积体系(杨华等，2007)。

在长 9 地层沉积时期，由于盆地西部、南部边缘的构造活动加剧，湖盆沉降速率加快，湖平面范围明显扩大，各三角洲沉积体系的发育位置也随之继续向陆地方向推进。此时盆地西部开始发育三角洲前缘，盆地北部则主要为三角洲平原，在盆地内部的中东部地区沉积了一套烃源岩(即"李家畔页岩")。

在长 8 地层沉积时期，盆地沉降速率变慢，但湖盆面积还在进一步增加，沉积格局和沉积相带在继承长 9 地层沉积时期的基础上又有一些新的变化。在盆地东北部继续发育大型三角洲沉积体系，向盆地内部延伸较远，砂体厚度较大，且连片分布；盆地西南部大型复合辫状河三角洲沉积体系发育，三角洲前缘主砂体厚度一般大于 30m，分布范围广，物性好，是盆地重要的有利储集层和含油层位；盆地西部与南部发育了一些扇三角洲沉积，其延伸范围不大，但局部砂体较厚；在盆地的半深-深湖区，盆地周围已沉积的规模较大的三角洲沉积前缘部位的重力作用等导致其下滑，大面积发育有浊积扇沉积(杨华和邓秀芹，2013)。

在长 7 地层沉积时期，盆地基底整体强烈下沉，湖盆发育达到鼎盛时期，湖水面积大范围增加，水体随之加深，湖岸线大面积向外推进，水生及浮游生物繁盛，沉积了一套深灰色、灰黑色泥岩及油页岩，是鄂尔多斯盆地的重要生油层(即"张家滩页岩")。此外，在深湖区周缘的浅湖地带，还沉积了一套较厚的细粒沉积，也是盆地有利的烃源岩分布区。

在长 6 地层沉积时期，湖盆发生了显著的变化，湖盆面积开始收缩，沉积作用明显加强，盆地周边的三角洲沉积体系极为发育，砂体厚度大，且呈连片分布，形成了盆地重要的有利储集层和含油层位。

在长 4+5 地层沉积时期，盆地西南部湖岸线向湖中心收敛，而盆地东北部湖岸线缓慢地向外扩展，表现为湖泊向东北迁移的特点，深湖区从各方向进一步向湖中心收缩，湖盆面积整体上小于长 6 地层沉积时期。此时的沉积作用与长 6 地层沉积时期相比，显著减弱。

在长 3 地层沉积时期，盆地西部和南部的构造活动基本停止，湖盆开始逐渐萎缩和消亡，沉积物的沉积速率大于盆地的沉降速率，沉积作用再次增强，整个盆地再一次发育建设性的三角洲沉积体系，随着三角洲的不断推进和湖盆充填，盆地的半深-深湖区基本消失。

在长 2 地层沉积时期，盆地表现为整体抬升，使盆地的西部和西南部地层剥蚀严重，仅在盆地中部和北部有地层保存。盆地内原有的沉积体系被进一步平原化和沼泽化，河流相和平原分流河道相较发育。

在长 1 地层沉积时期，盆地进一步抬升，受到强烈的抬升和剥蚀作用，地层保留不完整，整个盆地被大面积沼泽化，发育"瓦窑堡煤系"。此时期，由于盆地地形平缓，发育一系列辫状河及少量的曲流河沉积，局部地区还出现差异性沉降。

根据鄂尔多斯盆地上三叠统延长组地层的沉积演化特征分析，该区主要发育冲积扇、河流、扇三角洲、河流三角洲、湖泊及湖泊浊积扇 6 种沉积相类型，每一种沉积相还可以进一步划分为多个亚相和微相类型(表 1-2)，不同时期的沉积体系分布范围及其规模明显不同。随着不同沉积体系的发育与演化，延长组地层在纵向上组成了 5 套生储盖组合，形成了鄂尔多斯盆地长 8、长 6、长 4+5、长 3 和长 7 等多套重要的石油勘探目的层格局(杨华等，2007，2016，2017)。

表 1-2　鄂尔多斯盆地三叠系延长组沉积体系划分表(杨华等，2007)

主要沉积相、亚相及微相			时空分布
冲积扇	扇根	河道沉积、筛状沉积、泥石流沉积、漫流沉积	一般在盆地形成初期阶段，主要分布在西北部、西部、西南部及北部桌子山东麓及东胜一带
	扇中		
	扇端		
河流	辫状河	河道沙坝、泛滥平原	中生代主要的沉积类型，广泛发育于盆地西部和北部
	曲流河	河道沙坝、河床滞留沉积、边滩、天然堤、决口扇、泥炭沼泽、堤外越岸沉积	
	网状河	河道沙坝、漫滩沼泽	

续表

主要沉积相、亚相及微相			时空分布
扇三角洲	扇三角洲平原	扇根、扇中、扇端、辫状水道、泛滥平原	发育在盆地西南部长8、长7油层组沉积时期，主要发育于邻近高地的湖盆陡岸一侧
	扇三角洲前缘	水下分流河道、分流间湾	
	前扇三角洲	前扇三角洲泥	
河流三角洲	三角洲平原	分流河道、天然堤、决口扇、分流河间洼地、沼泽	长2、长3和长4+5油层组广泛分布，推测北部长6油层组也大面积分布
	三角洲前缘	水下分流河道、分流间湾、分流河口坝、水下天然堤	长6、长4+5油层组沉积时期广泛分布，推测北部长7、长8油层组沉积时期破坏三角洲发育；西南部长6～长8油层组时期主要为辫状河三角洲
	前三角洲	席状砂、前三角洲泥	长6油层组沉积时期分布
湖泊	滨湖、浅湖、半深湖、深湖	砂砾滩、砂滩、风暴沉积、半深湖-深湖泥、浊流泥	在延长组都有所发育，经历了发生、发展至消亡的全过程
湖泊浊积扇	内扇、中扇、外扇	内扇水道、天然堤、中扇水道、无水道前缘席状砂、中扇水道间、外扇	主要分布于盆地的东南缘，大致在马岭、庆阳、西峰至宁县、固城、合水地区一线；其中长7₂油层组沉积时期浊积扇分布范围最广

第三节 储层地质特征

一、岩石学特征

鄂尔多斯盆地上三叠统延长组砂岩储层的岩石矿物成熟度较低，表现为砂岩的长石和岩屑含量普遍较高、石英含量较低的特征，其岩石类型主要为长石砂岩、岩屑长石砂岩、长石岩屑砂岩和岩屑砂岩等，石英砂岩相对较少。盆地在不同时期和不同部位的沉积环境及水动力条件等因素的差异，导致不同层段的岩石类型具有一定的差别性。例如，长4+5储层在陇东地区以长石岩屑砂岩或岩屑长石砂岩类型为主，同时存在少量长石砂岩，但在安塞、靖安、吴起及盐池等地区均以长石砂岩为主。长6储层在陇东地区大部分为岩屑长石砂岩，并含有少量的长石岩屑砂岩；而在盆地中北部物源控制下的沉积区(如靖边、吴起、安塞、盐池等地区)，岩石类型均以长石砂岩为主。西南地区长8储层的岩石类型主要为灰白色、灰绿色中细粒岩屑长石砂岩和粉-细粒长石岩屑砂岩，长石和岩屑的含量较高(表1-3)。总体来看，受盆地北部、东北部物源区控制的沉积区内，储层岩石类型以长石砂岩为主，其次为岩屑长石砂岩及长石岩屑砂岩，结构成熟度较高，但成分成熟度低；受盆地南部、西南部及西部物源控制的沉积区内，岩石类型基本以岩屑长石砂岩及长石岩屑砂岩为主，结构成熟度及成分成熟度均较低(陈继峰等，2011；李艳琴等，2016)。

表 1-3　鄂尔多斯盆地上三叠统延长组岩石碎屑成分统计表　　(单位：%)

部位	层位	碎屑成分				
		石英	长石	黏土矿物(云母和绿泥石)	岩屑	合计
中部地区	长6	21.0	51.6	5.5	8.5	86.6
西南地区	长6	49.1	15.2	3.2	17.4	84.9
	长8	33.3	31.6	4.0	20.2	89.1

注：据1132块薄片数据得到。

　　鄂尔多斯盆地上三叠统延长组砂岩储层的填隙物类型包括绿泥石、浊沸石、高岭石、伊利石、硅质、自生钠长石、铁白云石、方解石及铁方解石等(表1-4)。其中，浊沸石在长9、长10储层中普遍发育，长6储层中在靖安-安塞地区可见，含量一般不超过15%，以充填孔隙状为主，含少量交代碎屑。绿泥石在长1~长10储层中均有分布，大部分以绿泥石膜的形态存在，含量一般分布在1%~10%。伊利石也广泛分布，在不同层位含量差别较大。例如，在陇东地区长6、长7储层中伊利石含量明显较高，一般分布在5%~16%，大部分呈片状，而在其他层位和地区含量较低，一般不超过2%。高岭石在董志地区长8储层、姬塬地区长4+5储层和长6储层及盆地长1~长3储层中广泛分布，含量一般不超过5%。自生石英及自生钠长石在各储层中均有发育，常见石英及自生钠长石加大边，电镜下可见自生自形硅质、自形钠长石充填在孔隙和喉道中。碳酸盐胶结物在砂岩储层中广泛分布，在安塞地区长6储层、镇泾地区长8储层、姬塬地区长6储层及合水地区长7储层中，其含量一般大于10%，最高可达35%，随着碳酸盐胶结物含量的增加，胶结方式逐渐由孔隙式胶结向基底式胶结变化，有时还可见交代作用，表现为碳酸盐矿物对石英和长石的交代。

表 1-4　鄂尔多斯盆地上三叠统延长组岩石填隙物成分统计表　　(单位：%)

部位	层位	填隙物成分									
		水云母	绿泥石	方解石	铁方解石	铁白云石	硅质	长石质	浊沸石	其他	合计
中部地区	长6	0.9	4.9	0.9	1.4	0.2	1.1	0.5	3.3	0.2	13.4
西南地区	长6	8.1	0.2	1.0	1.4	2.8	1.4	0.1	0.0	0.2	15.2
	长8	1.8	5.7	1.0	2.9	0.4	1.0	0.1	0.0	0.3	13.2

注：据1132块薄片数据得到。

二、储层孔隙结构特征

　　鄂尔多斯盆地上三叠统延长组砂岩储层成岩作用强烈，主要发育原生孔隙和次生孔隙，其中原生孔隙的主要类型为剩余粒间孔，多为压实作用和胶结作用后剩余孔隙；次生孔隙主要为次生溶蚀孔和微裂缝（表1-5）。次生溶蚀孔包括粒间溶孔、粒内溶孔、长石溶孔和岩屑溶孔等类型，其中粒间溶孔主要为长石颗粒和部分填隙物的溶解所形成的孔隙；粒内溶孔主要为长石粒内溶孔，也包括云母和部分岩屑内部发生溶解，多沿矿物解理发育形成微小溶洞和溶缝，或长石颗粒完全被溶解而形成铸模孔。晶间孔主要为自生矿物晶体之间的孔隙，包括伊/蒙混层蜂窝状微孔、绿泥石叶片状晶体间微孔、不规则片状及丝缕状伊利石之间的网状微孔等（陈继峰等，2011；李艳琴等，2016）。微孔隙主要分布在杂基、易溶胶结物及颗粒中，它们的存在使特低渗透砂岩储层原始含水饱和度高及油水过渡带较宽。

表1-5　鄂尔多斯盆地上三叠统延长组储层孔隙类型统计表

部位	层位	粒间孔/%	长石溶孔/%	岩屑溶孔/%	沸石溶孔/%	杂基溶孔/%	晶间孔/%	微裂缝/%	面孔率/%	平均孔径/μm
中部地区	长6	4.23	0.72	0.11	0.49	0.21	0.06	0.13	5.95	23.34
西南地区	长6	0.84	0.7	0.19	0.00	0.08	0.05	0.09	1.87	28.75
	长8	2.88	0.73	0.18	0.00	0.13	0.03	0.11	4.06	55.25

注：据792块铸体分析数据得到。

根据扫描电镜和压汞分析，延长组砂岩储层的孔隙小，孔隙多见三角形、四边形、多边形、长条状孔隙，此外，蜂窝状、星点状和长条状孔隙发育。喉道以管状喉道和片状喉道为主，喉道类型主要有细喉、微细喉和微喉，分别占7%、26%和67%，反映储层喉道很细，在纵向上总体具有上部含油层段为细喉细孔、下部含油层段为微喉细孔的分布特征。孔隙和喉道一般以中、小孔隙和中细喉道组合的孔隙系统为主。喉道分选差，微孔隙喉道发育，微孔隙约占储层储集空间的30%。储层的孔隙结构差，退汞效率低，毛细管压力高（表1-6）。在水湿储层中，束缚水

表1-6　鄂尔多斯盆地上三叠统延长组储层孔隙结构参数统计表

部位	层位	孔隙度/%	渗透率/mD[①]	排驱压力/MPa	中值压力/MPa	中值半径/μm	分选系数	变异系数	最大进汞量/%	退汞效率/%
中部	长6	12.3	1.46	0.608	3.915	0.26	2.345	0.207	84.4	30.85
西南	长6	10.1	0.22	2.533	10.972	0.08	1.815	0.155	86.1	29.30
	长8	12.5	1.59	0.866	10.713	0.16	2.353	0.222	84.2	33.14

注：①1D = $0.986923 \times 10^{-12} m^2$。

饱和度高,不仅降低了油水在储层中的流动能力,而且还使储层在测井曲线上表现出低电阻率油层的特点,使得油水层的测井解释困难很大。

三、储层物性特征

鄂尔多斯盆地上三叠统延长组受两大沉积体系控制:一个是北部和东北部物源控制的河流三角洲沉积体系;另一个是西部、西南部及南部物源控制的扇三角洲-三角洲沉积体系,使延长组砂岩储层分布面积大。受物源、沉积环境及后期成岩作用等因素的影响,各沉积体系中不同储层物性特征存在较大差别。例如,北部和东北部河流三角洲沉积的储集体以三角洲平原分流河道砂体和三角洲前缘砂体为主,砂体多呈北东向或北北东向展布,其中三角洲平原河道砂体单层厚度较大,物性较好,平均孔隙度为 15.7%,平均渗透率为 $2.6 \times 10^{-3} \sim 4.8 \times 10^{-3} \mu m^2$;三角洲前缘砂体物性明显比三角洲平原河道砂体差,砂体厚度相对较薄,但仍具有较好的储集性能,平均孔隙度为 12.8%,平均渗透率为 $3 \times 10^{-3} \sim 5 \times 10^{-3} \mu m^2$。西部、西南部及南部扇三角洲-三角洲沉积的储集体主要发育在长 8～长 6 储层沉积时期,其中扇三角洲的上扇部分由于出露地表遭受剥蚀;中扇岩石类型主要为粗砂岩和含砾粗砂岩,储集物性较好;扇端为深入湖底的浊积砂岩,物性较差。受沉积物源的影响,该区砂体多呈东西向、北东向、南北向展布,孔隙度分布在 5.0%～12.0%,砂体主体部位孔隙度可达 15%以上,渗透率一般小于 $1.0 \times 10^{-3} \mu m^2$。

强烈的成岩作用是导致鄂尔多斯盆地延长组储层致密、低渗透率的主要原因。该区压实作用和胶结作用普遍较强,砂体沉降埋藏早期的机械压实作用及大量以薄膜形式析出的绿泥石、自生高岭石、碳酸盐矿物和硅质胶结作用,使储层的孔隙体积和渗透率快速下降。随后的浊沸石胶结与早期的方解石沉淀,使砂岩孔隙度和渗透率进一步下降。随着埋深的增加,有机质逐渐成熟,产生了大量有机酸,对早期方解石、浊沸石和岩屑等产生交代作用与溶蚀作用,形成了次生孔隙与微孔隙,提高了储层的储集空间。之后形成的自生黏土矿物及晚期石英次生加大与碳酸盐矿物胶结,又使储层的物性变差,导致了非均质性较强的致密低渗透储层的最终形成(图 1-4)。后期构造作用产生的天然裂缝,改善了储层的储渗性能。根据岩心分析,当岩心中微裂缝不发育时,基质渗透率与孔隙度呈良好的线性关系;但当微裂缝发育时,样品的渗透率明显增大,渗透率与孔隙度的关系不明显,说明天然裂缝的发育,极大地提高了储层的渗透性。

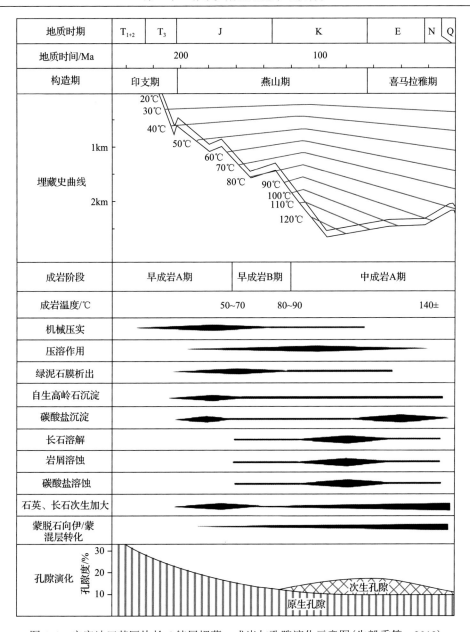

图 1-4 安塞油田某区块长 6 储层埋藏、成岩与孔隙演化示意图(朱毅秀等，2013)

第四节 油田开发概况

鄂尔多斯盆地的油气勘探开发始于 20 世纪初，是我国最早进行油气勘探开发的盆地，1907 年在陕西省延长县钻探的延 1 井是我国陆上的第一口采油井。在此后的 100 多年里，经过几代石油人的艰苦创业和不断创新，鄂尔多斯盆地在探明石油地质储量、石油产量年均增长速度、油气产量等方面取得了巨大的成就。尤其是从"九五"期间以来，围绕建立致密低渗透油田的有效压力驱替系统，在单砂体精细描述刻画和天然裂缝评价预测的基础上，发展了"超前注水、井网优化和开发压裂"等开发核心技术，使致密低渗透油田开发的储层渗透率下限不断突破，实现了致密低渗透油藏的大规模有效开发。

鄂尔多斯盆地在经过石油勘探初始阶段（1907～1949 年）和石油综合勘探阶段（1950～1979 年）以后，至 1979 年，在盆地南部建成了马岭油田、城壕油田、华池油田、红井子油田、吴起油田、直罗油田、下寺湾油田等 9 个油田 15 个试采区块，形成年产原油 135 万 t 的规模。之后，按照"扩大侏罗系、突破古生界、试验延长组"的勘探方针，鄂尔多斯盆地的石油勘探区域由盆地南部向盆地东部和北部扩大。1983 年随着塞 1 井的成功钻探，发现了安塞油田，实现了鄂尔多斯盆地石油勘探的重大突破。尤其是从 1990 年以来，随着对鄂尔多斯盆地石油地质规律和勘探实践认识的不断深入，盆地的石油勘探开发进入了前所未有的高速发展阶段，油气储量和产量规模大幅度上升，先后发现了靖安油田、西峰油田、姬塬油田、华庆油田、合水油田、新安边油田、南梁油田、环江油田等亿吨级储量规模的特大型油田。

安塞油田是长庆油田于 1983 年发现并投入开发的第一个亿吨级的特低渗透大油田，属于"低渗、低压、低产"油田。该油田从 1986 年开始进行先导注水开发试验，1990 年开始采用正方形反九点井网进行全面注水开发，1997 年年产原油突破 100 万 t，成为我国第一个百万吨级的特低渗透油田，2004 年年产原油达到 200 万 t，2010 年年产原油开始超过 300 万 t，2017 年累计生产原油突破5000 万 t。安塞油田实现了经济有效开发，被誉为"安塞模式"，开启了低渗透油田开发革命。

安塞油田长 6 储层以三角洲沉积为主，为一套灰黑泥页岩、泥质粉砂岩与灰绿、灰白色中细长石砂岩互层，储层岩石类型主要为长石砂岩，碎屑成分中长石含量为 45%～60%；其次是石英，为 20%～30%；此外，还有少量岩屑及重矿物，10%左右。岩石的粒度变化不大，分选好—中等，矿物成熟度低，结构成熟度高。储集空间类型主要为残余粒间孔、溶蚀粒内孔、溶蚀粒间孔和微裂缝等。此外，储层中高角度构造裂缝发育。由于受到沉积相及成岩作用等因素的影响，长 6 储层表现出低孔低渗透特征，储层平均有效孔隙度为 11%～15%，空气渗透率主要分布在 $1 \times 10^{-3} \sim 3 \times 10^{-3} \mu m^2$，为典型的低孔特低渗透砂岩储层。

安塞油田从 1990 年全面进入注水开发阶段以后，先后经了开发前期准备、规模开发与产能建设、产量递减与综合治理 3 个阶段，目前油田已经进入注水开发的中后期。总结安塞油田多年的注水开发特点（吴志宇等，2013），它具有与鄂尔多斯盆地其他致密低渗透油藏类似的注水开发特征(史成恩等,2007)。致密低渗透油藏在注水开发过程中,主要表现出如下特点。

1. 储层物性差,非均质性强,井与井之间差异大

由于致密低渗透储层的成岩作用强烈,储层物性差,非均质性强,油井一般无自然产能或自然产能低,采油井与采油井之间的开发效果及注水井与注水井之间的注水效果差异大,利用自然能量进行开采的产能低,而且产能的递减速度快,需要进行注水或注气等方式补充能量开发。

2. 储层天然裂缝发育,注水效果差

由于致密低渗透储层脆性程度高,天然裂缝普遍发育,天然裂缝的渗透率一般比基质孔隙渗透率高1~2个数量级(Zeng and Li,2009)。正是因为天然裂缝的高导流性和基质孔隙的低渗透性之间的矛盾,注入水容易顺着高渗透性裂缝快速流动,所以裂缝方向的采油井含水率上升速度快,水淹水窜严重,注水效果差,而油层的注水受益效果差,开发效果不好。由于顺裂缝的渗流速度快,而基质的渗流缓慢,在裂缝附近容易形成剩余油,采收率低。值得注意的是,裂缝的这种高渗透作用,在油藏开发早期表现并不明显,但随着油藏注水开发和注水压力的不断提高,裂缝的高渗透作用会越来越明显,方向性暴性水淹水窜会越来越清晰,对油藏注水开发的影响也会越来越大。

3. 储层孔隙结构复杂,排驱压力高

在沉积作用和成岩作用双重因素的控制下,储层孔喉细小,孔隙结构复杂,排驱压力高。在油藏的注水开发过程中,需要有较大的生产压差才能使流体通过细小的喉道,驱替孔隙中的流体。由于储层物性差,注入水在井底不容易扩散,油层的吸水指数低。为了提高注水效果和吸水指数,不得不提高注水压力。因此,致密低渗透油藏的注水压力上升速度快,吸水指数下降速度快。而致密低渗储层由于岩石致密,脆性程度高,在构造作用下天然裂缝发育,降低了岩石的破裂压力。当不断升高的井底流压超过岩石的破裂压力时,裂缝系统张开,容易导致水淹水窜。

4. 储层可动流体饱和度低,可采储量较低

致密低渗透储层的喉道细,成岩黏土矿物含量高。黏土矿物的吸附作用和毛细管的束缚作用,使本身含油饱和度低的致密低渗透储层的可动流体饱和度更低,可采储量低。致密低渗透储层的可动流体饱和度与有效裂缝的发育程度有关,有效裂缝越发育,可动流体指数(FFI)越高(图 1-5)。有效裂缝的存在,连通了致密低渗透储层的储集空间,使储层的连通性变好,有利于孔隙中流体的流动。因此,若要提高致密低渗透储层的采收率,同样需要采取特殊的工艺措施来改变储层的

孔隙结构、流体性质及固液接触关系，提高孔隙中流体的流动性。

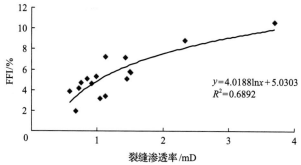

图 1-5　可动流体指数 FFI 与裂缝渗透率关系图（Zeng and Li，2009）

5. 地层压力和采油井产量下降快

由于致密低渗透储层渗透率低，传导能力差，注入水主要集中在井眼附近，不容易扩散，能量补充慢，生产井产量递减速度快，地层压力下降速度快。致密低渗透储层的压力敏感性强，因而地层压力下降容易导致储层骨架发生塑性变形而造成孔隙减小，渗透率降低。

6. 启动压力梯度高，地层压力保持水平低，难以建立有效的压力系统

致密低渗透砂岩储层的喉道细小，孔隙结构和表面物理性质复杂，导致固体内表面附近流体性质发生改变，流体在低渗透多孔介质中流动时，需要克服一定的压力梯度值才能流动，表现出高启动压力梯度的特征。正是由于致密低渗透储层启动压力梯度的存在，这类油藏流体的渗流过程呈现非达西渗流规律，开发难度大。对于注水井而言，注水启动压力高，导致油层的吸水指数低，地层压力保持水平低，虽然采用超前注水方式可在一定程度上提高地层压力，但仍然难以建立有效的压力系统。

7. 储层具有明显的应力敏感性，基质渗透率越低，天然裂缝越发育，应力敏感性越强

致密低渗透储层除了具有常规的水敏、速敏、酸敏、碱敏、盐敏以外，还具有明显的应力敏感性。所谓应力敏感性是指致密低渗透储层在油田开发过程中，地层压力下降，有效应力增大，使储层渗透率变小，即使后期注水地层压力回升，储层渗透率也不可能复原，具有一定的不可恢复性，储层的这种性质称为应力敏感性。根据岩心的应力敏感性实验，岩心渗透率越小，其应力敏感系数就越大（图 1-6）。而且，天然裂缝的应力敏感性比基质孔隙更强（曾联波等，2007d），天然裂缝规模越大，渗透率越高，裂缝的应力敏感性越强（图 1-7）。反映出致密低渗储层储层物性差而应力敏感性强的特点；而且岩石越致密，天然裂缝越发育，

其应力敏感性越强。

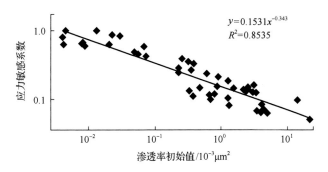

图 1-6　应力敏感系数与岩心渗透率关系图（史成恩等，2007）

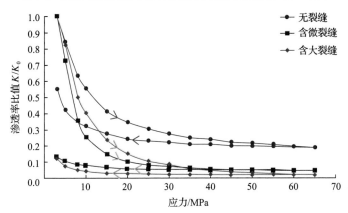

图 1-7　基质和不同尺度裂缝的应力敏感性对比图

无裂缝样品的基质渗透率为 0.3mD，含微裂缝的初始渗透率为 1.4mD，含大裂缝的初始渗透率为 110mD；图中箭头表示变化趋势

　　正是致密低渗透储层的上述显著特征，致密低渗透油藏的注水开发难度大。因此，需要深入分析上述特征的实质及随油藏注水开发的变化规律，有针对性地采取相应的措施和对策，才能更好地提高致密低渗透油藏的注水开发效果和采收率。

第二章　致密低渗透储层天然裂缝的形成机理

第一节　天然裂缝的成因类型

一、天然裂缝的分类

天然裂缝是岩石在地质历史时期由于受构造作用或物理成岩作用而形成的破裂面或不连续面(Nelson，1985)。从天然裂缝的成因角度出发，可以将天然裂缝分为构造裂缝和非构造裂缝两大类。构造裂缝是在古构造应力场作用下发生脆性破裂形成的，裂缝产状受地下岩石的局部古应力状态和地质环境控制。因此，天然裂缝系统的成因类型还可以进一步从实验力学和地质成因角度进行划分。按照实验力学成因，通常可以将天然裂缝分为剪切裂缝、扩张裂缝和拉张裂缝3种类型。其中，剪切裂缝和扩张裂缝都是在压应力状态下形成，因而剪切裂缝和扩张裂缝经常同时伴生形成。拉张裂缝的形成至少要求有一个主应力(通常是最小主应力)是拉张应力，只有确定形成裂缝的最小主应力是拉张应力时，才能称之为拉张裂缝，因而拉张裂缝一般在比较特殊的应力环境下产生，其中异常流体高压是形成拉张裂缝的重要环境(曾联波等，2009)。

按照地质成因，通常可以将天然裂缝分为构造裂缝、成岩裂缝、异常高压相关裂缝、溶蚀裂缝、卸载裂缝、风化裂缝、岩溶裂缝和隐爆裂缝等类型，其中在致密砂岩储层中主要发育构造裂缝和成岩裂缝(包括收缩裂缝)两类，而异常高压相关裂缝、溶蚀裂缝和卸载裂缝主要是在一些特殊的地质环境中形成，它们的发育程度普遍较低。风化裂缝主要在潜山油气藏发育，岩溶裂缝主要分布在碳酸盐岩储层大型溶洞发育的上部位置，隐爆裂缝主要在火山岩储层中的火山通道附近发育。值得注意的是，在国际上的天然裂缝分类方案中(Nelson，1985；Lorenz et al.，1991)还有一类区域裂缝(regional fracture)。区域裂缝是一种基于分布范围的裂缝分类，与其他基于地质成因的裂缝分类标准明显不同，将区域裂缝和其他基于地质成因的裂缝分类混在一起，不符合分类原则，将在后面专门论述。

根据地表露头、岩心、薄片及测井资料分析，鄂尔多斯盆地致密低渗透砂岩储层主要发育构造裂缝和成岩裂缝两种类型，其中以构造裂缝为主。

二、构造裂缝

构造裂缝是鄂尔多斯盆地致密砂岩储层的主要裂缝类型。构造裂缝分布广泛，延伸长，产状比较稳定，它们发育在所有的岩性中。根据天然裂缝的分布形式，构造裂缝可以分为节理型裂缝和断层型裂缝两种基本形式,其中节理型裂缝是鄂尔多斯盆地的主要裂缝形式。节理型裂缝相当于构造地质学中的节理,是岩石受力后形成的破裂面两侧没有明显位移的天然裂缝,裂缝在岩层内发育,与层面垂直,并终止于层面上(图2-1、图2-2)。节理型裂缝规模受控于裂缝发育的单砂体厚度,单砂体厚度越大,裂缝规模越大,裂缝密度越小;相反,控制裂缝形成的单砂体厚度越小,则裂缝规模越小,裂缝密度越大。

图2-1 延河剖面垂直于岩层的节理型裂缝(赵向原等,2016)

图2-2 岩心上的节理型裂缝

断层型裂缝为断距和规模极小的微断层(图2-3)。严格地讲,断层型裂缝相当于构造地质学中的断层,只是其规模和断距极小。断层型裂缝的规模和节理型裂缝的规模相当,因而在三维地震上无法识别。断层型裂缝一般可以切穿不同的岩层和薄层泥岩夹层,表现为穿层裂缝,但受较厚的泥岩隔层的限制,在砂层组内发育。鄂尔多斯盆地构造变形较弱，为一平缓西倾的单斜构造，地层倾角小于1°，坡降为6~8m/km，断层和褶皱等构造不发育，因而在盆地内部断层型裂缝很少见，断层型裂缝主要发育在盆地边缘(如鄂南)地区。

图2-3　鄂南地区岩心上的断层型裂缝

根据天然裂缝的力学性质，构造裂缝又可以分为剪切裂缝和扩张裂缝，以剪切裂缝为主。剪切裂缝的产状稳定，裂缝面平直，在裂缝面上具有擦痕甚至阶步等缝面特征，常呈雁列式排列(图2-4、图2-5)。按照裂缝的倾角，剪切裂缝又可以分为高角度剪切裂缝和低角度剪切裂缝，其中以高角度剪切裂缝为主，低角度剪切裂缝主要表现为低角度滑脱裂缝，通常在泥质岩中发育(图2-6)。扩张裂缝较少，其裂缝面粗糙不平，延伸相对较短(图2-7)，并常被矿物充填，与高角度剪切裂缝在相同的挤压构造应力作用下形成。

图2-4　地表露头剪切裂缝的缝面特征

图 2-5　岩心上的高角度剪切裂缝

图 2-6　岩心上的低角度剪切(滑脱)裂缝，裂缝面具擦痕

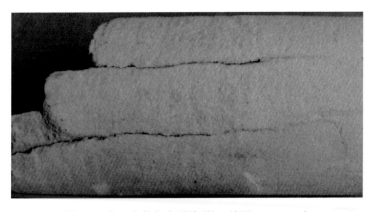

图 2-7　岩心上的扩张裂缝(长 8 储层，2229.7m)

三、成岩裂缝

成岩裂缝是指在储层成岩的过程中由于压实和压溶等成岩地质作用产生的天然裂缝。致密低渗透砂岩储层中最常见的成岩裂缝为顺层理面发育的水平层理缝，它们通常沿微层理面发育，具有较好的含油性(图 2-8)，并且表现出顺微层面弯曲、断续、分叉、尖灭、合并等分布特征(图 2-9、图 2-10)。这些成岩成因的水平层理缝的分布受沉积微相和成岩作用的控制，它们通常在水下分流河道的中下部和河口坝中上部发育。

图 2-8　岩心上发育的水平层理缝(长 7 储层，1774.9m)

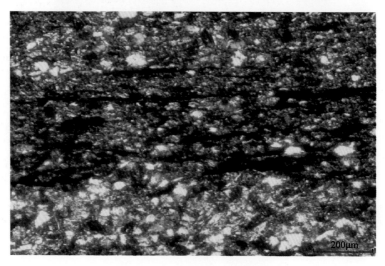

图 2-9　水平层理缝的微观特征

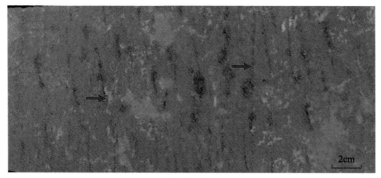

(a) 岩心上的层理缝，原油沿层理缝渗出

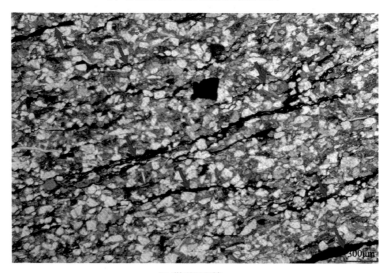

(b) 微观层理缝

图 2-10　水平层理缝宏观照片与微观照片对比
箭头指示层理缝

　　收缩裂缝是致密低渗透储层中数量较少的成岩裂缝类型，是岩石在成岩过程中由脱水作用造成总体积减小而产生的一种张裂缝。收缩裂缝和层理缝都是在成岩过程中形成，因而可以将其划分到成岩裂缝的范畴。脱水作用是沉积物体积减小的一种化学过程，它包括黏土的失水和体积减小，以及凝胶或胶体的失水和体积减小。脱水作用产生的收缩裂缝在沉积物内多发育成多边形的网络(图 2-11)，这些裂缝系统在三维空间中可互相连通。收缩裂缝主要分布在泥质岩中，也可以出现在砂质岩中。

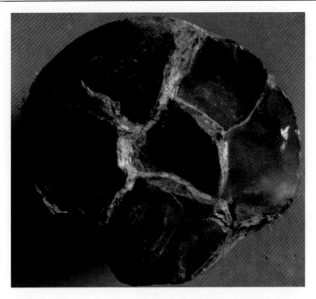

图 2-11　岩心上的收缩裂缝(长 8 储层，2049.9m)

四、关于异常高压相关裂缝

在盆地沉积过程中，泥岩欠压实、蒙皂石脱水、有机质生烃、流体热增压和构造应力等地质作用，可以使地层中的孔隙流体压力高于静水压力，形成异常流体高压现象。异常流体高压是沉积盆地中的一种自然驱动力和拉张应力，当孔隙流体压力达到一定程度时，可以局部改变应力状态，使最小主应力由压应力变成张应力，从而形成异常流体高压相关裂缝(Zeng，2010)。

异常流体高压作用形成的裂缝是一种拉张裂缝，它是最小主应力变为拉张应力条件下形成的天然裂缝。异常高压相关裂缝主要发育在超压层段，这些裂缝分布的规律性差，没有明显的方向性，裂缝产状变化大，既可以与层理面近于平行，也可以与层理面垂直或斜交，并且不受岩性界面的控制，可以同时穿插在砂岩和泥岩中(图 2-12)。裂缝的延伸短，但宽度大，并表现出中间宽、向两侧尖灭的透镜状分布特点，常被矿物或沥青质充填。根据这些裂缝的几何形态可以判断，它们属于岩石受到拉张应力作用的产物。根据鄂尔多斯盆地的构造环境，其特定应力状态主要是在地质历史时期由局部的异常流体高压而形成的。鄂尔多斯盆地延长组地层目前普遍表现为低压(地层压力系数为 0.8 左右)，推断在地质历史时期，该盆地延长组局部经历过异常高压作用，从而局部形成了异常高压相关裂缝。

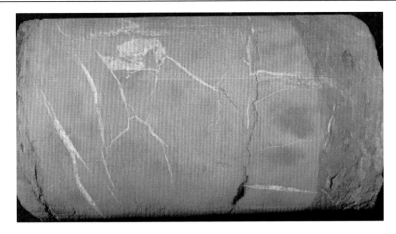

图 2-12　岩心上的异常高压相关裂缝(长 6 储层，2409.9m)

五、关于区域裂缝

按照 Nelson(1985)和 Lorenz 等(1991)的定义,区域裂缝是指在未变形地层(指不发育断层和褶皱的地层)大面积范围内广泛发育,与断层和褶皱等构造没有成因关系的一种裂缝类型。这类裂缝的方位变化较小,裂缝面两侧无明显的水平错动,而且总是垂直于岩层面,或者切割所有的局部构造。区域裂缝的几何形态简单且稳定,裂缝的间距较大,通常表现出以下特点:①裂缝的发育范围广,产状稳定,方位变化小;②裂缝规模大,在平面上延伸长,间距宽,有较好的等距性,可切穿不同的岩层;③裂缝常构成一定的几何形式,裂缝的方位不随局部构造线的方向而发生改变,在沉积盆地中通常以两组正交的棋盘形式出现,两组正交裂缝的走向分别与盆地的长轴和短轴一致(Nelson,1985)。区域裂缝不仅可以在构造稳定地区发育,也可以在构造变形较强的地区发育,其成因与局部褶皱和断层没有任何成因上的联系,是区域构造作用的结果。

按照上述区域裂缝的定义、分布特征及鄂尔多斯盆地延长组的地质条件,鄂尔多斯盆地延长组中的天然裂缝符合上述区域裂缝的特点,可以将其划分为区域裂缝(曾联波等,1999a)。根据地表露头、岩心和成像测井资料反映的天然裂缝的分布特征,鄂尔多斯盆地延长组的裂缝产状稳定,裂缝面平直,并常见擦痕甚至阶步或羽蚀构造等缝面特征。在平面上,天然裂缝多呈雁行式排列,在砾岩或含砾砂岩中,还具有天然裂缝切穿砾石而过的现象。天然裂缝的尾端常见有折尾、菱形结环和菱形分叉等几种形式,并常见追踪东西向和北西-南东向裂缝及追踪南北向和北东-南西向裂缝呈追踪张裂缝的现象。该区天然裂缝的上述特征表明,鄂尔多斯盆地上三叠统延长组天然裂缝主要为水平构造挤压应力作用下形成的剪切裂缝,而且被追踪的两组裂缝为同一构造时期形成的一对共轭剪切裂缝。因此,根据上述鄂尔多斯盆地延长组致密低渗透砂岩储层中天然裂缝的分布特征，在地质成因类型上，它们又属于典型的构造成因的剪切裂缝。

从盆地范围来看，如果鄂尔多斯盆地延长组中的天然裂缝是一种区域裂缝，那么它们在盆地内的分布应该比较规则和简单，在不同地区或油藏中天然裂缝的分布规律应该是大致相同的。但已有的勘探开发实践和现有资料表明，延长组中的天然裂缝在不同地区虽然组系相同，但不同组系天然裂缝的发育规律明显不同（详见第四章）。因此，鄂尔多斯盆地上三叠统延长组致密低渗透砂岩储层中的天然裂缝应该属于构造裂缝，可以划分为在弱构造变形区发育的构造裂缝类型。也就是说，Nelson（1985）和 Lorenz 等（1991）定义的区域裂缝属于构造裂缝的一种类型，即包括除了与褶皱、断层等局部构造事件有关的构造裂缝以外，还包括一类在弱构造变形区形成的构造裂缝，它们都是在构造应力作用下形成的裂缝类型（曾联波，2008）。

第二节　天然裂缝的分布特征

按照天然裂缝的规模和控制因素，在油藏范围内，可将致密低渗透储层天然裂缝分为大尺度裂缝、中尺度裂缝、小尺度裂缝和微尺度裂缝。大尺度裂缝是指在油藏内切割厚层泥岩隔层和油层组的天然裂缝系统，受泥岩盖层控制，相当于用地震资料无法识别的小断裂系统或低序次断层。中尺度裂缝是指切割砂层组和薄层泥质或钙质夹层的天然裂缝系统，受厚层泥岩隔层的控制。小尺度裂缝系统是指在单砂体内发育并受薄层泥质或钙质夹层、层理面等界面控制的天然裂缝系统。微尺度裂缝是指无法用肉眼识别、需要借助显微分析才能够清晰识别和描述的裂缝系统，其尺度更微小，张开度一般小于 50μm。鄂尔多斯盆地构造变形较弱，在盆地内断裂构造不发育（何自新，2003），且缺少三维地震资料，因而大尺度裂缝不发育或难以识别，本书重点阐述延长组致密低渗透储层中、小尺度裂缝和微尺度裂缝的分布特征。

一、中、小尺度裂缝分布特征

中、小尺度裂缝主要表现为构造裂缝。按照裂缝的倾角大小，可将构造裂缝分为高角度裂缝（＞70°）、斜交裂缝（20°～70°）和水平裂缝（＜20°）。地表露头、岩心和成像测井资料统计表明，鄂尔多斯盆地上三叠统延长组致密低渗透储层的构造裂缝以高角度裂缝为主（图 2-13）。在纵向上，这些高角度构造裂缝与岩层关系密切，通常与层面垂直，在岩心上的切穿深度一般较大；在平面上，高角度构造裂缝分布规则，其规律性和方向性明显。低角度裂缝主要分布在泥质岩中，表现为低角度剪切（滑脱）裂缝，裂缝面上具有明显的擦痕及镜面特征。

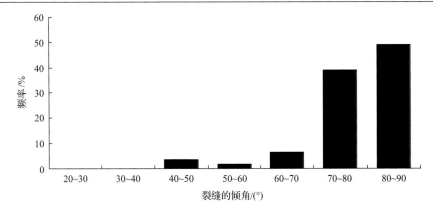

图 2-13　姬塬油田某区块延长组天然裂缝的倾角分布频率图

根据井壁成像测井、岩心古地磁定向和微层理面定向，鄂尔多斯盆地上三叠统延长组致密低渗透储层普遍发育有近东西向、近南北向、北东-南西向和北西-南东向 4 组构造裂缝，但在不同地区这 4 组构造裂缝的发育程度存在明显的差异，通常表现为在某个部位主要发育两组构造裂缝，而其他两组构造裂缝的发育程度较差。例如，在靖安地区，近东西向和近南北向两组构造裂缝发育，而北东-南西向和北西-南东向两组构造裂缝的发育程度相对较差；在陇东地区，北东-南西向和北西-南东向两组构造裂缝发育，而近东西向和近南北向两组构造裂缝的发育程度相对较差；在姬塬油田某区块延长组，北东-南西向和近东西向两组构造裂缝发育，而北西-南东向和近南北向延长组构造裂缝的发育程度相对较差(图 2-14)。不同地区不同组系构造裂缝的发育程度存在明显的差异，与储层非均质性和各向异性有关。

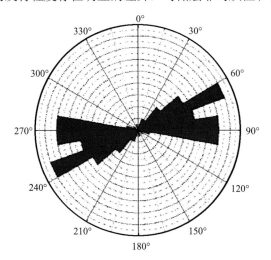

图 2-14　姬塬油田某区块延长组天然裂缝的方位分布频率图(样品数 N=308)

根据岩心和地表露头裂缝观测资料统计，构造裂缝的力学性质主要表现为剪切裂缝，张裂缝所占比例少。延长组的构造剪切裂缝以高角度剪切裂缝为主，其广泛发育在砂岩和脆性程度较高的泥岩中，少数低角度剪切(滑脱)裂缝主要分布在泥质岩中，这些高角度剪切裂缝具有明显的缝面特征和呈雁列式排列的特点(图 2-15)。单条中、小尺度裂缝规模有限，中、小尺度裂缝在纵向上的高度一般小于 1m(图 2-16)，主要在岩层内发育，受岩石力学层厚度控制。单条裂缝在平面上的延伸长度一般小于 10m，主要分布在 2.5～6.0m(图 2-17)。但一组呈雁列式排列的多条裂缝可延伸较长，可以达数十米甚至上百米。如果仔细追踪就会发现，在地表露头上一条延伸较长的天然裂缝，实际上由若干条呈雁列式排列的裂缝组成，单条裂缝的延伸长度有限。在原始状态下，单条裂缝与裂缝之间并不相互连通，而是有很小的间距。但通过一些措施(如注水压力过高、压裂改造等)，可以使它们贯通连成一条规模较大的裂缝。天然裂缝的这些分布特征，对致密低渗透油藏的注水开发有十分重要的影响。

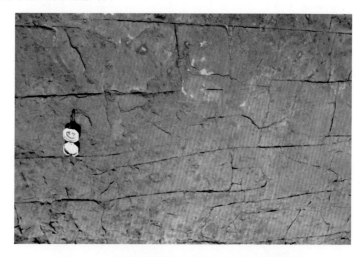

图 2-15　延长组呈雁列式排列的高角度剪切裂缝

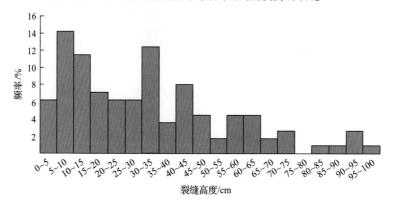

图 2-16　姬塬油田某区块延长组天然裂缝高度分布频率图

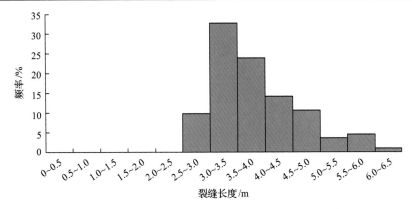

图 2-17　姬塬油田某区块延长组天然裂缝长度分布频率图

　　天然裂缝形成以后，还可以被方解石、石英等矿物充填，使其有效性变差。按照天然裂缝的充填程度，可以将其分为全充填、半充填、局部充填和无充填 4 种类型，反映裂缝的有效性依次由差变好。通过岩心、薄片和成像测井资料统计，鄂尔多斯盆地上三叠统延长组致密低渗透储层天然裂缝有效性普遍较好。在盆地内部，有效天然裂缝一般占天然裂缝总数的 85% 以上，全充填的无效裂缝所占比例较小；而在盆地边部地区，由于流体活动增强，被矿物充填裂缝所占比例明显增多，有效天然裂缝所占比例有所下降，如鄂南地区长 8 储层有效裂缝所占比例为 65%。通过统计还发现，钙质胶结砂岩中无效天然裂缝所占比例明显高于非钙质胶结砂岩中无效天然裂缝所占比例，反映出钙质胶结砂岩中无效天然裂缝的有效性差。例如，鄂南地区长 8 储层钙质胶结砂岩中被矿物充填裂缝所占比例为 80%，其中全充填裂缝所占比例为 57%，而无充填裂缝所占比例仅为 20%，裂缝中的充填矿物以方解石为主，少数为石英。而非钙质胶结砂岩中有效裂缝所占比例为 60% 以上，被矿物充填的全充填裂缝所占比例小于 34%。

　　裂缝的开度是影响裂缝所起作用大小的关键参数，也是目前裂缝表征中的一个技术难点。对油气渗流起作用的是裂缝在地层条件下的开度，它比岩心减压膨胀以后直接实测的开度和裂缝中经多次脉冲式充填的矿脉宽度小很多，因而岩心实测的裂缝开度和裂缝充填脉宽度不能代表其在地下的真实开度，必须将岩心恢复至地下围压条件下才可以测出其在地下的真实开度。根据高温高压三轴岩石试验，裂缝开度与它所受到的静封闭压力密切相关。随着裂缝面所受到的静封闭压力的增大，裂缝开度呈负指数函数递减(图 2-18)。因此，根据裂缝开度与静封闭压力之间的定量关系，利用岩心实测的地表裂缝开度，可以将裂缝开度恢复到在地层围压条件下的真实值。例如，在姬塬油田某区块实测的岩心地表裂缝开度为 80～160μm，恢复至地下围压条件下的地下裂缝开度主要为 50～100μm。

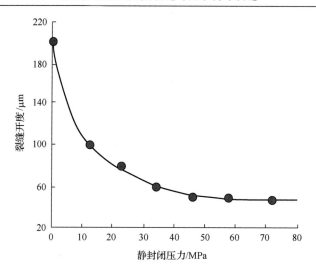

图 2-18 裂缝开度与静封闭压力关系图

影响天然裂缝地下开度的主要因素包括裂缝的埋藏深度、产状、孔隙流体压力、现今地应力方向及大小等。在相同的埋藏深度下，天然裂缝的倾角越大，裂缝的地下开度越大；在天然裂缝产状(包括裂缝的走向和倾角)相同时，埋藏深度越大，裂缝的地下开度越小(图 2-19、图 2-20)。受现今地应力的影响，不同方向裂缝的地下开度也不相同。例如，在北东东-南南西向(优势方位为 70°)地应力作用下，近东西向裂缝地下开度最大，其次是北东-南西向裂缝，而北西-南东向裂缝和南北向裂缝的地下开度相对较小(图 2-20)。反映裂缝走向与现今地应力方向相近的天然裂缝的地下开度最大，随着裂缝走向与现今地应力方向夹角的变大，裂缝的地下开度变小；当裂缝走向与现今地应力方向近于垂直时，裂缝的地下开度最小。

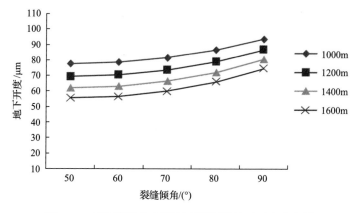

图 2-19 不同倾角和埋藏深度的裂缝地下开度分布图

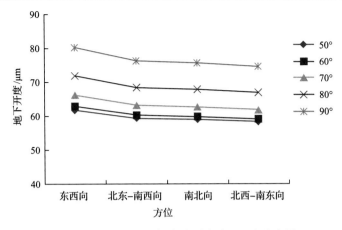

图 2-20　不同方位和倾角的裂缝地下开度分布图

　　天然裂缝渗透率与裂缝的地下开度和密度关系密切，随着裂缝开度的增大，裂缝渗透率呈幂律关系式增大（图 2-21）。微裂缝的开度一般都小于 40μm，其渗透率通常小于 10mD。岩心裂缝恢复至地层围压下的开度一般为 50～100μm，其渗透率主要分布在 10～100mD。

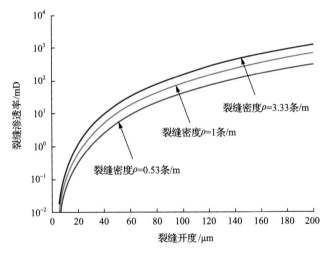

图 2-21　不同裂缝密度的裂缝渗透率与裂缝开度关系图

　　由于天然裂缝的渗透率主要受裂缝开度的影响，而裂缝开度又与地应力方向密切相关，其中与现今地应力方向近一致的裂缝地下开度最大。因此，在同一个油田，虽然存在多组裂缝，但受现今地应力的影响，不同组系裂缝的开度各不相同，使不同组系裂缝的渗透率也明显不同，其中与现今地应力方向近一致的裂缝地下开度最大，连通性最好，渗透率最高，是优势渗流裂缝方向（图 2-22），也是油田开发井网部署需要重点考虑的主裂缝方向；而与现今地应力方向近于垂直的裂缝地下开度最小，连通性最差，渗透率最低；与现今地应力方向斜交的裂缝地下开度、连通性和渗透率介于二者之间(Zeng and Li，2009)。对于有矿物充填的裂缝而言，其有效性主要受矿物充填程度的影响，当矿物完全充填裂缝时，无论裂缝走向与现今地应力方向之间的关系如何，裂缝都是无效的。

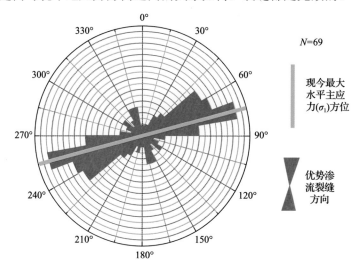

图 2-22　优势渗流裂缝方向与地应力关系图(Zeng and Li，2009)

二、微尺度裂缝分布特征

微尺度裂缝是指肉眼几乎无法识别，需要借助显微分析才能清晰识别和描述的天然裂缝。微尺度裂缝的长度一般为毫米级，开度一般小于 50μm。根据致密低渗透砂岩储层微尺度裂缝与碎屑矿物颗粒的关系，一般可将微尺度裂缝分为穿粒缝、粒内缝和粒缘缝 3 类(图 2-23)。穿粒缝是指裂缝的分布不受碎屑矿物颗粒的限制，可以穿过或绕过多个碎屑颗粒继续延伸的天然裂缝。穿粒缝的成因既有构造成因，也有成岩成因和异常高压成因(Zeng，2010)。穿粒缝的规模相对较大，开度一般小于 50μm，主要为 10~20μm。粒内缝是指在碎屑矿物颗粒内部发育的裂缝，它们一般不切穿矿物颗粒，终止于颗粒边缘，通常表现为沿石英的裂纹裂开的裂缝和沿长石的解理裂开的裂缝。分布在长石颗粒中的解理缝普遍具有溶蚀现象，而分布于石英中的裂纹缝溶蚀现象少见。粒内缝的方向性不明显，但它们通常与矿物颗粒的接触面近于垂直，反映出其是在矿物颗粒与矿物颗粒之间的相互挤压作用下形成的。造成矿物颗粒挤压的力源既可以是成岩过程中的机械压实作用，也可以是侧向构造挤压作用。因此，粒内缝的形成主要是在储层成岩过程中由于构造-成岩相互作用的结果，其地质成因类型属于构造-成岩裂缝，有时也将其划分到成岩裂缝的范畴。粒缘缝是指分布在碎屑矿物颗粒边缘的裂缝，其形成与致密低渗透储层成岩过程中的压实和压溶作用有关。

(a) 穿粒缝

(b) 粒内缝

(c) 粒缘缝

图 2-23　致密砂岩储层的 3 类微裂缝

　　微尺度裂缝在致密低渗透砂岩储层中十分发育，而且储层越致密，储层物性越差，微尺度裂缝的发育程度越高，尤其是粒内缝和粒缘缝的密度明显变大。致密低渗透砂岩储层中粒缘缝通常与粒内缝伴生，粒内缝发育的矿物颗粒，粒缘缝也同样发育；反之，粒内缝不发育的矿物颗粒，粒缘缝也不发育。粒内缝和粒缘缝的数量虽然多，但其规模、开度及渗透率都较小，开度一般小于 10μm，长度一般小于 0.5mm，渗透率远小于穿粒缝的渗透率，主要起储集空间的作用。正是因为粒内缝和粒缘缝的数量多但规律性差，而且其开度与储层基质孔隙处于同一数量级，所以很难对其进行单独表征和评价，根据粒内缝和粒缘缝的分布特征及其所起的作用，可以将其划分到基质孔隙系统中进行评价。

　　粒内缝和粒缘缝的尺度小，但密度大，是致密低渗透砂岩储层的重要储集空间。虽然粒内缝和粒缘缝的渗透率小，所起到的渗流作用不明显，但其是沟通粒间溶孔与粒内溶孔的重要通道，使致密低渗透储层的孔隙连通性变好，有利于致密低渗透油藏的注水开发。穿粒缝与粒内缝和粒缘缝相比，虽然数量少,但规模(长度和开度)远大于粒内缝和粒缘缝,其渗透率要比粒内缝和粒缘缝及基质孔隙高数倍以上,是致密低渗透砂岩储层的有效储集空间和重要渗流通道。因此,在对微尺度裂缝进行表征和评价时,需要重点描述穿粒缝的分布特征,包括穿粒缝的地质成因类型、密度、开度、长度、有效性及含油性等参数,并对穿粒缝的孔隙度和渗透率进行评价。

例如,在姬塬油田某区块,对 100 多块微观薄片进行分析和统计,其穿粒缝的面密度(即薄片上单位面积上的裂缝长度)主要分布在 0.1～0.6cm/cm^2,穿粒缝的平均面密度为 0.26cm/cm^2(图 2-24)。穿粒缝的开度(即裂缝壁之间的垂直距离)同样可以在显微镜下测量并进行统计。但由于磨片时薄片不一定总是与裂缝面垂直,在镜下所测量和统计的裂缝开度是视开度,大于裂缝的真实开度,需要进行校正。对于随机切片的微尺度裂缝,其裂缝的真实开度为(斯麦霍夫,1985):

$$B_i = \frac{2}{\pi} \frac{1}{n} \sum_{i=1}^{n} b_i \qquad (2\text{-}1)$$

式中,B_i 为穿粒缝的真实开度;b_i 为随机切片测量的穿粒缝的视开度;n 为样本数量。统计穿粒缝的长度、开度的分布频率,得到其分布曲线以后,可以用蒙特卡洛逼近方法计算其孔隙度和渗透率。穿粒缝的孔隙度 ϕ_f 的计算方法为

$$\phi_f = \frac{1}{A_s} \sum_{i=1}^{n} (B_i L_i) \qquad (2\text{-}2)$$

式中,L_i 为穿粒缝长度;A_s 为样本面积。穿粒缝的渗透率 K_c 的计算方法为

$$K_c = C \frac{1}{A_s} \sum_{i=1}^{n} (B_i^3 L_i) \qquad (2\text{-}3)$$

式中,C 为比例系数,对于随机分布的裂缝系统,C 可取 1.71×10^6。

按照上述方法进行测量和统计,校正以后的穿粒缝开度主要分布在 40μm 以内(图 2-25),只有少数的穿粒缝在溶蚀以后的开度大于 40μm,远大于粒内缝和粒缘缝数微米的开度。穿粒缝的孔隙度一般小于 0.35%,主要分布在 0.20%以内(图 2-26)。穿粒缝的渗透率一般小于 $10.0 \times 10^{-3} \mu m^2$,主要分布在 $1.0 \times 10^{-3} \mu m^2$ 以内(图 2-27)。上述特征反映出微尺度裂缝的存在对改善致密低渗透砂岩储层的储集和渗流性能具有重要的作用,是有效的储集空间和渗流通道。

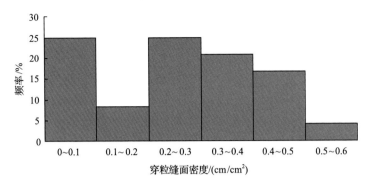

图 2-24　姬塬油田某区块穿粒缝面密度分布图

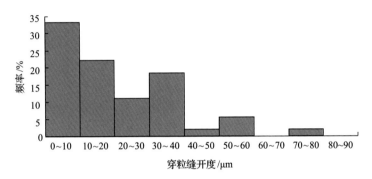

图 2-25　姬塬油田某区块穿粒缝开度分布频率图

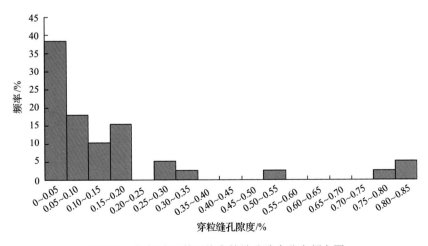

图 2-26　姬塬油田某区块穿粒缝孔隙度分布频率图

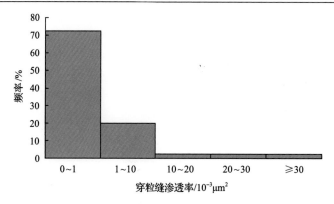

图 2-27　姬塬油田某区块穿粒缝渗透率分布频率图

第三节　天然裂缝的成因机理

一、构造裂缝的形成时期

储层构造裂缝的形成序列及形成时间可以通过地表露头、岩心和微观薄片构造裂缝的相互切割关系、构造-成岩方法、岩石声发射法及不同地层构造裂缝的发育规律等方法进行分析。例如，鄂尔多斯盆地延河、铜川-金锁关、旬邑三水河、石槽沟、鸡儿咀、甘裕大桥、汭水河、策底镇等多个地表露头剖面的观察表明，在盆地不同地区的延长组地层中普遍存在 4 组构造剪切裂缝，这 4 组构造剪切裂缝之间的相互切割关系明显，主要有东西向裂缝限制南北向裂缝、北西-南东向裂缝限制北东-南西向裂缝、北西-南东向裂缝限制南北向裂缝、北东-南西向裂缝切割东西向裂缝等现象，在一些地区还可见北西-南东向裂缝追踪东西向裂缝呈追踪张裂缝、北东-南西向裂缝追踪南北向裂缝呈追踪张裂缝的现象（曾联波等，2007b）。不同地区的这些现象表明，该区东西向裂缝和北西-南东向裂缝是早期形成的共轭剪切裂缝，而北东-南西向裂缝和南北向裂缝是晚期形成的共轭剪切裂缝。根据鄂尔多斯盆地区域古构造应力场和构造-成岩方法分析，早期东西向裂缝和北西-南东向剪切裂缝的主要形成时间为燕山期，而晚期北东-南西向裂缝和南北向剪切裂缝的主要形成时间是喜马拉雅期（图 2-28）。构造裂缝的两期形成时间也可以从铜川剖面实际测量的上三叠统延长组和侏罗系的构造裂缝发育规律得到佐证（图 2-29）。不同地层构造裂缝的实测结果统计表明，上三叠统延长组和侏罗系的构造裂缝发育方位及其发育程度具有较好的一致性，但它们与上覆地层构造裂缝的发育特征完全不同，说明上三叠统延长组的构造裂缝的第一次主要形成时期是在侏罗纪之后，即燕山期是延长组和侏罗系构造裂缝的第一次主要形成时期。

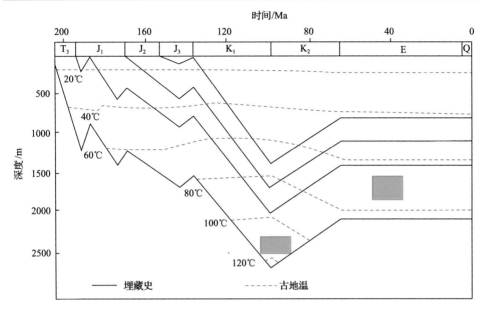

图 2-28 鄂尔多斯盆地延长组埋藏过程与构造裂缝形成时间

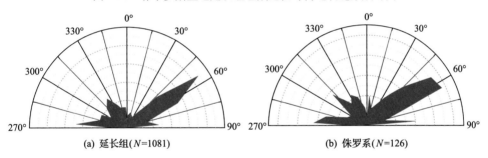

图 2-29 铜川剖面延长组和侏罗系的构造裂缝分布图（Zeng and Li，2009）

二、构造裂缝的成因机理

根据追踪张裂缝的展布方向、盆地古构造应力场和构造-成岩分析，早期形成的东西向剪切裂缝和北西-南东向剪切裂缝主要是在燕山晚期北西西-南东东向水平挤压应力场作用下形成，而晚期形成的北东-南西向剪切裂缝和南北向剪切裂缝主要是在喜马拉雅期北北东-南南西向水平挤压应力场作用下形成。

燕山期，在北西西-南东东向的区域水平挤压应力场作用下，理论上可以形成东西向和北西-南东向两组共轭剪切裂缝（图 2-30），但由于岩层在平面上的岩石力学性质的各向异性特征，东西向和北西-南东向两组裂缝的发育程度不同。地层岩石力学性质的各向异性使其中一组裂缝发育，而使另外一组裂缝不发育。若某个方向的岩石强度大，则其构造裂缝的发育程度相对较差；相反，若某个方向的岩石强度小，则其构造裂缝的发育程度相对较好。因此，早期形成的两组构造裂缝，在有些地区是东西向裂缝发育，而北西-南东向裂缝不发育；而在一些地区是北西-南东向裂缝发育，而东西向裂缝不发育，与该区沉积作用和成岩作用造成的岩层岩石力学性质的各向异性密切相关。

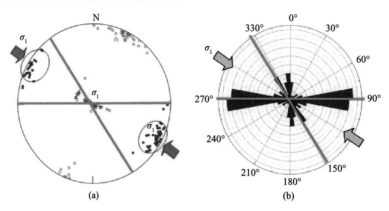

图 2-30　早期(燕山期)构造裂缝形成与应力场关系图

　　喜马拉雅期，在北北东-南南西向水平挤压应力场作用下，在理论上可以形成北东-南西向和南北向两组共轭剪切裂缝(图 2-31)，但由于岩层在平面上的岩石力学性质的各向异性特征，北东-南西向和南北向两组裂缝的发育程度不同。岩层力学性质的各向异性通常抑制了共轭剪切裂缝中一组裂缝的发育，而只留下另一组裂缝。因此，晚期形成的两组构造裂缝，在有些地区是北东-南西向裂缝发育，而南北向裂缝不发育；而在一些地区是南北向裂缝发育，而北东-南西向裂缝不发育，同样与该区沉积作用和成岩作用造成的岩层岩石力学性质的各向异性密切相关。

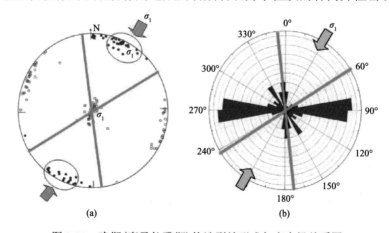

图 2-31　晚期(喜马拉雅期)构造裂缝形成与应力场关系图

　　因此，岩石力学性质的平面各向异性是造成鄂尔多斯盆地弱变形构造区上三叠统延长组致密低渗透砂岩储层不同方向构造裂缝的发育程度不同的关键因素。整体上，鄂尔多斯盆地上三叠统延长组存在 4 组高角度构造剪切裂缝，但在某一部位，由于岩石力学性质的平面各向异性的存在，通常表现为两组裂缝发育，而另外两组裂缝不发育的分布特征。

构造裂缝的形成与分布受地层古应力状态的控制，构造挤压作用引起的应力和地层深埋藏导致的孔隙流体高压是形成鄂尔多斯盆地上三叠统延长组早期构造裂缝的主要力源(图 2-32)；构造挤压作用引起的应力和后期地层抬升剥蚀导致的最小主应力减小是形成鄂尔多斯盆地上三叠统延长组晚期构造裂缝的主要力源(图 2-33)。根据鄂尔多斯盆地上三叠统延长组的实际地质条件，该区构造挤压应力、地层深埋藏导致的孔隙流体压力和地层抬升剥蚀导致的应力使得应力莫尔圆与岩石的破裂包络线相交于剪切破裂区，因此，该区主要发育剪切裂缝，而非其他力学成因类型的裂缝。

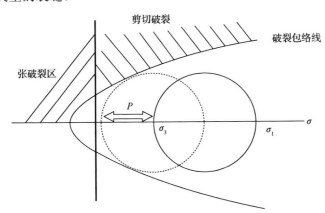

图 2-32 地层深埋藏导致的孔隙流体高压是早期(燕山期)构造裂缝形成的主要力源

σ_1-最大主应力；σ_3-最小主应力；P-流体压力

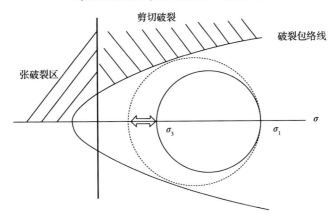

图 2-33 地层抬升剥蚀是晚期(喜马拉雅期)构造裂缝形成的主要力源

三、层理缝的形成机理

　　层理缝是指在沉积和成岩过程中形成的、沿微层理面分布的天然裂缝（曾联波，2008）。层理缝是鄂尔多斯盆地上三叠统延长组致密低渗透砂岩储层的一种主要成岩裂缝类型，也是该区除高角度构造剪切裂缝以外的另一种重要的裂缝类型。层理缝最显著的特点是沿砂岩的微层理面发育，是在砂岩的成岩过程中形成的，因而属于成岩裂缝的范畴。层理缝的存在，使致密低渗透砂岩储层的水平渗透率大大提高（图2-34），它是影响致密低渗透砂岩储层单井产能的重要地质因素。

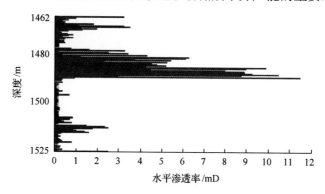

图 2-34　层理缝对致密低渗透砂岩储层水平渗透率的影响（Zeng and Li，2009）

　　对于砂岩储层层理缝的成因，一些学者进行过探讨，认为岩性、岩相是层理缝发育的基础，成岩过程中的压实和压溶作用、构造隆升和流体压力作用、构造挤压的诱导作用等是形成层理缝的可能成因（吴志均等，2003；Swanson，2007；曾联波，2008；Zeng，2010；贺振建等，2011；罗群等，2017）。根据大量岩心和薄片观察分析，鄂尔多斯盆地上三叠统延长组层理缝主要发育在渗透率极低的致密特低渗透砂岩和长7页岩中，在少数井的长7凝灰岩段也有发育。其中，发育在页岩中的层理缝称为页理缝（Zeng et al.，2016），其形成机理比致密特低渗透砂岩中的层理缝更复杂，将另外进行分析探讨；凝灰岩段的层理缝比较少见，仅局部发育。这里重点分析致密特低渗透砂岩中层理缝的成因机理。

　　根据不同地区和不同层位层理缝分布特征的对比分析可知，砂岩储层中的层理缝具有以下主要特点：①砂岩越致密，渗透率越低，层理缝越发育，因而层理缝在致密砂岩储层中普遍发育，而在常规低渗透砂岩储层中发育较差；②层理缝顺微层理面分布，但并不是所有的微层理面都发育有层理缝，而只是在微层理面的部分段发育有层理缝；③层理缝顺微层理面断续分布，具有沿微层理面弯曲、尖灭、分叉、合并等特征，横向连通性较差；④沿层理缝溶蚀现象比较普遍，含油性较好，有时甚至可见方解石等矿物充填；⑤受岩性和沉积微相的控制，主要在水下分流河道中下部的细粒长石砂岩中发育。根据层理缝的上述主要特征分析，砂岩中层理缝主要在成岩过程中的压实和压溶作用下形成。烃类充注产生的异常流体高压可以进一步促进层理缝的发育和张开，但不是层理缝发育的主要原因。后期的构造抬升剥蚀可使早期形成的层理缝进一步扩展和贯通，使层理缝的规模和开度变大，在岩心上表现得更加明显，甚至呈网状分布。

值得注意的是，顺层理面或近似顺层理面发育的天然裂缝有多种成因类型，既有构造成因的，如水平剪切裂缝、顺层剪切裂缝、顺层滑脱裂缝(曾联波等，2009；Zeng et al.，2016)，也有非构造成因的。构造成因的不属于层理缝，是构造裂缝的一种类型，只是其形成受层理面的控制或影响。层理缝是属于非构造成因的天然裂缝，形成层理缝时，并不一定需要有超过岩石临界破裂强度的应力作用于层理界面上。一些公开发表的文献中讨论的平行于层理面的天然裂缝实际上是构造成因裂缝，而非层理缝。

第三章　致密低渗透储层天然裂缝的控制因素

通过大量的地表露头、岩心、薄片及测井等资料对天然裂缝的发育程度进行统计表明，在鄂尔多斯盆地不同地区，致密低渗透砂岩储层中天然裂缝的发育程度存在很大的差异性。即使在同一地区的不同部位，天然裂缝特征及发育程度也有明显的差别。在纵向上，不同层位天然裂缝的发育程度的差异更加明显，在同一口取心井的不同层位上天然裂缝的发育程度也各不相同。天然裂缝在平面和纵向上的发育程度的非均质性远远超过了砂岩储层本身的非均质性，更是远远超过了沉积微相的变化程度，对致密低渗透油藏的注水开发方案部署和开发效果具有十分重要的影响。虽然鄂尔多斯盆地不同地区的致密低渗透储层中天然裂缝分布复杂，变化大，非均质性强，控制因素多，但它们具有一定的规律性。弄清控制天然裂缝形成与分布的各种地质因素，对深入认识天然裂缝的分布规律和更好地建立地下天然裂缝分布的地质模型具有重要的指导意义。本章将从沉积作用、成岩作用、构造作用、岩石力学性质和储层构型 5 个方面来论述它们对致密低渗透储层天然裂缝形成与分布的控制作用。

第一节　沉　积　作　用

沉积作用是控制致密低渗透储层天然裂缝发育的基本地质因素。沉积作用控制了储层的岩石成分组成及结构特征，影响了储层的岩石物理性质和力学性质，从而控制了储层天然裂缝的形成与分布。沉积作用对致密低渗透储层天然裂缝的控制作用主要体现在储层岩性、岩层厚度及沉积微相几个方面。

一、储层岩性

岩性是天然裂缝形成与分布的基础。影响天然裂缝发育的岩性因素包括岩石成分、颗粒大小、孔隙度和渗透率等。由于不同岩性的岩石成分及结构、构造不同，其岩石力学性质各异，它们在受到相同构造应力的作用下，不同岩性的岩层发生破裂的情况也会产生差别，致使天然裂缝的发育程度产生差别。岩石中脆性矿物组分的含量越高，在构造应力作用下往往发生较小的塑性变形以后就会产生脆性破裂，其天然裂缝通常较为发育。因此，在相同的构造应力条件下，砂岩和具有石英、长石、方解石及白云石等高脆性组分的泥质岩中天然裂缝的发育程度相对较高，而以塑性黏土矿物成分为主的泥岩中构造裂缝的发育程度一般较低，主要发育成岩裂缝。同时，随着岩石颗粒变细，孔隙度和渗透率降低，岩层变得更加致密，岩石的强度和脆性程度相应增大，岩石在受到构造应力作用下同样发生较小的形变以后就会产生破裂形成裂缝，因而使得具有低孔隙度、低渗透率和较细颗粒岩石中的天然裂缝发育。一般来说，具有相同矿物成分的岩石，随着岩石颗粒越细，孔隙度和渗透率越低，岩层越致密，脆性越高，越有利于天然裂缝的发育；相反，具有相同矿物成分的岩石颗粒越粗，越不利于天然裂缝的发育，天然裂缝的密度越小。

　　例如，对鄂尔多斯盆地安塞油田王窑地区长 6 储层岩心裂缝及合水地区长 7 储层岩心裂缝进行了识别和描述，对取心井的天然裂缝在纵向上的发育情况进行了评价，并计算了各类岩性中天然裂缝的平均线密度。统计结果表明，天然裂缝的发育程度受岩性控制明显(图 3-1、图 3-2)。王窑地区长 6 储层的钙质砂岩和粉砂岩中天然裂缝最为发育，其裂缝的平均密度分别为 1.0 条/m 和 0.94 条/m；其次为细砂岩，其裂缝的平均密度为 0.61 条/m；而泥质岩中天然裂缝的发育程度相对较差，其裂缝的平均密度为 0.48 条/m。在合水地区长 7 储层中，天然裂缝在细砂岩、粉砂岩、泥质粉砂岩和粉砂质泥岩中发育情况最为普遍，主要为高角度构造裂缝，低角度裂缝不发育，裂缝的平均密度在 1 条/m 以上；而在泥岩中天然裂缝不发育，其中高角度裂缝的平均密度为 0.3 条/m，并存在一定数量的低角度滑脱裂缝。

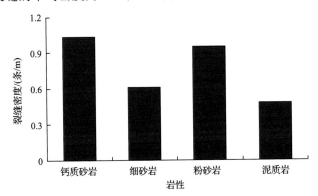

图 3-1　王窑地区长 6 储层不同岩性裂缝密度分布图(张玉银等，2017)

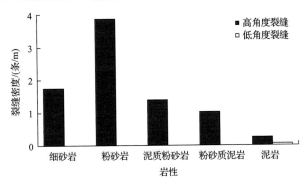

图 3-2　合水地区长 7 储层不同岩性裂缝密度分布图

　　总体来说，若将鄂尔多斯盆地碎屑岩储层岩性划分为砂质岩和泥质岩两大类，即砂质岩(包括细砂岩、粉砂岩、泥质粉砂岩)与泥质岩(包括粉砂质泥岩和泥岩)，则砂质岩中天然裂缝的发育程度要远大于泥质岩，明显地反映出随着泥质含量的增加，岩石中天然裂缝的发育程度由高变低。而在砂质岩中，粉砂岩中的裂缝与细砂岩相比更为发育，反映出随着岩石粒度变粗，天然裂缝的发育程度有从高变低的趋势，以及随着储层物性变差，孔隙度和渗透率越低，天然裂缝的发育程度也越高，因而在致密砂岩中的天然裂缝比低渗透砂岩中的天然裂缝更发育。

　　值得注意的是，在上述脆性含量高、岩石颗粒小且致密的砂岩类岩层中主要发育高角度构造裂缝，它们的发育程度与岩性表现出了良好的规律性。而在一些泥质岩中，近水平成岩裂缝和中-低角度滑脱裂缝往往也较为发育，致使储层中也具有较大的裂缝密度。例如，鄂尔多斯盆地不同地区砂岩中普遍发育高角度构造裂缝，部分岩层中裂缝密度可达 15 条/m，而低角度裂缝基本不发育；在泥岩层中，高角度构造裂缝密度较小，一般小于 0.5 条/m，但部分地区低角度滑脱裂缝或成岩裂缝密度较大，甚至超过砂岩中高角度构造裂缝密度，达到 50 条/m 以上，但不同类型裂缝具有不同的形态和规模特征。因此，在评价不同岩性天然裂缝的发育程度时，一定要区分天然裂缝的成因类型，在不同成因类型框架下统计天然裂缝密度和发育程度，客观地评价天然裂缝的分布规律。

二、岩层厚度

　　天然裂缝的形成与分布受岩石力学层控制(Narr and Suppe，1991；Laubach and Ward，2006；曾联波，2008)，天然裂缝分布在岩石力学层内，并终止于岩石力学层界面上。由于碎屑岩储层表现为砂泥岩互层，砂岩和泥岩的岩石力学性质差异大，其岩石力学层一般与岩性层相一致，这里主要阐述岩层对天然裂缝发育的控制作用。

　　通过地表露头区天然裂缝的分布可以看出，天然裂缝主要在砂岩内发育，受砂岩层的控制，一般与岩层界面垂直并终止于岩层界面(图 3-3)。通过对鄂尔多斯盆地大量的地表露头的天然裂缝进行统计，天然裂缝的间距服从对数正态函数分布(图 3-4)。统计不同层厚度的砂岩中天然裂缝的平均间距与层厚度之间的关系表明，在一定的岩层厚度范围内，岩层厚度与裂缝平均间距表现出良好的线性关系，随着岩层厚度增大，裂缝的平均间距呈线性增大趋势(图 3-5、图 3-6)，天然裂缝密度随着岩层厚度的增大而减小(图 3-7、图 3-8)。大间距裂缝一般分布在厚层砂体中，有较大的裂缝规模(即裂缝的高度和平面延伸长度)。而岩层厚度越薄，裂缝的平均间距变小，裂缝密度越大，裂缝规模也相应越小。当砂岩厚度超过一定范围时，天然裂缝基本上不再发育，这是由于岩层厚度越大，岩石强度越大，抗破裂能力越强,构造应力不足以使其发生破裂。例如,在延河露头剖面的上三叠统延长组地层中,天然裂缝一般发育在砂体厚度小于 3m 的岩层内,当砂体厚度超过这一值时,天然裂缝不发育(图 3-9)。

图 3-3 延河剖面构造裂缝等间距发育在砂岩层内

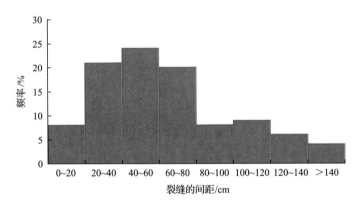

图 3-4 延河剖面长 7 储层裂缝的间距分布频率图

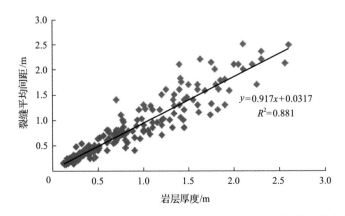

图 3-5 延河剖面长 6、长 7、长 8 储层裂缝平均间距与岩层厚度关系图(赵向原,2015c)

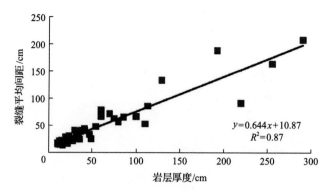

图 3-6　芮水河剖面长 6 储层裂缝平均间距与岩层厚度关系图

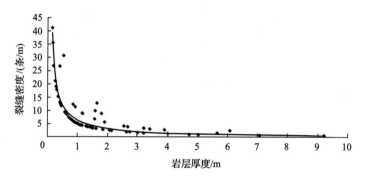

图 3-7　姬塬油田长 4+5 储层裂缝密度与岩层厚度关系图

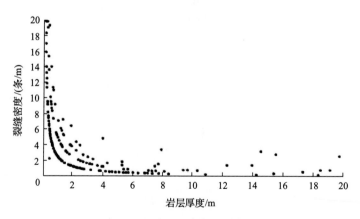

图 3-8　鄂南地区长 8 储层裂缝密度与岩层厚度关系图

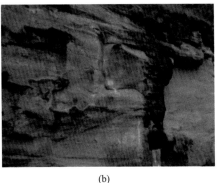

(a)　　　　　　　　　　　　　　　　(b)

图 3-9　　延河剖面大于 3m 砂岩层内裂缝不发育

三、沉积微相

不同沉积微相的岩性、岩层厚度及其组合的不同，使不同沉积微相中天然裂缝的发育程度也明显不同。沉积微相主要是通过控制不同部位地层的岩石成分、粒度、岩层厚度、岩层组合关系等来控制天然裂缝的发育特征，如果砂岩的颗粒细，砂体的单层厚度小，而累积厚度大，则其裂缝发育。反之，如果砂岩的颗粒粗，砂体的单层厚度大，或者岩层的泥质含量高，则其天然裂缝的发育程度相对变差。

例如，安塞油田长 6 储层沉积相类型主要为三角洲前缘亚相，包括水下分流河道、水下天然堤、水下分流间湾、河口坝及席状砂 5 个微相类型，不同微相中天然裂缝的发育程度存在明显的差异(图 3-10、图 3-11)。根据岩心裂缝描述和统计，不同沉积微相内构造裂缝的平均密度相差较大，其中席状砂微相中天然裂缝最为发育，天然裂缝的平均密度为 2.6 条/m；河口坝微相次之，天然裂缝的平均密度为 0.68 条/m；水下分流间湾微相的天然裂缝的发育程度最差，天然裂缝的平均密度为 0.32 条/m。天然裂缝的发育程度反映了其储层地质特征，三角洲前缘席状砂的岩石颗粒组分细，分选较好，泥质含量低，砂体厚度薄，砂岩的累积厚度大，因而天然裂缝平均密度最大；而水下分流河道的岩石颗粒组分相对较粗，不同类型河道砂体厚度差异性较大，厚层砂体内裂缝基本不发育，只有小于一定厚度的砂体内才发育裂缝，造成了该类砂体天然裂缝的平均密度相对较小；而水下分流间湾以泥质岩为主，岩层脆性较差，不利于发生脆性破裂形成裂缝，其天然裂缝的平均密度最低。鄂南地区长 6 储层不同沉积微相的天然裂缝密度分布统计结果与上述认识完全一致(图 3-12)。

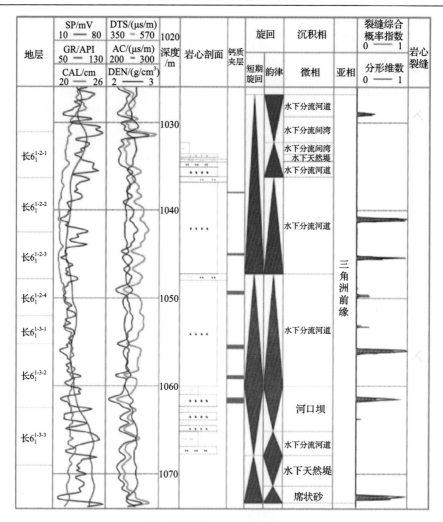

图 3-10　安塞油田某井沉积微相与裂缝分布关系图

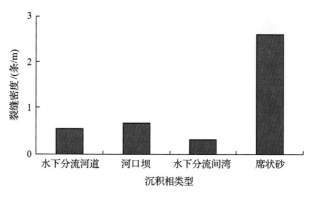

图 3-11　安塞油田某区块长 6 储层不同沉积微相裂缝密度分布图

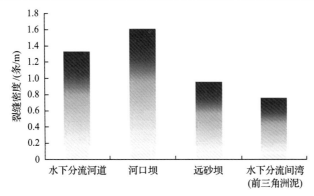

图 3-12　鄂南地区长 6 储层不同沉积微相的天然裂缝密度分布图

第二节　成 岩 作 用

　　强烈的成岩作用是影响致密低渗透储层形成演化及天然裂缝发育的重要因素。由于致密低渗透储层的成岩作用强烈，储层脆性程度增加，在构造应力作用下，岩石更容易发生脆性破裂形成裂缝。成岩作用主要是通过影响储层的力学性质来控制天然裂缝的形成与分布，不同成岩相储层的岩石力学性质不同，在相同的构造作用下，其天然裂缝的发育程度也各不相同。

一、成岩相对构造裂缝的影响

　　强烈的成岩作用是造成鄂尔多斯盆地延长组砂岩储层物性差甚至致密化的主要因素。成岩作用在控制致密低渗透储层形成和演化的同时，还影响砂岩储层的致密程度、孔隙结构、黏土矿物分布和储层物性及其流体的分布，从而影响储层的岩石力学性质、应力分布和天然裂缝的发育程度。不同成岩相储层具有不同的岩石内部结构、构造和岩石力学性质，它们影响了其构造裂缝的发育程度。

　　例如，姬塬油田长 4+5 砂岩储层主要为粉细粒岩屑质长石砂岩，长石的含量为 33.9%，石英的含量为 31.6%，岩屑的含量为 16.5%。碎屑颗粒直径一般为 0.10～0.25mm，分选好，呈次棱角状，颗粒支撑，颗粒的接触类型基本为线接触支撑到面接触支撑，少量为凹凸接触支撑。填隙物以铁方解石和高岭石为主，其次为绿泥石、硅质和水云母。胶结物的含量为 8.5%～9.5%，胶结物成分以铁方解石为主，其次为方解石和硅质，并含少量铁白云石、长石质和黄铁矿。黏土矿物主要有高岭石、绿泥石、伊利石和伊/蒙混层。

　　根据铸体薄片、扫描电镜、X-衍射等分析可知，储层成岩作用强烈，成岩作用的类型主要包括机械压实作用、压溶作用、胶结作用和溶解作用等。压实作用的强度与埋藏深度关系密切，浅埋藏阶段以机械压实作用为主，深埋藏阶段以化学压实作用为主，储层目前的压实强度为中等—较强。压溶作用使碎屑颗粒之间的接触更为紧密，常呈凹凸接触。该区胶结作用普遍发育，主要有硅质胶结、碳酸盐胶结和黏土胶结等类型。硅质胶结一般为 3%～12%，最高可达 15%以上。硅质胶结有石英次生加大和孔隙充填式胶结两种产状。碳酸盐胶结主要有方解石胶结、含铁方解石胶结和铁白云石胶结 3 种类型，其中以铁方解石胶结为主。碳酸盐胶结物一般为 1%～5%，最高可达 40%以上。溶蚀作用包括长石溶蚀和杂基溶蚀。生油岩进入成熟期前发生的大量脱羧基作用产生的酸性水溶液，使长石被溶蚀形成粒内溶孔、铸模孔等次生孔隙。杂基的溶蚀还可形成微溶孔。溶蚀作用形成大量的次生溶蚀孔隙，极大地改善了致密低渗透储层的孔、渗性能。经历了压实作用、压溶作用、交代作用、胶结作用和溶解作用等成岩作用，姬塬油田长 4+5 砂岩储层主要处于中成岩 A 期阶段，其成岩相可划分为强压实高岭石胶结相、高岭石-铁方解石胶结相、中等压实高岭石胶结相、中等压实长石溶蚀相、弱压实长石溶蚀相 5 种成岩相组合类型(图 3-13)。

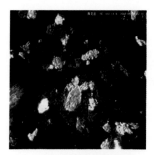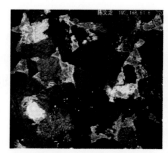

(a) 强压实高岭石胶结相　　(b) 高岭石-铁方解石胶结相　　(c) 中等压实高岭石胶结相
G95井，2014.56m　　　　　G79井，2562.21m　　　　　　G79井，2562.21m

25μm

(d) 中等压实长石溶蚀相　　(e) 弱压实长石溶蚀相
H26井，2457.2m　　　　　G85井，2154.2m

图 3-13　姬塬油田不同成岩相的阴极发光照片

根据不同成岩相储层岩心和薄片的构造裂缝统计，不同成岩相砂岩储层构造裂缝的发育程度差异明显，其中强压实高岭石胶结相构造裂缝的发育程度最高，构造裂缝的平均密度为 1.70 条/m；其次是高岭石-铁方解石胶结相，构造裂缝的平均密度为 1.25 条/m；而弱压实长石溶蚀相的构造裂缝的发育程度最低，构造裂缝的平均密度仅为 0.15 条/m（表 3-1）。强烈的压实作用和胶结作用使岩石孔隙体积减小、变得致密，岩石脆性程度增加，它们在经过弹性变形以后，在发生较小应变时就表现出脆性破裂变形而形成构造裂缝，因而强压实和胶结相的岩石构造裂缝的发育程度高。弱压实长石溶蚀相的岩石孔隙体积相对较大，长石溶蚀作用可形成一定数量的粒内溶孔，甚至是沿解理方向的溶蚀缝，增加砂岩的储集空间，尤其当孔隙中包含流体时，溶液进入颗粒晶体内部，使矿物分子之间的凝聚力下降，降低了岩石的弹性极限和岩石强度，而使岩石的韧性增强，岩石在受到相同的构造应力作用时，在经过弹性变形以后，需要在发生较大应变时才表现出剪切破裂变形特征，因而构造裂缝的发育程度较低。

表 3-1　姬塬地区长 4+5 储层不同成岩相中构造裂缝密度

成岩相	强压实高岭石胶结相	高岭石-铁方解石胶结相	中等压实高岭石胶结相	中等压实长石溶蚀相	弱压实长石溶蚀相
构造裂缝密度/(条/m)	1.70	1.25	0.45	0.30	0.15

华庆地区长 6 砂岩储层的成岩作用主要有机械压实作用、交代作用、胶结作用和溶蚀作用等。在成岩阶段早期以机械压实作用为主，颗粒的接触方式主要为点接触。随着埋藏深度的增加，部分颗粒发生溶解，逐渐由机械压实作用转换为深埋藏下的压溶作用，颗粒接触关系逐渐由点接触变为线接触和凹凸接触。胶结作用主要有孔隙胶结和薄膜-孔隙胶结，胶结物类型主要有钙质胶结、硅质胶结和黏土胶结。钙质胶结物主要是方解石、铁方解石和铁白云石；黏土矿物胶结以绿泥石为主，其次是伊利石和伊/蒙混层；硅质胶结作用较弱，主要表现为石英次生加大及自形石英晶体。交代作用对岩石孔隙体积和物性的影响较小，在长石和岩屑等碎屑组分中发生的溶蚀作用对改造致密低渗透砂岩储层具有积极意义。经过上述多种成岩作用，华庆地区长 6 砂岩储层处于中成岩 A 期。根据纵向和平面上的成岩强度、成岩环境及成岩产物分布特点可知，长 6 砂岩储层可分为绿泥石膜胶结-粒间孔+长石溶蚀成岩相、绿泥石膜胶结-粒间孔成岩相、碳酸盐岩胶结相、水云母胶结相和水云母胶结-长石溶蚀相 5 类成岩相。根据不同成岩相砂岩储层的构造裂缝统计，碳酸盐胶结相储层的构造裂缝的发育程度最高，而水云母胶结相储层的构造裂缝的发育程度相对较低，同样反映出致密低渗透砂岩储层的成岩作用越强，构造裂缝的发育程度越高的特征。

因此，致密低渗透砂岩储层构造裂缝的形成与发育程度除了受构造应力控制以外，还受沉积作用和成岩作用的影响。沉积作用是基础，成岩作用主要是通过影响岩石的力学性质来影响构造裂缝的发育程度，成岩作用越强，物性越差，岩石脆性程度越高，构造裂缝密度越大。因而一般强压实、强胶结型成岩相的岩石脆性程度高，在相同构造应力作用下构造裂缝的发育程度明显大于弱胶结强溶蚀型成岩相。

二、成岩作用对层理缝的影响

根据岩心裂缝观察，层理缝主要在细砂岩中发育，发育部位主要为砂、泥岩的岩性界面上，其含油性好，但横向连通性较差(图 3-14、图 3-15)。在纵向上，层理缝往往在一些层段密集发育，尤其在水下分流河道中下部的细粒长石砂岩中最为发育(图 3-16)。

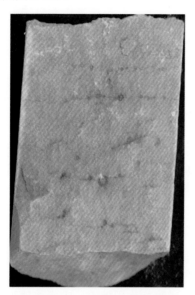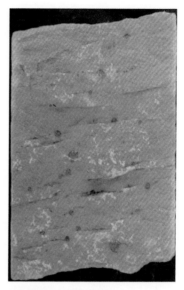

图 3-14　姬塬油田某井岩心上的层理缝(原油沿层理缝渗出)

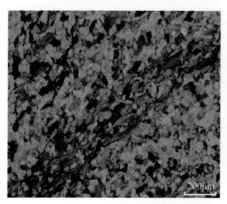

图 3-15　姬塬油田某井层理缝微观照片
层理缝顺微层面分布，与矿物定向排列方向一致

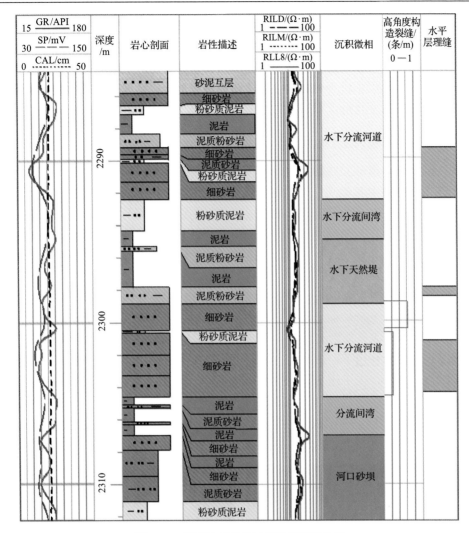

图 3-16　姬塬油田某井层理缝发育部位图

对致密低渗透砂岩储层层理缝的成因，一些学者提出了多种解释，包括沉积、构造隆升、烃类充注、构造挤压、应力、成岩、下伏地层隐伏断裂活动、岩性非均质性等，并提出了构造应力导致层理面剥离破裂成缝、酸或碱性流体沿层理溶蚀溶解成缝、异常高压沿层理释放造缝等多种层理缝的形成机理，认为超压流体支撑、充填物溶解、扩张（拉张）应力作用等为层理缝开启的主控因素，而压实压溶、沉淀充填、胶结（交代与重结晶）等为层理缝闭合的主要因素（罗群等，2017）。这些成因机制的解释几乎囊括了目前认识到的所有天然裂缝的成因机制。但如果仔细观察和分析这些层理缝的宏观与微观分布特征可知，绝大多数的解释难以成立，如层理缝横向连通性差和非均质性极强的问题。通过对鄂尔多斯盆地和我国其他沉积盆地致密低渗透砂岩储层的层理缝进行系统分析认为，层理缝的成因并不复杂，砂岩储层在成岩过程中的压实压溶作用是层理缝形成的主要原因。因此，层理缝一般在物性差的特低渗透和致密砂岩储层中发育，而在常规低渗透砂岩储层和常规砂岩储层中极少见到，它们沿微层理面展布，而且具有横向连通性差、非均质性极强等发育特点。

三、成岩作用对粒内缝和粒缘缝的影响

在致密低渗透砂岩储层的成岩过程中，由于强烈的机械压实作用或(和)构造挤压作用，岩石中石英或长石矿物颗粒之间发生相互挤压，碎屑矿物颗粒内部沿长石的解理面或石英的裂纹裂开，形成碎屑矿物颗粒内部的粒内缝。因而粒内缝主要在颗粒与颗粒紧密接触的碎屑颗粒中发育，并且粒内缝与颗粒接触面近于垂直分布。而分布在颗粒边缘的粒缘缝主要与砂岩储层成岩过程中的压实压溶作用有关。

通过薄片观察发现，粒内缝和粒缘缝的发育程度还与杂基含量有关。例如，鄂南地区长 8 致密砂岩储层岩性主要为长石岩屑砂岩及岩屑长石砂岩，云母、岩屑、杂基等塑性成分含量相对较高。随着云母、岩屑含量的增高，岩石塑性增强，在上覆地层压力作用下，越容易压实发生塑性变形，矿物定向排列，在砂泥岩界面或顺微层理面，由于压实和压溶的共同作用，易形成与矿物定向排列方向一致的层理缝，而不利于粒内缝和粒缘缝的形成。反映出杂基含量越多，岩石塑性增强，粒内缝和粒缘缝的发育程度越低的特征；而随着方解石等胶结物含量的增加，岩石脆性增强，有利于粒内缝和粒缘缝的形成(图 3-17)。

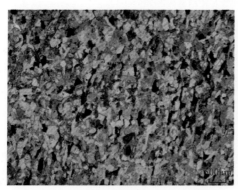

(a) 强压实，矿物颗粒定向排列，云母发生　　　(b) 强压实，颗粒破碎，形成粒内缝和粒缘缝
　　　塑性变形呈条带状

图 3-17　鄂南地区长 8 储层微观照片

粒内缝和粒缘缝的形成主要与成岩过程中的压实压溶作用有关，因此，可以将粒内缝和粒缘缝划分为成岩裂缝。砂岩储层的成岩作用越强，储层物性越差，

粒内缝和粒缘缝通常越发育。随着压实强度的增强，岩石颗粒依次呈点接触、线接触及凹凸接触，微裂缝越发育(图 3-18)。虽然粒内缝和粒缘缝的规模小，但其面密度较大(图 3-19)，是致密低渗透储层的重要储集空间。

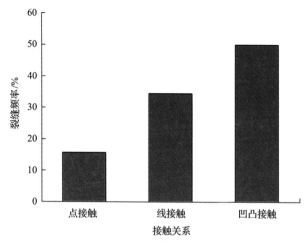

图 3-18　鄂南地区长 8 储层不同颗粒接触关系的微裂缝分布频率图

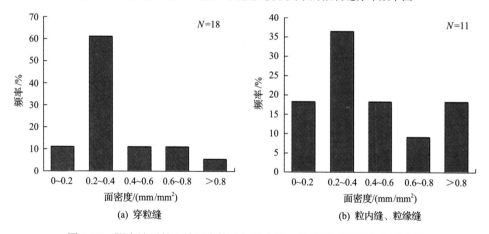

(a) 穿粒缝　　　　　　　　(b) 粒内缝、粒缘缝

图 3-19　鄂南地区长 8 储层穿粒缝与粒内缝、粒缘缝面密度分布频率图

第三节　构　造　作　用

鄂尔多斯盆地致密低渗透储层以高角度构造剪切裂缝为主，构造裂缝的形成与分布受构造作用的影响。构造作用对致密低渗透储层构造裂缝的形成与分布的影响主要体现在 4 个方面：①构造运动期次决定了构造裂缝的形成期次及发育时间；②构造裂缝形成时期的古应力状态决定了构造裂缝的组系、方位及其力学性质；③构造裂缝形成时期的构造强度或古构造应力大小决定了构造裂缝的发育程

度；④构造变形决定了构造相关裂缝的发育程度及其分布规律。

一、构造应力场与构造裂缝形成的关系

根据已有研究成果，鄂尔多斯盆地自中生代以来主要经历了印支期、燕山期、喜马拉雅期和新构造期 4 期构造应力场(万天丰，1988)。印支期，由于扬子地块向北与中朝地块碰撞，以及中朝地块向北与兴蒙褶皱带内各地块碰撞，鄂尔多斯盆地的构造应力场主要表现为近南北向水平挤压的特征。燕山期，由于伊佐奈木板块向西偏北方向运动，鄂尔多斯盆地的构造应力场主要表现为北西西-南东东向水平挤压的特征，在该期构造作用下，鄂尔多斯盆地东部大面积抬升，使盆地成为向西倾的单倾构造。喜马拉雅期，由于印度-澳大利亚板块的北部向北偏东方向运移，冈底斯地块较快地向北与羌塘地块碰撞，鄂尔多斯盆地的构造应力场表现为北北东-南南西方向水平挤压的特征。新构造期，鄂尔多斯盆地的构造应力场表现为北东东-南西西方向水平挤压的特征。

根据第二章的天然裂缝形成时间分析，鄂尔多斯盆地构造裂缝主要在燕山期和喜马拉雅期形成。燕山期，在北西西-南东东向水平挤压应力场作用下，鄂尔多斯盆地上三叠统延长组致密低渗透储层中主要形成了近东西向和北西-南东向两组高角度剪切裂缝，但由于受储层岩石力学性质各向异性的影响，不同组系裂缝的发育程度有较大差异。喜马拉雅期，在北北东-南南西方向水平挤压应力场作用下，鄂尔多斯盆地上三叠统延长组致密低渗透储层中主要形成了近南北向和北东-南西向两组高角度剪切裂缝，同样，储层岩石力学性质的各向异性影响了不同方位裂缝的发育程度。新构造期虽然没有在鄂尔多斯盆地上三叠统延长组致密低渗透储层中形成新的天然裂缝系统，但它影响早期形成的多组裂缝的渗透率的各向异性，使得不同方向裂缝的渗透性不同，从而影响致密低渗透油藏开发方案的部署和注水开发效果。

二、断层对天然裂缝发育的影响

鄂尔多斯盆地上三叠统延长组整体上为平缓西倾的单斜构造，地层倾角小于$1°$，盆内断层和褶皱不发育，因此，盆地内部构造变形对裂缝发育的影响较小。但在盆地边缘，断层发育，断层对天然裂缝的发育有重要的影响。断层通过控制其周围地层的局部应力分布来影响天然裂缝的形成与分布。在断层核两侧，由于断层活动通常形成应力扰动带，该带具有明显的应力集中现象，通常形成天然裂缝发育带，即断层结构模式中的断层损伤带(图 3-20)。

根据三维地震资料，鄂南地区发育有北西西-南东东向和北东-南西向不同规模的断层，以倾角近直立的断层为主，它们主要在燕山期和喜马拉雅期形成。在纵向上，不同规模的断层切割的层位明显不同，规模较大的断层一般切割延 9

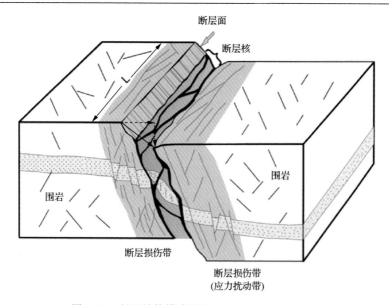

图 3-20 断层结构模式图(Torabi and Berg，2011)

储层顶的煤系地层，对油气起破坏作用，不利于油气富集；中等规模的断层一般切割长 7 储层马家滩页岩，表现为沟通烃源岩的油源断层，有利于油气富集；规模较小的断层在长 8 储层内发育，没有切割长 7 储层页岩，主要起渗流通道的作用(图 3-21)。在平面上，断层呈雁列式排列，表现出剪切成因的特征。

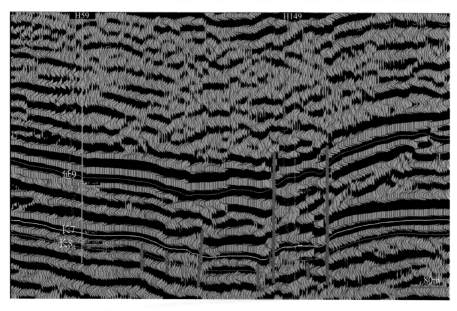

图 3-21 鄂南地区三维地震资料显示的不同尺度断层
长 8 储层内部发育的断层；切割长 7 储层页岩的断层；切割延 9 顶部煤层及泥岩层的断层

　　由于断层活动产生的应力扰动和局部应力集中，在断层附近通常形成裂缝发育带(图 3-22)，这些断层相关裂缝在岩心和成像测井上响应明显。根据钻遇断层的岩心统计，断层相关裂缝的密度在 2.5 条/m 以上，明显高于没有钻遇断层的岩心裂缝密度(通常小于 1.5 条/m)。在成像测井上，断层相关裂缝发育带一般有明显的垮塌现象(图 3-23)。从断层周围不同取心井的岩心裂缝统计可知，取心井距离断层越近，其天然裂缝越发育；随着取心井距断层距离的增大，天然裂缝密度呈负指数函数递减，该区断层相关裂缝发育带的宽度大致在 1000m 范围之内(图 3-24)。

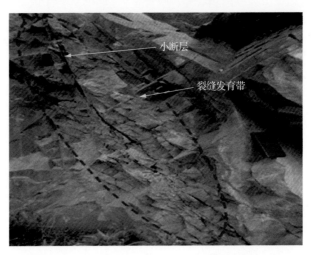

图 3-22　鄂尔多斯盆地西南缘小断层及其伴生裂缝发育带

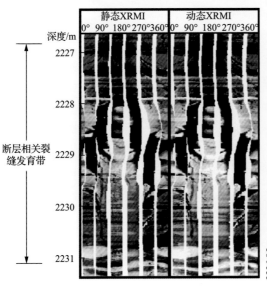

(a)

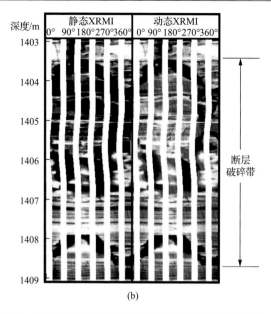

图 3-23　鄂南地区成像测井显示的断层相关裂缝发育带
XRMI-增强型微电阻率成像

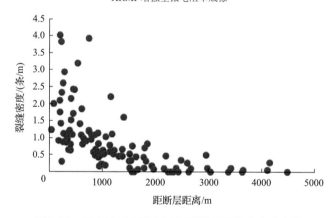

图 3-24　鄂南地区距断层不同距离的裂缝密度分布图

　　断层相关裂缝发育带的宽度与断层规模或断距有关，随着断层规模和断距的增加，裂缝带宽度相应增大(图 3-25)。在断层的不同部位，其相关裂缝的发育程度也不相同。该区高角度断层的端部通常为应力集中区(图 3-26)，因而也是断层相关裂缝的发育区，可以从钻遇断层不同部位水平井的初始产量得到佐证。图 3-27是鄂南地区某区块致密储层钻遇断层不同部位的水平井日产量对比图，从图可以看出，钻遇断层端部的水平井初始产量明显高于钻遇断层中部的水平井产量，反映断层端部的天然裂缝比断层中部更发育。两断层交叉部位是断层端部的叠加区域，是断层相关裂缝的发育程度最高的部位，因而钻遇该部位的水平井具有更高的产量。

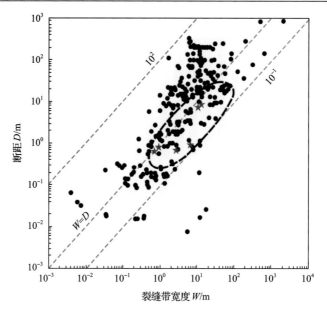

图 3-25　断层伴生裂缝带宽度与断层规模关系图

星点为鄂尔多斯盆地西南缘实测数据，其他数据来自 Torabi 和 Berg (2011)

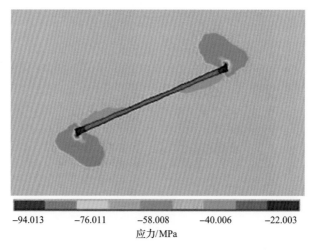

图 3-26　基于有限元数值模拟的断层附近应力分布图

　　在断层的上盘和下盘，其相关裂缝的发育程度和宽度也不相同，通常断层上盘较断层下盘的裂缝的发育程度更高，断层相关裂缝的发育带宽度也更大，因而钻遇断层上盘和钻遇断层下盘的水平井产量也存在明显的差异(图 3-28)，其中钻遇断层上盘的采油井产量要高于钻遇断层下盘的采油井产量。

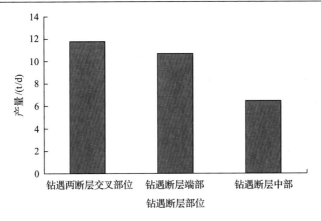

图 3-27　鄂南地区某区块致密储层钻遇断层不同部位的水平井日产量对比图

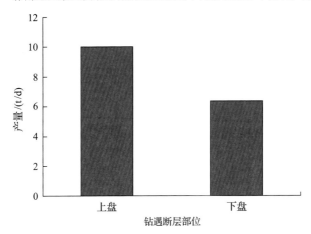

图 3-28　鄂南地区某区块钻遇断层上盘和下盘的水平井日产量对比图

值得注意的是，鄂尔多斯盆地上三叠统延长组地层发育一系列低幅度鼻状构造，但这些鼻状构造主要是由于古地貌和差异压实等作用形成的，与构造挤压关系不大，它们对构造裂缝发育的影响极小，这类构造区不适合用构造主曲率方法来预测储层构造裂缝的分布。

第四节　岩石力学性质

岩石力学性质是指岩石在不同环境下承受各种外加载荷时所表现出的力学特性，它反映了岩石受到应力作用后抵抗变形和破坏的能力。岩石力学性质影响岩石的变形行为和变形方式，从而影响致密低渗透储层天然裂缝的形成机制与发育程度。岩石力学性质主要取决于岩石本身的成分、结构和构造，并与岩石所处的环境(如温度、压力、溶液、应力作用时间、变形速率等因素)有关。表征岩石力学性质的参数有很多种，如杨氏模量、泊松比、抗张强度、抗压强度、抗剪强度、黏聚力等，但从岩石脆性破裂的角度出发，这里重点讨论岩石脆性、钙质夹层和岩石力学性质的各向异性对天然裂缝发育的影响。

一、岩石脆性

(一)岩石脆性评价方法

脆性是指材料在外力作用下仅产生很小的变形即断裂破坏的性质。岩石脆性是一种岩石力学性能和变形特性，它是反映储层岩石综合力学性质的重要参数之一。目前，有关岩石脆性的定义和度量还不统一，不同学者先后从不同侧面对岩石脆性进行了定义和描述。例如，Morley(1944)和Hetényi(1966)定义脆性为岩石韧性的缺失。Jesse(1960)在《地质学及其相关科学词汇》中定义脆性为材料的一种属性，即发生破裂或断裂时很少或者没有发生塑性变形的特性。Obert和Duvall(1967)认为铸铁或者岩石等材料达到或者超过屈服应力强度后就会产生细小的裂纹或发生破裂，这类材料被定义为脆性材料。Ramsay(1967)认为，当岩石的内聚力被破坏，岩石就会发生脆性破坏。Hucka和Das(1974)总结了前人对脆性的描述，认为具有较高脆性的材料具有以下特征：较低的延展性、断裂破坏、由细粒组分构成、较高的抗压与抗张强度比、高回弹能、较大的内摩擦角、压痕测试中裂缝发育，并将具有这些特征的材料称之为脆性材料。Goktan(1991)认为脆性岩石与脆性较弱的岩石相比具有较低的比能(即单位体积消耗的能量，specific energy)。李庆辉等(2012)从脆性破裂机制结合断裂特征方面对页岩脆性进行了定义，认为页岩脆性是材料的综合特性，是在自身天然非均质性和外在特定加载条件下产生内部非均匀应力并导致局部破坏，进而形成多维破裂面的能力。

由于目前对岩石脆性尚未形成统一的定义，对岩石脆性的表征方法上也没有统一，不同学者根据自身的理解和从不同的需求出发，从不同侧面提出了多种表征方法。例如，Honda和Sanada(1956)通过对试样进行室内测试提出了基于宏观硬度和微观硬度差异的脆性评价方法；Protodyakonov(1963)提出利用普氏强度系数和细粒物质的百分含量计算与评价煤的脆性；Hucka和Das(1974)对当时已有的衡量脆性的方法进行了总结，并认为采用抗压强度和抗张强度的差异表示脆性的方法适合评价像煤一样的易碎材料；Lawn和Marshall(1979)基于硬度提出利用硬度和断裂韧性表征材料脆性；李庆辉等(2012)提出基于岩石全应力-应变曲线峰后特性评价岩石脆性的指标。这些方法从不同侧面反映了岩石发生脆性破裂的难易程度，尤其是随着岩石力学的不断发展，结合各类试验和测试方法，基于不同参数(如岩石强度、硬度、全应力-应变曲线、加卸载试验、内摩擦角、贯入试验、碎屑含量、矿物成分等)，从不同的目的和评价对象出发，进行岩石脆性的定量计算和评价（表 3-2），并将其应用于岩石、矿物材料的脆性评价及工程地质等方面。

表 3-2　岩石脆性计算方法简表

文献来源	计算公式	方法描述或变量说明	理论基础
Honda 和 Sanada (1956)	$B_1=(H_\mu-H)/K$	宏观硬度 H 和微观硬度 H_μ 差异	基于硬度
Protodyakonov (1963)	$B_2=q\sigma_C$	q 为小于 0.60mm 碎屑百分比；σ_C 为抗张强度	基于碎屑含量
Bishop (1967)	$B_3=(\tau_p-\tau_r)/\tau_p$	峰值强度 τ_p 与残余强度 τ_r 的函数关系	基于全应力-应变曲线
Hucka 和 Das (1974)	$B_4=\varepsilon_r/\varepsilon_t$	可恢复应变 ε_r 与总应变 ε_t 之比	基于加卸载试验
Hucka 和 Das (1974)	$B_5=W_r/W_t$	可恢复应变能 W_r 与总应变能 W_t 之比	基于加卸载试验
Hucka 和 Das (1974)	$B_6=\sigma_C/\sigma_T$	单轴抗压强度 σ_C 与巴西抗拉强度 σ_T 之比	基于强度特征
Hucka 和 Das (1974)	$B_7=(\sigma_C-\sigma_T)/(\sigma_C+\sigma_T)$	单轴抗压强度 σ_C 与巴西抗拉强度 σ_T 之比	基于强度特征
Hucka 和 Das (1974)	$B_8=\sin\varphi$	φ 为莫尔包络线上 $\sigma_n=0$ 时所对应的内摩擦角	基于内摩擦角
Hucka 和 Das (1974)	$B_9=45°+\varphi/2$	φ 为破坏面与最大主应力作用面的夹角	基于内摩擦角
Lawn 和 Marshall (1979)	$B_{10}=H/K_{IC}$	硬度 H 与断裂韧性 K_{IC} 之比	基于硬度
Andreev (1995)	$B_{11}=\varepsilon_{11}\times100\%$	ε_{11} 为试样破坏时不可恢复轴应变	基于加卸载试验
Quinn 和 Quinn (1997)	$B_{12}=HE/K_{IC}^2$	硬度 H、杨氏模量 E 和断裂韧性 K_{IC} 之间的函数关系	基于硬度
Quinn 和 Quinn (1997)	$B_{13}=S_{20}$	S_{20} 为小于 11.2mm 碎屑的百分比	基于碎屑含量
冯涛等 (2000)	$B_{14}=\alpha\,(\sigma_C\varepsilon_f/\sigma_T\varepsilon_b)$	α 为调节参数，一般为 0.1；σ_C 和 σ_T 分别为单轴抗压强度和抗张强度，ε_f 和 ε_b 分别为峰值前后的应变	基于强度特征
Altindag (2000)	$B_{15}=(\sigma_C\sigma_T)/2$	单轴抗压强度 σ_C 与单轴抗张强度 σ_T 积的一半	基于强度特征
Hajiabdolmajid 和 Kaiser (2003)	$B_{16}=(\varepsilon_f^p-\varepsilon_c^p)/\varepsilon_c^p$	ε_f^p 为摩擦强度达到稳定值的塑性极限；ε_c^p 为黏聚力达到残余值的塑性极限	基于全应力-应变曲线
Copur 等 (2003)	$B_{17}=P_{inc}/P_{dec}$	载荷增量 P_{inc} 与载荷减量 P_{dec} 的比值	基于贯入试验
刘恩龙和沈珠江 (2005)	$B_{18}=1-\exp\,(M/E)$	M 为软化模量；E 为杨氏模量	基于应力-应变曲线
Yagiz (2006)	$B_{19}=F_{max}/P$	载荷 F_{max} 与贯入深度 P 之比	基于贯入试验
Greiser 和 Bray (2007)	$B_{20}=(E\_brit+v\_brit)/2$	杨氏模量 E 与泊松比 v 归一化后的均值	基于全应力-应变曲线
Sondergeld 等 (2010)	$B_{21}=W_{Qtz}/(W_{Qtz}+W_{Carb}+W_{Clays})$	脆性矿物含量 W_{Qtz} 占总矿物含量的百分比；其中，W_{Carb} 为碳酸盐矿物含量，W_{Clays} 为泥质岩类含量	基于矿物成分含量
李庆辉等 (2012)	$B_{22}=B_1'+B_2'$	$B_1'=(\varepsilon_{BRIT}-\varepsilon_n)/(\varepsilon_m-\varepsilon_n)$；$B_2'=\alpha CS+\beta CS+\eta$；$CS=\varepsilon_p\,(\sigma_p-\sigma_r)/\sigma_p\,(\varepsilon_r-\varepsilon_p)$。其中，$\varepsilon_{BRIT}$ 为峰值应变参数；ε_m 和 ε_n 为最大、最小峰值应变；ε_p 和 ε_r 为峰值应变和残余应变；σ_p 和 σ_r 为峰值强度和残余强度；α、β、η 分别为标准化系数	基于岩石全应力-应变曲线

　　随着非常规油气资源的勘探和开发，尤其是页岩气和致密油气等资源陆续投入开发，对非常规储层的体积压裂改造的要求越来越高，因此岩石脆性研究变得越来越重要。除了从岩石力学等角度来评价岩石脆性之外，有学者开始尝试从岩石矿物成分及含量等其他角度来研究和评价页岩脆性程度。Jarvie 等(2007)通过对 Barnett 页岩的研究发现，页岩脆性与岩石中的石英、碳酸盐及黏土矿物含量有关。Grieser 和 Bray(2007)研究发现，页岩脆性对水力压裂缝的连通及压裂缝的形态具有重要影响，脆性较小的页岩水力压裂缝几何形态相对较规则，一般产生两翼对称的单缝或者具有较少分支的多缝，而较脆较大的页岩压裂时则可产生复杂的缝网；同时，通过研究表明脆性大的页岩具有较大的杨氏模量 E 和较小的泊松比 v，脆性较小的页岩一般具有较小的杨氏模量 E 和较大的泊松比 v。根据页岩的这一特性，Greiser 和 Bray(2007)提出了应用杨氏模量 E 与泊松比 v 归一化后的均值评价脆性。Rickman 等(2008)在统计北美地区泥页岩的相关矿物含量数据的基础上，利用上述方法对页岩脆性指数进行了计算，并绘制了页岩杨氏模量(E)、泊松比(v)和脆性指数的交会图(图 3-29)，同时根据脆性指数的大小并结合压裂的各项工艺参数，分析了基于脆性指数及压裂工艺预测的压裂缝形态。Sondergeld 等(2010)综合 Jarvie 等(2007)和 Rickman 等(2008)的研究成果，认为脆性较大的页岩通常石英矿物含量较高，而脆性较小的页岩黏土矿物含量较高，并从脆性岩石矿物含量角度，提出了利用脆性矿物含量占总矿物含量的比值来计算和评价页岩脆性的方法，并利用不同方法对加拿大 Muskwa 盆地的单井页岩气储层脆性的纵向分布进行了计算和对比。图 3-30 中第 4 栏是利用岩石矿物成分及脆性矿物含量计算的脆性指数分布曲线，图 3-30 中第 10 栏是利用综合岩石力学参数计算的脆性指数分布曲线，通过对两种计算结果进行对比(图 3-30 中第 6 栏)，两种方法计算的岩石脆性指数基本吻合，说明该计算方法具有可行性。

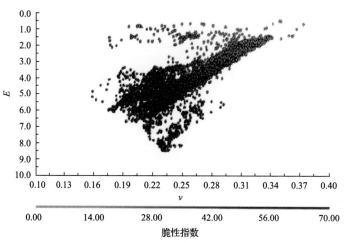

图 3-29　岩石脆性指数与压裂缝形态匹配图(Rickman 等，2008)

E 和 v 均为归一化之后的值

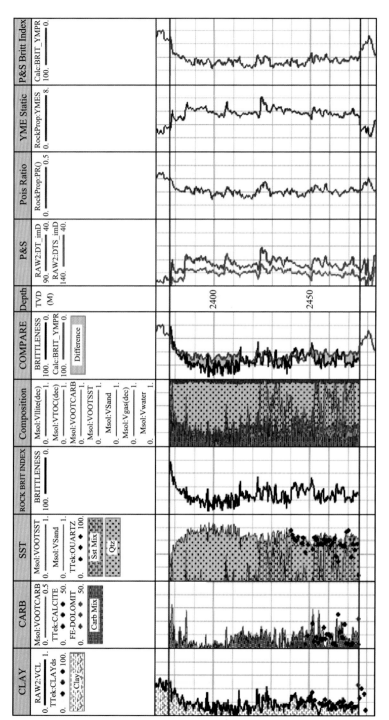

图3-30 矿物含量及岩石力学参数计算岩石脆性指数对比图(Sondergeld等，2010)

CLAY-泥质含量；CARB-碳酸盐含量；SST-砂岩含量；ROCK BRIT INDEX-通过矿物含量计算到的脆性指数；Composition-组分构成；COMPARE-ROCK BRIT INDEX与P&S Britt Index两者的对比；Pois Ratio-泊松比；YME Static-静态杨氏模量；TVD-垂深；P&S-纵横波；P&S Britt Index-通过泊松比和静态杨氏模量计算到的脆性指数；Depth-深度

　　上述岩石脆性指数的计算方法大多数用于页岩脆性评价，而对致密砂岩储层目前尚没有针对性的脆性指数计算方法。应用岩石矿物成分来评价致密砂岩储层的岩石脆性由于资料获取的局限性，一般难以实现，从岩石力学实验角度来评价岩石脆性也因实验条件及数据的不连续性而受到限制。因此，根据岩石脆性指数所表达的地质意义及其在致密砂岩储层中的应用，可以采用综合岩石力学参数的方法来评价致密砂岩脆性指数。即在岩石力学实验获取静态岩石力学参数的基础上，利用测井资料计算动态岩石力学参数，并通过岩石力学实验得到的静态岩石力学参数校正，得到连续的岩石力学参数分布，从而对岩石脆性指数进行有效的计算和评价。

　　利用测井资料获取的岩石力学参数是基于弹性地震波动理论计算得到的。根据弹性地震波动理论推导，岩石的杨氏模量和泊松比可以按照下列公式进行计算：

$$E = \frac{\rho_b}{\Delta t_s^2} \left(\frac{3\Delta t_s^2 - 4\Delta t_p^2}{\Delta t_s^2 - \Delta t_p^2} \right) \tag{3-1}$$

$$v = \frac{1}{2} \left(\frac{\Delta t_s^2 - 2\Delta t_p^2}{\Delta t_s^2 - \Delta t_p^2} \right) \tag{3-2}$$

式中，ρ_b 为地层体积密度，g/cm³；E 为杨氏模量，psi[①]；v 为泊松比，无量纲；Δt_s 为地层横波时差，s/ft[②]；Δt_p 为地层纵波时差，s/ft。常用测井资料中声波时差的单位多为 μs/m，压强单位为 MPa 或 GPa，因而在进行计算时，要根据不同的单位乘以一个系数进行修正。如果ρ_b 单位为 g/cm³，Δt_s、Δt_p 为 μs/m 时，那么单位换算系数 $\beta = 10^9$，则岩石杨氏模量单位为 MPa（赖锦等，2016）。

　　式(3-1)、式(3-2)利用测井资料进行岩石力学参数计算，需要同时具备纵、横波时差测井资料，但大部分油田缺失横波测井资料，此时一般通过常规纵波时差求解合理的横波时差，采用岩性相对均一的经验公式来计算横波时差：

$$\Delta t_s = \frac{\Delta t_p}{\left[1 - 1.15 \dfrac{1/\rho_b + (1/\rho_b)^3}{e^{1/\rho_b}} \right]^{1.5}} \tag{3-3}$$

式中，ρ_b 为密度测井资料得到的地层体积密度，g/cm³。

　　为验证上述经验转换公式计算结果的可靠性，选取了某地区同时具有纵波时

---

① 1psi=6.89476×10³Pa。

② 1ft=3.048×10⁻¹m。

差和横波时差测井资料的测井数据进行了对比验证，两者基本相符，误差较小（图 3-31），说明该方法是可行的。

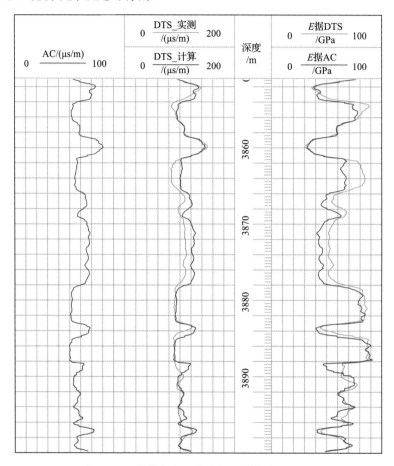

图 3-31　某井段实测横波与计算横波对比图

同时，在对经验公式验证的基础上，结合岩石力学实验实测得到的静态岩石力学参数，对相同深度依据声波时差测井资料计算出来的动态岩石力学参数进行约束校正。从交会图可以看出（图 3-32），实测杨氏模量与动态杨氏模量之间具有较好的线性关系，可以据其线性关系进行校正；而实测泊松比与动态泊松比之间的相关性相对较差，即选用理论计算公式得到的泊松比，不进行相关校正。其误差可能与室内测定岩石泊松比系统误差较大有关。综合考虑的岩石脆性指数是综合杨氏模量和泊松比计算得到的，且杨氏模量是衡量岩石变形与破裂的主要力学参数，因此，可以利用上述公式计算研究区范围内储层的岩石脆性指数。

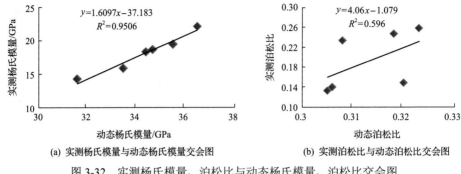

(a) 实测杨氏模量与动态杨氏模量交会图　　(b) 实测泊松比与动态泊松比交会图

图 3-32　实测杨氏模量、泊松比与动态杨氏模量、泊松比交会图

(二) 天然裂缝与岩石脆性的关系

从单井岩石脆性指数的计算结果及其天然裂缝的分布情况分析，在特定地质历史时期的构造应力背景下，储层构造裂缝发育特征及发育程度与储层脆性密切相关。例如，在合水地区长 7_1 小层和长 7_2 小层天然裂缝发育，该区储层岩性主要为细砂岩、粉砂岩、泥质粉砂岩、粉砂质泥岩和泥岩。通过对 50 余口井目的层岩心天然裂缝进行统计表明(图 3-33)，绝大多数高角度构造裂缝发育在砂岩中，占天然裂缝总数的 77.9%；而中-低角度裂缝在各类岩性中均有发育。但就每一种岩性来看，与高角度裂缝相比，中-低角度裂缝在泥岩和含泥质砂岩中所占比例较大，其中泥岩中-低角度裂缝占泥岩裂缝数量的一半以上，反映了不同岩性中天然裂缝的发育特征存在较大的差异性。

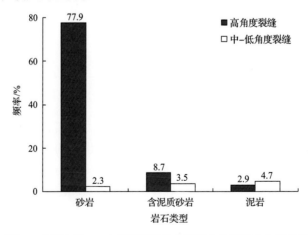

图 3-33　合水地区长 7-1 小层和长 7-2 小层不同岩性中不同产状裂缝分布频率图(赵向原等,2016)

利用常规测井资料对 14 口取心井目的层段的岩石脆性指数进行计算以后，分别统计砂岩、含泥质砂岩及泥岩 3 种不同岩性的脆性指数，绘制了不同岩性杨氏模量(E)与脆性指数 (Brit) 交会图(图 3-34)。从图中可以看出，砂岩具有较大的杨

氏模量和脆性指数，泥岩的杨氏模量和脆性指数值均较小，而含泥质砂岩的杨氏模量和脆性指数介于两者之间，且按照砂岩、含泥质砂岩、泥岩的顺序，即随着泥质含量的增加，不同岩性大致表现出脆性指数逐渐减小的趋势，说明砂岩脆性最大，含泥质砂岩次之，泥岩脆性最小。将岩石脆性指数计算结果与构造裂缝发育情况进行对比表明，脆性较大的砂岩中更容易发育高角度构造裂缝，而随着脆性逐渐减小，岩层越来越表现为发育中-低角度裂缝。为进一步验证上述认识，还计算和统计了发育不同倾角天然裂缝的岩层脆性指数的分布情况。发育高角度天然裂缝的岩层脆性指数分布图[图 3-35(a)]和发育中-低角度天然裂缝的岩层脆性指数分布图[图 3-35(b)]对比表明，发育高角度天然裂缝的岩层脆性指数主要分布在 50～70，而发育中-低角度天然裂缝的岩层脆性指数主要分布在 30～50。表明岩层脆性对发育裂缝的倾角特征具有影响，高角度天然裂缝主要发育在岩石脆性指数高的部位，而中-低角度天然裂缝主要发育在岩石脆性指数相对较低的部位。

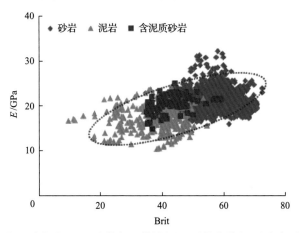

图 3-34　合水地区长 7 致密储层不同岩性杨氏模量(E)和脆性指数(Brit)交会图(赵向原等，2016)

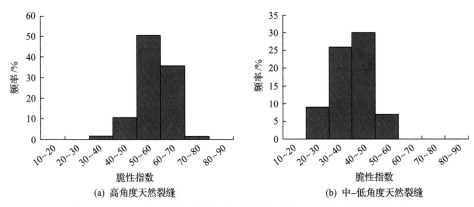

图 3-35　合水地区发育高角度天然裂缝与发育中-低角度天然裂缝的
岩石脆性指数对比图(赵向原等，2016)

脆性反映了岩石发生破裂的能力，脆性指数主要表征岩石发生脆性破裂的难易程度。天然裂缝作为岩石受力以后的一种脆性变形，与岩石脆性密切相关。岩石脆性指数越大，表明岩石在外界应力作用下越容易发生破裂。取心井长 7_1 小层计算的岩石脆性指数与岩心天然裂缝观察结果对比表明(图 3-36)，该井高角度构造裂缝几乎全部发育在岩石脆性指数较高的部位，两者具有很好的对应关系。说明在相同的构造应力作用下，脆性指数大的岩层在经历较小的应变时会发生脆性破裂形成天然裂缝，因而有利于发育天然裂缝；而脆性指数小的岩层需要经历较大的应变才会发生破裂，因而这类岩石一般不易发生脆性破裂形成天然裂缝，其天然裂缝的发育程度相对较低。

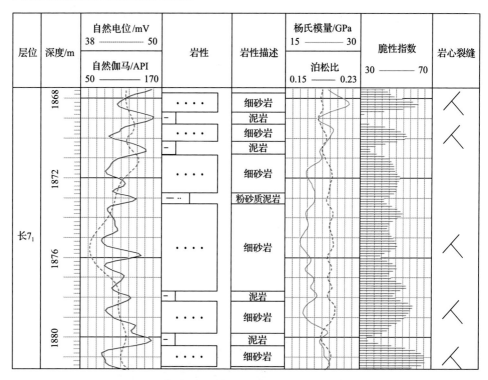

图 3-36　合水地区某井长 7_1 小层岩石脆性指数与高角度构造裂缝对比图(赵向原等，2016)

为了进一步验证上述认识，通过岩心与测井相互标定以后计算所有岩心观察井目的层段脆性指数以后，统计了长 7 致密储层取心井不同脆性指数岩层段的裂缝性岩层与非裂缝层的分布频率和所占比例情况。从长 7 致密储层取心井不同脆性指数岩层段的裂缝性岩层与非裂缝层分布频率图可以看出(图 3-37)，长 7 储层不同岩性层平均脆性指数分布在 20~70，主要分布在 30~60(占 86.4%)，其中裂缝性岩层频率为 14.2%，主要分布在平均脆性指数大于 30 的岩层中。从长 7 致密储层取心井不同脆性指数岩层段裂缝性岩层和非裂缝性岩层的比例图可以看出

（图 3-38），岩石脆性指数平均为 10～20 的岩层中没有裂缝性岩层发育，平均脆性指数为 20～30 的岩层中裂缝性岩层所占比例为 10.6%，平均脆性指数为 30～40 的岩层中裂缝性岩层所占比例为 4.1%，平均脆性指数为 40～50 的岩层中裂缝性岩层所占比例为 5.2%，平均脆性指数为 50～60 的岩层中裂缝性岩层所占比例为 26.8%，平均脆性指数为 60～70 的岩层中裂缝性岩层所占比例为 47.3%，平均脆性指数为 70～80 的岩层中裂缝性岩层所占比例为 87.5%。上述结果表现出当岩层平均脆性指数大于 50 时，裂缝性岩层所占比例突然增大，且表现出随着脆性指数越大，裂缝性岩层所占比例越高的特征，而当岩层平均脆性指数分布在 20～50 时，裂缝性岩层所占比例较小，但当岩层平均脆性指数小于 30 时，裂缝性岩层所占比例反而增大。这是由于当岩层平均脆性指数大于 50 时，岩层内主要发育高角

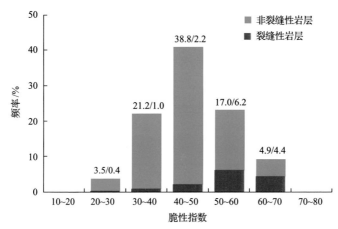

图 3-37 合水地区长 7 致密储层取心井不同脆性指数岩层段的裂缝性岩层
与非裂缝性岩层分布频率图（赵向原等，2016）

3.5/0.4 表示非裂缝性岩层频率为 3.5、裂缝性岩层频率为 0.4

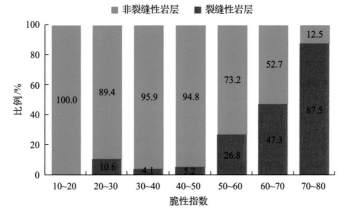

图 3-38 合水地区长 7 致密储层取心井不同脆性指数岩层段裂缝性岩层
和非裂缝性岩层的比例图（赵向原等，2016）

度裂缝，且随着脆性指数越大，裂缝越发育，而当岩层平均脆性指数小于 50 时，岩层内主要发育中-低角度裂缝，尤其是当岩层平均脆性指数小于 30 时，泥岩中中-低角度滑脱裂缝最为发育，但若岩层平均脆性指数再次减小(小于 20 时)，构造应力更多的使岩层发生塑性变形而不是发生脆性破裂，因而天然裂缝基本不再发育。这些结果表明，岩层脆性指数越小，其发生脆性破裂形成天然裂缝的可能性越小，而随着岩层脆性指数的增大，岩层越易发生脆性破裂，形成天然裂缝的可能性越大，岩石脆性通过控制岩层自身的破裂能力影响其天然裂缝的发育程度。

根据岩心的构造裂缝密度与对应层段岩石脆性指数统计，构造裂缝密度与岩石脆性指数之间具有较好的正相关关系，随着岩石脆性指数的增加，构造裂缝密度具有增大的变化规律(图 3-39)。构造裂缝密度还受岩层厚度或岩石力学层厚度的控制，由于受资料的限制，对二者关系进行统计时没有剔除岩层厚度的影响，如果剔除岩层厚度的影响，当岩层厚度相同或相近时，构造裂缝密度与岩石脆性指数之间的正相关关系非常明显。正是由于岩石脆性对天然裂缝发育的影响，在纵向上，岩石脆性指数较大的层段，构造裂缝密度较大；在横向上，岩石脆性指数较大的区域，一般是构造裂缝的相对发育区域。

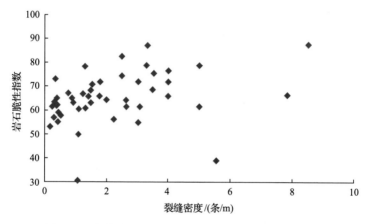

图 3-39　华庆地区构造裂缝密度与岩石脆性指数关系图

二、钙质夹层

(一)钙质夹层分布特征

钙质夹层是指分布在砂岩储层单砂体内的钙质胶结致密砂岩层，其填隙物为碳酸盐胶结物，且大部分为方解石。钙质夹层不仅是储层的渗流屏障，影响储层的物性，而且还影响岩石的力学性质及岩石力学层的划分，从而影响岩石天然裂缝的发育状况及充填性。

砂岩钙质夹层主要表现为钙的富集,含钙离子矿物在碎屑砂岩储层中含量增高。钙离子的来源不仅有同生沉积期的,也有表生期与成岩期沉积的。同生沉积期的钙离子主要是矿物岩石遭受大气酸性水淋滤作用,长石等硅铝酸盐矿物溶解提供的;表生期钙离子的富集主要是富含碳酸盐岩沉积物复抬升到地表,经大气水的淋溶作用提供的;成岩期钙离子的来源主要有蒙脱石逆向转化、暗色与浅色矿物的水化作用和有机酸催化作用下钙长石的溶解作用3种方式。在浅表条件下,酸性水的来源一般主要有渗入水、沉积水和成岩水,这些酸性水的存在,以及硅铝酸盐矿物的溶解,有利于蒙脱石类黏土矿物向高岭石转化,释放钙离子。在埋藏成岩期,钙质主要来自成岩作用过程中有机酸对长石等硅铝酸盐的溶解和黏土矿物的转化,随着泥岩压实作用的增强,富含碳酸氢钙的孔隙水释放渗入砂岩中,并在一定的物理化学条件下,使含钙化合物沉淀析出并大量富集(单敬福等,2015)。

通过对鄂尔多斯盆地宁县—合水、王窑及鄂南等地区致密低渗透砂岩储层的分析可知,钙质夹层主要为钙质胶结的致密细砂岩,也有部分地区中砂岩发生钙质胶结,胶结物的主要成分为方解石,其含量一般大于10%,最高可达35%。在岩心上,钙质胶结层颜色为灰白-浅灰色,含油性较差,滴稀盐酸反应剧烈。在镜下观察,钙质胶结砂岩的碳酸盐矿物胶结作用明显,正交光下呈高级白,随着碳酸盐胶结物含量的增大,其胶结方式逐渐由孔隙式胶结向基底式胶结变化。此外,还可见交代作用,表现为碳酸盐矿物对石英、长石的交代,大量石英和长石颗粒边缘被碳酸盐交代后出现锯齿状边缘,少量石英完全被交代,并保持了石英的外形,碳酸盐矿物交代长石颗粒后,呈现双晶带和闪突起的特点。镜下观察钙质砂岩薄片基本不发育孔隙,但个别可见长石粒内溶孔。

钙质胶结的电性特征明显,钙质夹层段对应的测井响应特征完全不同于非钙质夹层段。通过对岩心钙质夹层发育位置与测井曲线的相互标定可知,在常规测井曲线上的钙质夹层有如下响应特征(图3-40):①相对于泥岩,钙质夹层自然电位表现为负异常,但相对于细砂岩而言一般表现为正异常;②井径基本无扩径现象,钻时较高;③自然伽马值表现为低值;④纵波时差与横波时差均表现为明显的低值;⑤补偿中子与声波时差相似,表现为明显的低值;⑥密度测井为高值;⑦感应测井曲线表现为明显的高值,相比油层电阻率值还要高出许多,且3条感应电阻率曲线(深测向、浅测向、八侧向)变化趋势基本一致。此外,电成像测井显示钙质夹层具有明显的亮色特征,与岩心观察及常规测井响应对应非常吻合。

根据岩心和地表露头观察,钙质夹层的分布受沉积微相影响。例如,鄂南地区长8储层的沉积相类型主要为三角洲前缘亚相,包括水下分流河道、水下天然堤、水下决口扇、河口坝、水下支流间湾5种沉积微相,其中在部分水下分流河道砂体的中部或下部(图3-41)及河口坝砂体的中部或上部可见钙质夹层的分布。

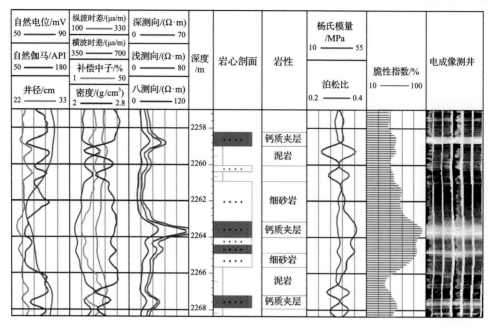

图 3-40　鄂南地区长 8 储层钙质夹层电性特征图(赵向原等, 2015a)

在一些分选较好、颗粒支撑的薄层细砂岩及砂、泥岩中的接触地带也发育钙质胶结层, 但其规模不如前者。此外, 通过对钙质胶结和非钙质胶结砂岩的镜下观察对比发现, 钙质胶结样品单偏光及正交光下均可见方解石填隙物被染成红色且含量较高, 部分碎屑颗粒甚至 "漂浮" 在胶结物中(图 3-42), 与非钙质胶结样品存在明显差异, 是该区主要的钙质夹层类型。由于在这些部位储层粒度相对较粗, 物性较好, 有利于孔隙水在地层中的流动, 水中溶解的钙质也最容易发生沉淀而形成胶结物。此类钙质夹层与非钙质夹层之间并没有明显的岩性分层界限, 两者之间的界面表现为物性或成岩作用的变化, 碳酸盐胶结物的含量从钙质夹层到非钙质夹层逐渐减少甚至消失。

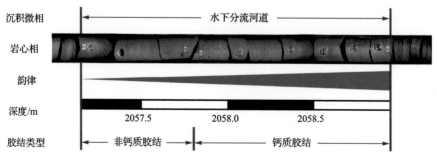

图 3-41　鄂南地区长 8 储层水下分流河道钙质夹层分布图(赵向原等, 2015a)

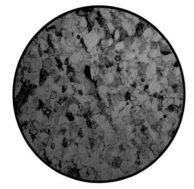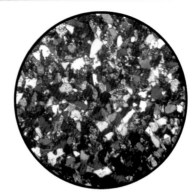

(a) 非钙质胶结，2057.5m，10×10，单偏光　　　　(b) 非钙质胶结，2057.5m，10×10，正交光

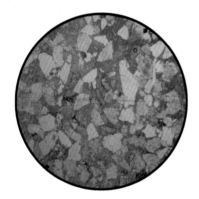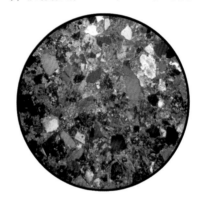

(c) 钙质胶结，2058.5m，10×10，单偏光　　　　(d) 钙质胶结，2058.5m，10×10，正交光

图 3-42　鄂南地区长 8 钙质胶结与非钙质胶结储层薄片对比图(赵向原等，2015a)

钙质胶结对储层物性影响明显。鄂南地区长 8 储层的岩石类型主要为岩屑质长石砂岩，其次为长石质岩屑砂岩。结构成熟度和成分成熟度均较低，储层致密，物性较差。压实作用和碳酸盐胶结作用是储层物性变差的主要原因，尤其是早期方解石胶结作用，胶结物充填颗粒间的孔隙使原生孔隙体积损失很大。因此，致密砂岩储层中钙质夹层整体上对储层物性起着破坏性的作用，当方解石作为胶结物其含量大于 10%时，钙质夹层基本不发育孔隙，为无效储层。由于钙质夹层起渗流屏障作用，对储层内部的油气分布及流体流动影响较大，加剧了储层内部的非均质性。钙质夹层形成以后，对储层在后期构造应力场作用下所形成的天然裂缝的分布具有控制作用，进一步加剧了储层的层间非均质性，严重影响致密储层的注水开发效果。早期的碳酸盐胶结作用虽然很大程度上影响了储层物性，但由于其形成在主压实期以前，颗粒之间并未受到强烈的压实作用，粒间体积较大、胶结物含量较高(图 3-42)，胶结以后不但提高了钙质砂岩的抗压实能力，而且为后期的溶蚀作用提供了物质基础，有利于产生次生孔隙。因此，一些早期碳酸盐胶结的储层在被后期溶蚀作用改造后也可以成为有效储集层。

(二)钙质夹层与天然裂缝的关系

钙质夹层对天然裂缝的形成与分布有重要影响。由于裂缝的形成和分布受岩石力学层控制,钙质夹层的发育影响了岩石力学性质和岩石力学层分布,从而控制了天然裂缝的分布及其发育程度。例如,鄂南地区长 8 储层碳酸盐胶结物类型主要为方解石和铁方解石,白云石和铁白云石含量较少。无铁方解石主要发育于早成岩阶段 A 亚期,含量较高;铁方解石主要发育于中成岩阶段 A 亚期,含量稍低(田甜等,2014)。根据长 8 储层钙质胶结砂岩的特征,并结合埋藏史、成岩演化史和构造裂缝形成演化史分析,该区大部分钙质夹层的形成时间早于构造裂缝的形成时间,钙质夹层形成以后作为岩石力学层对后期储层中构造裂缝的形成及其分布具有明显的控制作用,钙质夹层影响天然裂缝的成因类型、发育程度、有效性及规模等几个方面(表 3-3)。

表 3-3　鄂南地区长 8 储层钙质砂岩与非钙质砂岩段天然裂缝对比表(赵向原等,2015a)

参数	钙质砂岩	非钙质胶结砂岩
天然裂缝比例	37%	63%
天然裂缝主要成因类型	构造裂缝	构造裂缝、成岩裂缝
天然裂缝的倾角	绝大多数为高角度构造裂缝,占 94.8%,倾斜裂缝和低角度裂缝仅占 5.2%	主要为高角度构造裂缝,占 73.8%,同时发育一定数量的倾斜裂缝和低角度裂缝,占 26.2%左右
天然裂缝平均线密度	2.59 条/m	1.74 条/m

根据岩心观察,长 8 储层钙质砂岩内主要发育高角度构造裂缝,其中倾角大于 70°的天然裂缝占 90%以上,不发育水平层理缝(图 3-43)。非钙质胶结致密砂岩中成岩成因的水平层理缝是在成岩过程中由压实压溶作用产生的,而在钙质砂岩中,随着碳酸盐岩胶结物含量的增加,胶结方式逐渐表现为基底式胶结,颗粒之间彼此不相接触或很少接触,压实压溶作用较弱,因此成岩裂缝不发育。

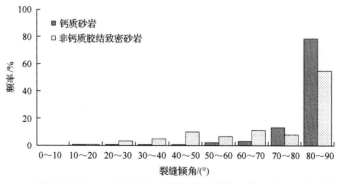

图 3-43　鄂南地区长 8 储层钙质砂岩与非钙质胶结致密砂岩天然裂缝的
倾角对比图(赵向原等,2015a)

从同一取心井的钙质砂岩段与非钙质胶结致密砂岩段的天然裂缝对比可以看出，钙质砂岩中天然裂缝相对发育。在岩心观察统计的 527 条天然裂缝中，钙质砂岩中发育 195 条，占 37%，经几何校正以后的天然裂缝平均线密度为 2.59 条/m；非钙质胶结致密砂岩储层中发育 332 条，占 63%，经几何校正以后的天然裂缝平均线密度为 1.74 条/m（表 3-3）。钙质砂岩的取心少，天然裂缝数量较少，但天然裂缝密度较大。钙质砂岩具有较高的杨氏模量和较低的泊松比，岩石脆性指数高（图 3-40），说明钙质砂岩具有更好的脆性，在相同构造应力场的作用下，更容易发生脆性破裂形成裂缝，因而钙质砂岩的天然裂缝比非钙质胶结致密砂岩段更发育。

钙质砂岩影响天然裂缝的充填性和有效性。天然裂缝的充填程度可分为全充填、半充填、局部充填等情况，反映天然裂缝的有效性依次由差变好。鄂南地区长 8 储层钙质砂岩中天然裂缝全充填者占 60%，半充填者占 13.3%，局部充填者占 10.8%，无充填者占 15.9%；而在非钙质胶结致密砂岩中，天然裂缝全充填者占 31.9%，半充填者占 11.4%，局部充填者占 6.9%，无充填者占 44.6%（图 3-44）。反映钙质砂岩中的天然裂缝大部分为被方解石充填的无效裂缝，不能起到渗流通道的作用，因而钙质砂岩仍然可以作为渗流屏障和隔挡层。但值得注意的是，在致密低渗透油藏的注水开发过程中，钙质砂岩虽发育全充填裂缝且充填矿物黏结了缝面两侧的岩层，但其抗压强度不及没有发育裂缝的钙质砂岩或致密砂岩储层，因此，随着注水压力的不断增大，当注水压力达到一定值的时候，钙质砂岩中的无效裂缝仍可以开启而变成渗流通道。

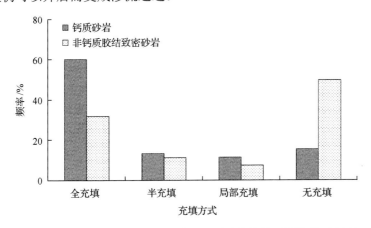

图 3-44　钙质砂岩与非钙质胶结致密砂岩中天然裂缝充填性对比图（赵向原等，2015a）

钙质砂岩还影响天然裂缝规模。钙质砂岩的存在使钙质胶结的砂岩岩石力学性质发生变化，与非钙质胶结砂岩的岩石力学性质明显不同，此时，致密砂岩储层的岩石力学层和岩性层不一致。如果在单砂体的下部或上部发育钙质砂岩的话，那么会将原本是相同岩石力学层的单砂岩分为两个岩石力学层；如果在单砂体的中部发育钙质砂岩的话，会将原本是一个相同岩石力学层的单砂岩分为 3 个岩石力学层。每一套岩石力学层控制了其自身天然裂缝的形成与分布，岩石力学层的厚度控制了天然裂缝规模，岩石力学层的厚度越大，天然裂缝规模越大；反之，天然裂缝规模越小。因此，如果单砂体下部、中部或上部发育钙质砂岩的话，那么会使天然裂缝规模变小，但会使天然裂缝的密度变大。

三、岩石力学性质的平面各向异性

各向异性是指材料的物理性能随着方位的改变而发生变化的性质，岩石力学性质的平面各向异性则是指岩石的力学性质在平面上不同方向表现出明显差异的性质。在对岩层力学性质的非均质性和各向异性的认识方面，多年来在与石油及工程相关领域的岩石力学研究中，普遍认为岩层在纵向上是由不同岩性互层组成的而视其为各向异性，而在平面上由于岩性相同，因而认为其岩石力学性质为各向同性。曾联波等（1999）在研究鄂尔多斯盆地上三叠统延长组砂岩储层的岩石力学性质与天然裂缝的关系时，发现岩石力学性质除了在纵向上表现出明显的各向异性以外，在平面上同样具有各向异性特征，并首次提出了岩石力学性质的平面各向异性特征影响鄂尔多斯盆地上三叠统延长组致密低渗透砂岩储层不同方向裂缝的发育程度。李军等（2006）通过岩石力学性质正交各向异性的实验研究，同样认为在平面上不同方向岩石的杨氏模量、泊松比和单轴抗压强度等参数存在较大差异，证实了岩石力学性质在平面上存在各向异性，并认为在某些地质条件下这种各向异性程度很强烈，因而在石油工程中不能将其简化为平面各向同性来处理。近年来，通过对多个地区致密低渗透砂岩的类似实验研究，证实了岩石力学性质的平面各向异性的普遍性。这种岩石力学性质的平面各向异性影响致密低渗透砂岩储层不同方向裂缝的发育程度，尤其是当一个地区的差应力值较小或者构造挤压不是很强时，岩层力学性质的平面各向异性甚至可以成为影响不同方向天然裂缝的发育程度的主控因素（曾联波等，2008c）。

沉积作用和成岩作用是造成致密低渗透砂岩储层岩石力学性质的平面各向异性的主要因素。沉积作用导致砂体结构和构造的不均一性，是造成砂岩储层岩石力学性质的各向异性的基础，沉积之后强烈的成岩作用使岩石结构和构造更加复杂化，进一步加剧了砂岩储层岩石力学性质的各向异性，它们共同控制了致密低渗透砂岩储层岩石力学性质的各向异性及不同方向裂缝的发育程度。

例如，鄂尔多斯盆地陇东地区上三叠统延长组的天然裂缝主要为在燕山期和喜马拉雅期水平挤压应力场作用下形成的与岩层近垂直的高角度剪切裂缝。燕山期在北西西-南东东向水平挤压应力作用下，理论上可以形成近东西向和北西-南东向两组共轭剪切裂缝，但沉积作用和成岩作用造成的岩石力学性质的各向异性，抑制了共轭剪切裂缝系中近东西向裂缝的发育程度，而使北西-南东向裂缝发育；

喜马拉雅期在北北东-南南西向水平挤压应力作用下,理论上可以形成近南北向和北东-南西向两组剪切裂缝,但岩石力学性质的各向异性抑制了近南北向裂缝的发育程度,使北东-南西向裂缝发育。因此,陇东地区上三叠统延长组整体上存在 4组构造裂缝,但目前主要发育有北东-南东向和北西-南东向两组裂缝,而近东西向和近南北向裂缝的发育程度较差(曾联波等,2008c)。

而在延长地区的上三叠统延长组长 6 储层中,天然裂缝同样是在燕山期和喜马拉雅期形成,燕山期在北西西-南东东向水平挤压应力作用下,理论上可以形成近东西向和北西-南东向两组共轭剪切裂缝,但岩石力学性质的各向异性抑制了共轭剪切裂缝中的北西-南东向裂缝的发育程度,而留下近东西向裂缝发育;喜马拉雅期在北北东-南南西向水平挤压应力作用下,理论上可以形成近南北向和北东-南西向两组剪切裂缝,但岩石力学性质的各向异性抑制了北东-南西向裂缝的发育程度,而留下近南北向裂缝发育。因此,延长地区虽然也存在 4 组天然裂缝,但目前主要发育有近东西向和近南北向两组裂缝,而北东-南西向和北西-南东向裂缝不发育,明显与陇东地区不同,主要为岩石力学性质的各向异性所致。

第五节　储层构型

一、储层构型界面划分

储层构型(reservoir architecture)又称为储层建筑结构,是指不同级次储层构成单元的形态、规模、方向及其叠置关系(Miall,1985)。沉积体的层级结构主要通过具有等级序列的构型界面和不同级次构型界面所限定的构型单元来进行表征(吴胜和,2010)。通过延河、铜川、旬邑、平凉安口—铜城汭水河、策底镇等地表露头天然裂缝分布研究发现,砂岩储层天然裂缝的分布及组合特征与砂体构型关系密切,砂体构型对天然裂缝的形成与分布具有明显的控制作用,尤其是在一个地区特定的区域构造应力场背景下形成的构造裂缝,其分布与单砂体的构型关系更加清楚。下面以鄂尔多斯盆地延河剖面上三叠统延长组地层为例,对延长组砂岩中天然裂缝的分布特征与单砂体的构型关系进行分析,建立了基于不同成因单砂体构型的天然裂缝的分布模式,对深入认识致密低渗透砂岩储层天然裂缝的发育规律和指导致密低渗透油藏三维裂缝建模具有重要意义。

延河剖面位于延长县境内,上三叠统延长组出露地层为一套浅水三角洲沉积(付晶等,2015),包括三角洲平原、三角洲前缘、前三角洲等沉积亚相,沉积微相主要包括分流河道、河口坝、分流间湾、席状砂等微相类型。其中分流河道还可进一步划分为主干分流河道(包括深切分流河道)、汊道及末端分流河道。主干分流河道为浅水三角洲的主流分流体系,是浅水三角洲体系中规模较大的分流河道,下切能力强,河道砂体厚度大(一般大于 3m),粒度相对较粗;其中深切分流河道为特殊地质条件下形成的主干分流河道，能下切多个单砂体，河道砂体厚度更大(最大厚度大于 10m)，但宽厚比相对较小。汊道分布于主干分流河道之间，平面上与主干分流河道组合成网状，为主干分流河道洪水期决口所形成，砂体厚度一般小于 2m，沉积物粒度相对较细。末端水下分流河道位于三角洲分流体系末端，经常与河口坝或席状砂相连，河道较浅、较窄，下切作用较弱，沉积物粒度较细，河道内多发生同心状加积充填。该套地层沿公路两侧连续出露，其延伸方向大致垂直于物源方向，地层平缓、剖面延伸距离长，有利于野外观察。

　　延河剖面上三叠统延长组地层普遍发育高角度构造裂缝，这些裂缝主要发育在砂岩中，组系与方位明显，分布规则，产状稳定，裂缝面平直光滑，裂缝面上具有擦痕、阶步、羽饰等缝面现象[图 3-45(a)]。在纵向上，构造裂缝穿切深度与单砂体厚度关系密切，构造裂缝主要在单个砂体层内发育，裂缝一般垂直于层面，并终止于砂泥岩岩性界面或沉积间断面上，只有少数可以同时切穿多个岩层[图 3-45(b)]。同一岩层内，相同组系的裂缝具有较好的等间距分布特点，在一定的岩层厚度范围内裂缝平均间距随着岩层厚度的增大而呈线性增大趋势，同时裂缝规模也越大。但当岩层厚度达到一定尺度时(<2.5m)，其天然裂缝一般不发育，反映了天然裂缝主要在单砂体内发育的特点。在平面上，单条裂缝延伸长度有限，通常可见单条裂缝呈雁列式排列，各单条裂缝之间并不相互连通，而是存在较小的间距[图 3-45(c)]。不同组系的裂缝具有相互切割或相互限制的特点，反映了天然裂缝的两期成因特征。不同组系的天然裂缝通常将岩层切割成"豆腐块"状或"棋盘格"状[图 3-45(d)]。值得注意的是，这些切割岩层中呈"豆腐块"状或"棋盘格"状格式的天然裂缝看似是同一时期形成的共轭剪切裂缝，但实际上是在燕山期和喜马拉雅期形成的两期构造裂缝，具有明显的一组裂缝切割或限制另一组裂缝的特点，而不是表现为两组裂缝相互切割的关系。只有当两组裂缝表现为相互切割关系时，才可以判断它们是在同一构造时期形成的一对共轭剪切裂缝。

(a)

(b)

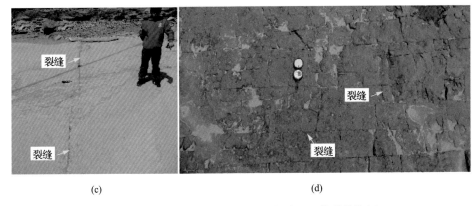

(c) (d)

图 3-45　延河剖面上三叠统延长组地层天然裂缝特征

地表露头上构造裂缝的分布与沉积地质体构型特征密切相关。沉积地质体的层级结构主要通过具有等级序列的构型界面和不同级次的构型界面所限定的构型单元进行表征，其中不同级次的构型界面控制了与之对应的不同级次裂缝的纵向规模，不同级次构型单元的厚度规模控制了裂缝的发育规模和发育程度，反映出在相同的区域古构造应力场背景下，储层构型特征对构造裂缝发育的控制作用(赵向原，2015)。

参考吴胜和等(2013)提出的碎屑沉积地质体构型分级分类方案，对浅水三角洲沉积体内部沉积层次进行了划分(表 3-4)，将浅水三角洲沉积体定义为 6 级构型单元，对应的 6 级界面相当于 Miall(1996)划分方案中的层组或超短期基准旋回界面；水道复合体、坝复合体为 7 级构型单元，对应的 7 级界面相当于 Miall(1996)划分方案中的 5 级界面；单一分流河道、河口坝及席状砂为 8 级构型单元，对应的 8 级界面相当于 Miall(1996)划分方案中的 4 级界面，为一个限定大型底形界面；分流河道内加积体及河口坝内增生体为 9 级构型单元，对应的 9 级界面相当于 Miall(1996)划分方案中的 3 级界面，为大型底形内部的增生面；层系组为 10 级构型单元，对应的 10 级界面相当于 Miall(1996)划分方案中的 2 级界面，为增生体内部层系组的界面；层系为 11 级构型单元，对应的 11 级界面相当于 Miall(1996)划分方案中的 1 级界面，为层系组内部一个层系界面；纹层为 12 级构型单元，对应的 12 级界面相当于 Miall(1996)划分方案中的 0 级界面，为层理系内的一个纹层界面。

表 3-4　构型界面级次划分表[据 Miall(1996)和吴胜和等(2013)修改]

构型界面级次	构型单元	时间规模/年	Miall 界面级次	备注
1 级	叠合盆地充填复合体	10^8		
2 级	盆地充填复合体	$10^7 \sim 10^8$		
3 级	盆地充填体	$10^6 \sim 10^7$	8 级	

续表

构型界面级次	构型单元	时间规模/年	Miall 界面级次	备注
4 级	体系域	$10^5 \sim 10^6$	7 级	
5 级	叠置三角洲沉积体	$10^4 \sim 10^5$		
6 级	三角洲沉积体	$10^3 \sim 10^4$	6 级	层组或超短期基准旋回
7 级	水道复合体、坝复合体	$10^3 \sim 10^4$	5 级	
8 级	单一分流河道、河口坝、席状砂	$10^2 \sim 10^3$	4 级	
9 级	加积体、增生体	$10^0 \sim 10^1$	3 级	
10 级	层系组	$10^{-2} \sim 10^{-1}$	2 级	
11 级	层系	$10^{-3} \sim 10^{-5}$	1 级	
12 级	纹层	10^{-6}	0 级	

二、天然裂缝与储层构型的关系

根据延河地表露头裂缝观察,肉眼可见的绝大多数高角度构造裂缝几乎全部发育在8～11级构型界面所限定的构型单元内,其砂体厚度一般小于3m。但在不同成因砂体内部,层厚、充填方式及泥质或钙质夹层特征等存在差异,致使天然裂缝的发育特征存在较大差别。浅水三角洲分流河道内部的充填样式包括垂向加积充填和侧向加积充填两种类型,侧向加积充填由类似点坝内部的侧积体和侧积层构成;而垂向加积充填又可分为水平状充填、同心状充填等类型。其中水平状充填表现为分流河道内部加积体垂向上平行向上叠加沉积,加积体之间可见明显的韵律突变界面或沉积间断面,加积体内多发育平行层理、块状层理或大型交错层理;同心状充填表现为分流河道内加积体垂向上呈同心状向上叠加,沉积物粒度较细,加积体之间可见明显的同心状韵律界面。不同垂向加积充填分流河道砂体由于沉积时水动力条件不同,其内部加积体之间的泥质夹层发育情况也存在较大差异,存在保留型夹层、破坏型夹层及混合型夹层等几种情况。其中保留型夹层表现为夹层沉积以后,下一次洪水期形成的加积体对其冲刷破坏作用较小,使夹层保留较为完整;破坏型夹层表现为后一期的加积体对前一期的夹层具有较强的冲刷破坏作用,使得河道中心水动力较强部位的夹层被完全冲刷破坏没有保留,或仅在河道侧翼或局部水动力较弱的部位部分保留;混合型夹层表现为不同水动力条件的多期加积体之间保留型夹层和破坏型夹层同时发育。延河野外露头显示,侧向加积充填河道内天然裂缝发育相对较弱,在此主要讨论垂向加积充填河道内的天然裂缝的发育情况。

垂向加积水平状充填分流河道多为主干分流河道。当此类型河道砂体厚度大于2.5m,且河道内不发育泥质夹层时,构造裂缝基本不发育。当河道内发育多期加积体，且各加积体之间的泥质夹层被破坏，或者各期加积体之间并没有明显的沉积间断面时，若河道砂体厚度小于 2.5m，则一般发育构造裂缝，并且构造裂缝将切穿整个河道砂体，其高度与砂体厚度一致并呈等间距分布，在剖面上构造裂缝终止在河道砂体上下与之相邻的砂泥岩界面上，此时裂缝的发育受 8 级构型界面控制，主要发育在 8 级构型单元内 (图 3-46)。当河道内各加积体之间发育保留型夹层，且夹层厚度均超过一定规模，或者各加积体之间存在明显的沉积间断面时，构造裂缝主要在各加积体内发育，并表现出较好的等间距分布，夹层或沉积间断面隔挡了裂缝的纵向延伸，使天然裂缝不能够切穿整个河道砂体，其纵向规模主要受 9 级构型界面控制，裂缝发育在 9 级构型单元内，且随着加积体厚度的增大，裂缝平均间距及裂缝规模增大 (图 3-47)。

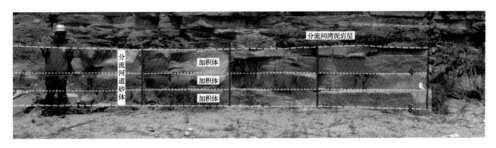

图 3-46　夹层不发育的水平状充填分流河道内的构造裂缝分布图

图 3-47　发育一定厚度夹层的水平状充填分流河道内的构造裂缝分布图

垂向加积同心状充填分流河道多为汊道或末端分流河道，河道规模较小，与主干分流河道相比，这类河道砂体沉积的水动力条件普遍较弱，因此，同心状充填分流河道的夹层特征也表现出与水平状充填分流河道的夹层不同的特征，其相应的天然裂缝的发育特征也各不相同。垂向加积同心状充填分流河道的中心部位，水动力相对较强，而向河道侧翼水动力逐渐减弱。因此，这类河道两侧一般发育保留型夹层，而越靠近河道中心部位，夹层被冲刷的情况越严重，夹层厚度越薄，甚至完全被冲刷改造。在此种情况下，河道两侧部位相邻两期加积体之间一般发育超过一定厚度的保留型夹层，能够起到隔挡裂缝纵向扩展延伸的作用，致使裂缝主要在各加积体内发育。而河道中间部位裂缝的发育情况主要取决于夹层的被破坏程度，当两期(或多期)加积体之间的夹层完全被破坏时，裂缝可以切穿两期(或多期)加积体，裂缝规模相对河道两侧的裂缝较大(图 3-48)。当两期(或多期)加积体之间发育保留型夹层时，裂缝的发育情况与河道两侧类似，即由于夹层的隔挡，裂缝仅在各加积体内发育，不会出现穿层现象。该类型河道中部的砂岩层厚度大于河道侧翼的砂体，因此，河道中部的天然裂缝规模及其平均间距相应大于河道侧翼的天然裂缝规模及其平均间距。

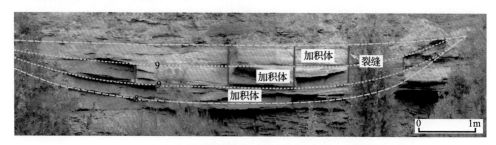

图 3-48　同心状充填分流河道内的构造裂缝分布图

在延河地表露头区，可见单一河口坝砂体通常由多期增生体构成，呈反韵律分布，相邻增生体之间大多数具有较为明显的沉积界面或残留泥质夹层，这些沉积界面或残留泥质夹层对天然裂缝的纵向延伸起到了很好的隔挡作用，致使各增生体内发育相对独立的天然裂缝系统，天然裂缝规模及平均间距与各增生体厚度相关。如果在某些增生体之间的部位由于水动力作用较强而没有保留明显的沉积间断面或泥质夹层时，其天然裂缝的发育情况同发育破坏性夹层的水平状充填分流河道类似，构造裂缝将切穿两期或多期增生体，最后终止在能够起隔挡作用的岩性界面或沉积界面上，此时天然裂缝规模及平均间距一般较大(图 3-49)。

图 3-49　河口坝砂体内的构造裂缝分布图

延河剖面露头区的席状砂厚度较薄，一般不超过 1.2m，砂体内发育平行层理、浪成沙纹层理或波状层理等，垂向上与灰色、深灰色滨浅湖泥岩互层。席状砂沉积物分选较好、质纯、夹层的发育程度较弱，因此大多数单一席状砂体构成了独立的岩石力学层，发育一套独立的天然裂缝系统，天然裂缝切穿整个席状砂体并终止在席状砂体上下的岩性界面上。席状砂体内构造裂缝分布较为规则，裂缝组系特征明显，裂缝间距具有较好的等间距性，且裂缝平均间距与砂体厚度呈较好的正相关关系(图 3-50)。

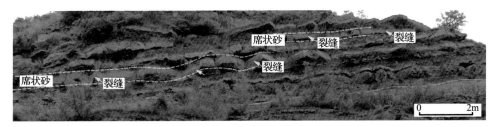

图 3-50　延河剖面席状砂内的构造裂缝分布图

从延河地表露头区天然裂缝观察表明，该区天然裂缝分布主要受 8 级和 9 级构型界面控制，一些砂体内的裂缝还受 10 级和 11 级构型界面控制，使天然裂缝表现出多尺度分布的特点。例如，图 3-51 中的分流河道砂体内部发育大型槽状交错层理，且底部层系界面冲刷较为明显，常见泥质等滞留沉积，这些较为明显的层系界面或层系组界面可作为天然裂缝发育的隔挡层，阻止天然裂缝的纵向扩展和延伸，使天然裂缝发育在 10 级和 11 级构型单元内，此时，天然裂缝规模一般相对于受 8 级和 9 级构型界面控制的天然裂缝规模要小，而受 8 级和 9 级构型界面控制的天然裂缝规模明显要大。

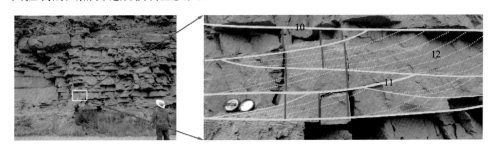

图 3-51　分流河道中受 10、11 级构型界面控制的构造裂缝分布图

三、不同储层构型的裂缝分布模式

通过野外露头区不同储层构型单元的裂缝分布特征可以看出，构造裂缝在不同储层构型单元的分布具有明显的规律性，天然裂缝规模及其组合关系主要受砂体的规模、不同成因砂体内部的充填方式、砂体内夹层特征等因素的控制，不同类型的构型单元通过控制岩石力学层的分布来影响天然裂缝的发育规律。天然裂缝的形成与分布受岩石力学层控制，而不同成因类型砂体的厚度及内部充填方式、

砂体内夹层类型及规模等特征各不相同，导致不同储层构型单元内的岩石力学层的分布也各不相同，使在不同类型砂体内部或成因砂体不同部位的岩石力学层不完全与岩性层相一致，有些岩石力学层可能只包含某一岩层，有些岩石力学层也可能同时包含几个岩层，甚至是多个岩性层。正是由于不同储层构型单元内的岩石力学层的不同，它们在相同的构造应力场作用下，天然裂缝的发育特征存在差异。其中，单砂体厚度（或单一岩性层的厚度）决定了岩石力学单元层的厚度规模，进而决定了天然裂缝的纵向切割高度和裂缝规模；砂体内部的充填方式及夹层特征决定了岩石力学层的分布特征，它们综合影响了天然裂缝的级次性及组合方式。在不同成因砂体构型特征分析的基础上，根据砂体内天然裂缝分布的控制因素，初步建立基于不同成因砂体储层构型的天然裂缝分布模式。

（一）垂向加积水平状充填分流河道砂体裂缝分布模式

如果水平状充填分流河道各期加积体之间的夹层为厚度大于一定值的保留型加积层，那么加积层将分隔各加积体成为各自相互独立的岩石力学层，这时，天然裂缝在各加积体内部相对独立发育，天然裂缝的间距及规模随加积体厚度的增加而增大（图 3-52）。如果各期加积体之间的加积层为破坏型时，加积层不能起到分隔岩石力学层的作用，各期加积体将共同构成一套岩石力学层，此时，天然裂缝在其内发育，并将切穿各期加积体，使天然裂缝的间距和规模与各期加积体厚度无关，而是与它们共同组成的岩石力学层的厚度相关（图 3-53）。如果各期加积体之间的加积层为混合型时，被破坏掉的加积层上下的两期加积体将共同构成一套岩石力学层，被保留加积层将上下两期加积体分隔为各自独立的岩石力学单元层，使天然裂缝在不同的岩石力学层内发育（图 3-54）。

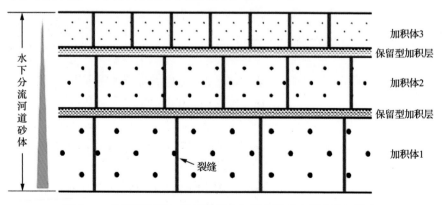

图 3-52　发育保留型加积层的垂向加积水平状充填分流河道内
天然裂缝分布模式（赵向原，2015）

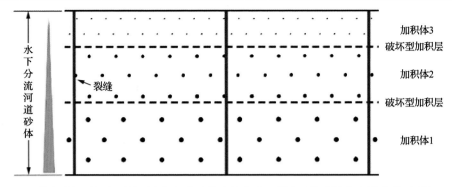

图 3-53　发育破坏型加积层的垂向加积水平状充填分流河道内天然裂缝分布模式(赵向原，2015)

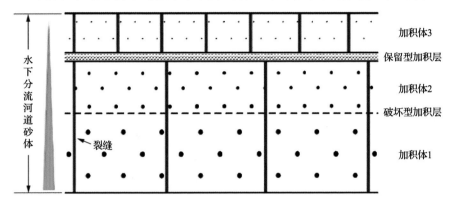

图 3-54　发育混合型加积层的垂向加积水平状充填分流河道内天然裂缝分布模式(赵向原，2015)

(二)垂向加积同心状充填分流河道砂体裂缝分布模式

当河道内发育相对稳定的保留型加积层时，加积层能够起到分隔岩石力学层的作用，使各加积体构成独立的岩石力学单元，各单元内部发育相对独立的天然裂缝系统。但此种类型河道中部各加积体厚度大于侧翼，因此，河道中部发育的天然裂缝规模和间距要大于河道两侧发育的天然裂缝规模和间距，而且河道下部的加积体内发育的天然裂缝规模一般大于河道上部发育的天然裂缝规模(图 3-55)。当河道内发育破坏型加积层时，与水平状充填河道最大的不同在于同心状充填河道一般只有中间水动力较强部位的加积层会被完全冲刷破坏，而两侧的加积层一般会有部分被保留。在此种情况下，河道中间部位各加积体将构成一套岩石力学层，而河道两侧各加积体又成为独立的岩石力学层，使河道中部天然裂缝间距和规模最大，将切穿各加积体，而河道两侧的天然裂缝间距和规模最小，仅在各自的加积体内发育(图 3-56)。当河道内发育混合型的泥质夹层时，天然裂缝的发育特征与水平状充填河道发育混合型夹层的天然裂缝发育情况类似，只不过同心状充填分流河道中部的天然裂缝间距和规模较两侧要大，裂缝密度要小(图 3-57)。

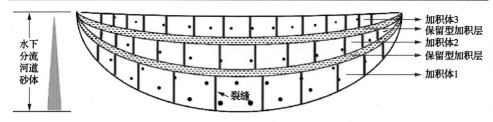

图 3-55　发育保留型加积层的垂向加积同心状充填分流河道内天然裂缝分布模式

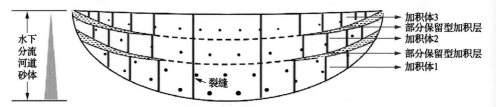

图 3-56　发育破坏型加积层的垂向加积同心状充填分流河道内天然裂缝分布模式

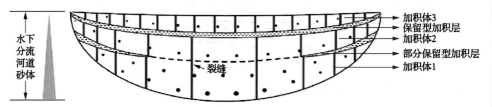

图 3-57　发育混合型加积层的垂向加积同心状充填分流河道内
天然裂缝分布模式(赵向原,2015)

(三)河口坝砂体裂缝分布模式

如果河口坝砂体内部泥质夹层(即增生面)为保留型,那么当泥质夹层超过一定厚度时,这些泥质夹层将会把各期增生体分隔为独立的岩石力学层,使各增生体内部发育相对独立的天然裂缝系统,天然裂缝间距和规模随着增生体厚度的增加而增大(图 3-58)。若河口坝砂体内部夹层为破坏型,各期增生体将共同组成一套岩石力学层,则天然裂缝间距和规模受岩石力学层的控制而与各期增生体关系不大(图 3-59)。若河口坝砂体内部夹层为混合型,被破坏掉的夹层上下的两期增生体将共同构成一套岩石力学层,被保留型夹层将上下两期增生体分隔为各自独立的岩石力学单元层,则天然裂缝在不同的岩石力学层内发育。需要说明的是,泥质夹层在相邻两期增生体之间的保留程度也很随机,即某两期增生体之间局部可能保留了一定厚度的泥质夹层,而其他部位则被冲刷破坏,此时被保留的泥质夹层可能仍会起到分隔上下岩石力学层的作用,从而控制天然裂缝分布特征(图 3-60)。

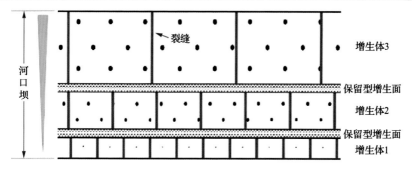

图 3-58 发育保留型增生面的河口坝内天然裂缝分布模式(赵向原，2015)

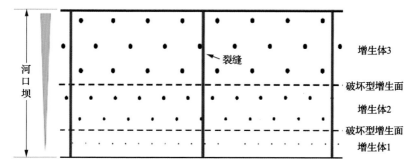

图 3-59 发育破坏型增生面的河口坝内天然裂缝分布模式(赵向原，2015)

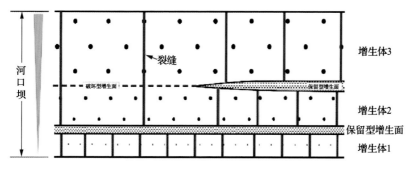

图 3-60 发育混合型增生面的河口坝内天然裂缝分布模式(赵向原，2015)

(四)席状砂体裂缝分布模式

席状砂体在垂向上与灰色、深灰色滨浅湖泥岩互层，其沉积物粒度分选较好，粒度韵律性不明显或略呈反韵律，内部基本不发育较为明显且连续的泥质夹层。席状砂体上下的滨浅湖泥岩层厚度一般较大，能够将多个单一席状砂体分隔，使绝大多数单一席状砂体各自构成一个独立岩石力学层。因此，天然裂缝在席状砂体内分布通常较为均匀，呈近等间距分布，并且，天然裂缝间距和规模随着砂体厚度的增大而增加(图 3-61)。

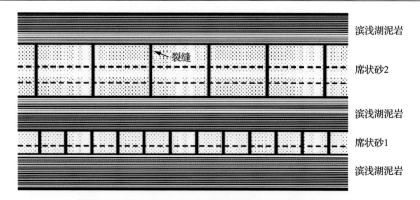

图 3-61　席状砂内天然裂缝分布模式(赵向原,2015)

　　从地表露头区天然裂缝的分布可以看出,厚度大于 2.5m 的砂体内天然裂缝不发育,但同时厚度相对较小的砂体内天然裂缝的发育程度也存在明显的差异。砂体中天然裂缝的发育程度及分布形式虽然与砂体厚度及夹层等密切相关,但是还受到古构造应力场分布的控制,其中,古构造应力场是天然裂缝形成的外因,而储层砂体构型是天然裂缝形成的内因。天然裂缝形成时期的古构造应力强度决定了天然裂缝发育的饱和度(Narr and Suppe,1991),只有当不同成因砂体处在一定的构造应力部位并使岩石破裂达到饱和状态时,才能表现出上述各模式中的裂缝分布特征。也就是说,沉积作用和成岩作用控制下的非均质地质体是天然裂缝发育及分布的载体,而古构造应力场是产生天然裂缝的外部原因,二者相互作用决定了天然裂缝的发育程度和分布形式。

　　同时,不同储层构型单元中天然裂缝的分布,还反映了致密低渗透砂岩储层天然裂缝分布的多尺度性。由于控制天然裂缝纵向扩展和延伸的边界类型及构型界面级次不同,控制的天然裂缝规模不等,从 6 级构型界面到 12 级构型界面,控制的天然裂缝的尺度由大变小。因此,储层构型与天然裂缝关系的研究及不同储层构型天然裂缝发育模式的建立,对指导天然裂缝的三维地质建模及深入认识致密低渗透储层天然裂缝对注水开发的影响具有重要意义。

第四章 致密低渗透储层天然裂缝的分布规律

由于受沉积作用、成岩作用、构造作用等多种地质因素的影响，一个地区不同部位和不同层位天然裂缝的发育程度存在明显的差异性。在分析天然裂缝成因机理与主控因素的基础上，评价和预测天然裂缝在纵向上及在平面上的发育规律，对指导致密低渗透油藏的勘探和开发具有重要意义。

第一节 天然裂缝测井识别

一、成像测井裂缝识别

成像测井是识别与评价致密低渗透储层天然裂缝分布的有效手段，具有直观、分辨率高等优点，可以对天然裂缝的产状、密度、开度等参数进行定量表征。目前主要用来识别和评价储层天然裂缝的成像测井有井壁电阻率(FMI)成像测井和井壁声波成像测井。当天然裂缝中充填低电阻率的流体或矿物时，会导致地层电阻率局部降低，井壁电阻率成像测井主要依据裂缝电阻率局部降低与骨架整体电阻率发生明显变化来识别和评价裂缝，在成像图上一般用亮色表示高电阻率，用暗色表示低电阻率。当裂缝中充填低声阻抗的矿物或流体时，会散射入射声束的能量，减弱回波信号，降低回波幅度，井壁声波成像测井主要依据裂缝局部回波幅度降低与整体回波幅度形成明显差异来识别和评价天然裂缝，在成像图上一般用亮色表示高回波幅度，用暗色表示低回波幅度。

鄂尔多斯盆地延长组致密低渗透储层主要发育高角度构造裂缝和成岩成因的近水平层理缝，导致地层电阻率局部降低，声阻抗局部增大，使局部回波幅度降低。高角度构造裂缝在电成像图和声成像图上都显示为暗色正弦或余弦曲线状。但如果天然裂缝中常常局部被石英、方解石等充填，会使地层电阻率及声阻抗降低不均匀，因此暗色正弦或余弦曲线上会有断续或粗细不规则变化等现象[图 4-1(a)]。如果天然裂缝中被石英或方解石等矿物完全充填，由于石英和方解石的电阻率较高，则表现出亮色正弦或余弦曲线。在有些地层，天然裂缝垂直于岩层界面，表现为两条近似平行的不均匀暗色曲线[图 4-1(b)]。近水平层理缝一般沿着微层面发育，常常顺着层理面断续展布，使地层电阻率和声阻抗的局部降低不连续，因而在成像图上显示为与层理面近似平行的暗色条带，但条带上有断续或粗细不规则变化现象[图 4-1(c)]。根据不同类型裂缝在成像图上的特征，可以识别天然裂缝的分布。

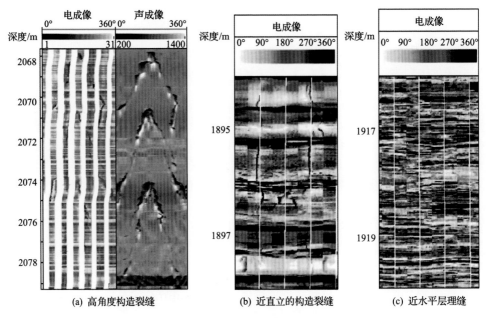

(a) 高角度构造裂缝　　　　(b) 近直立的构造裂缝　　　　(c) 近水平层理缝

图 4-1　天然裂缝在成像图上的特征

在不同类型裂缝识别的基础上，还可以对天然裂缝的方位、倾角、密度、长度、开度（水动力宽度）、视孔隙度和孔隙度等参数进行解释和评价。裂缝密度是反映天然裂缝发育程度的参数，天然裂缝密度 FVDC 是指单位长度井壁上天然裂缝的总条数：

$$FVDC = \frac{N_f}{2\pi r HC \cos\theta_i} \tag{4-1}$$

式中，N_f 为统计井段内的总裂缝条数；H 为统计窗长；C 为成像测井井眼覆盖率；r 为井眼半径；θ_i 为第 i 条裂缝视倾角，即裂缝与井轴的夹角。

天然裂缝长度 FVTL 是指单位面积井壁上裂缝长度之和：

$$FVTL = \frac{1}{2\pi RLC} \sum_{i=1}^{n} L_i \tag{4-2}$$

裂缝面密度的计算公式为

$$D_f = L_f / S \tag{4-3}$$

式中，D_f 为裂缝面密度；L_f 为裂缝长度；S 为统计裂缝长度所在井段面积。

裂缝开度 FVA 是指单位井段中裂缝轨迹宽度的平均值。在实际应用中，多用 FVA 的立方之和再开立方，即裂缝的水动力宽度 FVAH 来表征裂缝有效性及渗透性能。裂缝开度的计算公式为

$$FVAH = aAR_m^b R_{xo}^{1-b} \tag{4-4}$$

式中，R_m 为钻井液泥浆电阻率；R_{xo} 为地层电阻率(通常为侵入带电阻率)；A 为裂缝造成的电导异常面积；a、b 为与仪器有关的常数。

裂缝视孔隙度 FVPA 是指单位面积井壁上裂缝面积的累加，为面积意义上的孔隙度，是反映裂缝储集能力的参数，其计算公式为

$$FVPA = \frac{1}{2\pi RLC}\sum_{i=1}^{n} L_i FVA_i \tag{4-5}$$

式中，FVA_i 是第 i 条裂缝轨迹宽度的平均值。

根据上述方法，可以对天然裂缝的分布进行解释和评价(图 4-2)，并对天然裂缝参数进行定量表征。例如，在姬塬油田某区块利用 EMI 成像测井资料解释的天

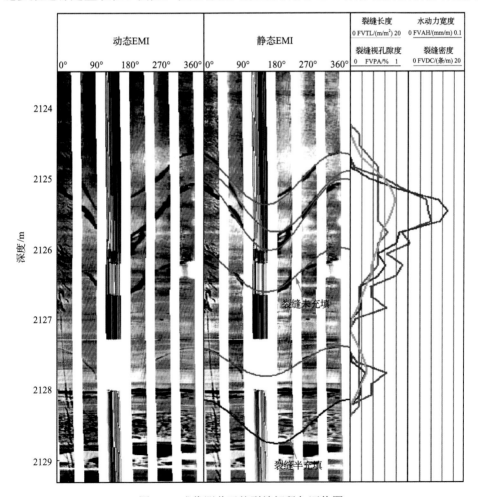

图 4-2　成像测井天然裂缝解释与评价图

然裂缝面密度一般小于 70m/m², 一般分布在 20~50m/m²（图 4-3）；天然裂缝开度一般小于 100μm，主要分布在 80~100μm（图 4-4）。在获取天然裂缝的密度、长度和开度等参数以后，还可以对天然裂缝的物性参数进行定量计算和评价。基于上述裂缝解释参数计算的天然裂缝视孔隙度一般小于 0.5%，一般分布在 0.1%~0.4%（图 4-5）；天然裂缝渗透率一般小于 $11 \times 10^{-3} \mu m^2$，分布在 $1 \times 10^{-3} \sim 9 \times 10^{-3} \mu m^2$（图 4-6）。

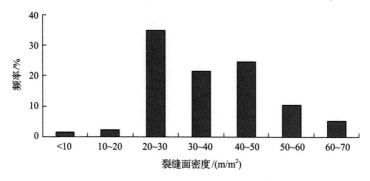

图 4-3　天然裂缝面密度分布频率图

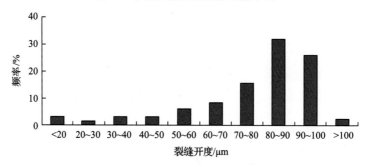

图 4-4　天然裂缝开度分布频率图

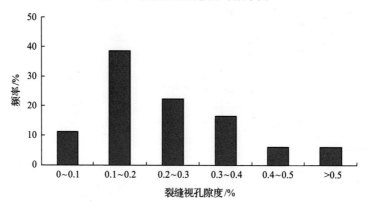

图 4-5　天然裂缝视孔隙度分布频率图

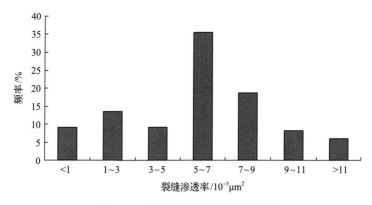

图 4-6　天然裂缝渗透率分布频率图

二、常规测井裂缝识别

岩心和成像测井资料是天然裂缝识别与评价的重要手段，能够直观地评价天然裂缝在井点的分布。但由于岩心和成像测井成本高，数量少，单纯依靠岩心和成像测井资料难以客观地评价一个地区天然裂缝的分布。而常规测井资料丰富，根据常规测井对天然裂缝的响应特征，可以有效地识别天然裂缝。

通常情况下，致密低渗透砂岩储层天然裂缝发育段，泥浆沿裂缝的侵入能引起电阻率的变化。当钻井液泥浆为水基泥浆时，在裂缝发育层段，深感应电阻率(ILD)、中感应电阻率(ILM)值变小且其幅度差增大；八侧向电阻率(LL8)曲线值主要受垂向电阻率变化的影响，裂缝的存在，尤其是高角度裂缝的存在，可使八侧向电阻率值降低。纵波在泥浆中的传播速度小于在固体围岩中的传播速度，因而在裂缝发育段的声波时差增大。裂缝的存在大大降低了地层体积密度，使密度曲线表现为低值。泥浆滤液沿裂缝侵入地层，大大提高了地层的整体含氢量，中子曲线表现为高值。天然裂缝的发育还容易造成井周地层塌落，井径异常增大，或者泥浆侵入在井壁地层形成泥饼，使井径缩小。当地下流体活跃时，地下流体中的水铀元素被吸附或沉淀在裂缝周围，使自然伽马表现为高伽马值。天然裂缝的高渗透性特点，还可以使自然电位曲线表现为负异常。

例如，在鄂南地区长 8 致密低渗透砂岩储层中，选取天然裂缝发育的取心井和天然裂缝发育程度相对较差的取心井进行了常规测井响应分析，常规测井曲线中 CAL、AC、DEN、CNL、ILD、ILM 和 LL8 曲线能较好地反映天然裂缝，在天然裂缝发育段，CAL 出现明显的扩径或缩径，AC 值明显增大，DEN 值减小，CNL 出现中高值，电阻率降低，天然裂缝的响应特征明显，能够很好地区分出来(图 4-7)。但是，当天然裂缝发育程度相对较差时，虽然也存在上述响应特征，但这种响应较弱(图 4-8)，单纯用原始的测井曲线难以识别出来。这说明，常规测井曲线对天然裂缝的响应特征与裂缝的发育程度密切相关，天然裂缝的发育程度越高，裂缝密度越大，常规测井曲线的裂缝响应特征越强。反之，当天然裂缝的发育程度不高时，天然裂缝的常规测井响应较弱，并具有多解性。因此，在利用常规测井资料识别天然裂缝时，需要放大天然裂缝的响应特征，并且需要消除非天然裂缝的影响，这样才能有效地利用常规测井资料来识别和评价天然裂缝。

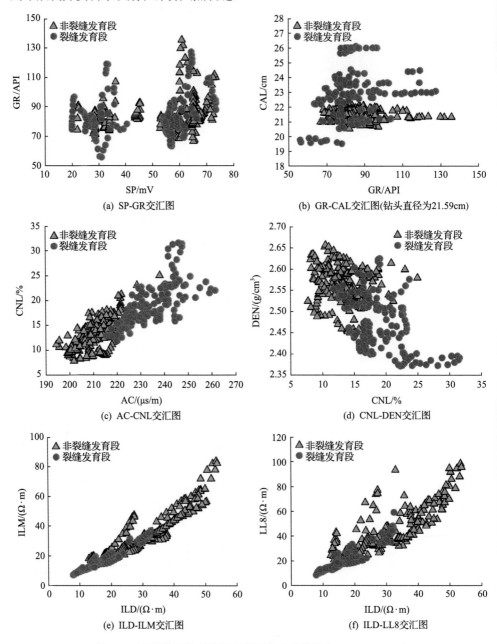

图 4-7　天然裂缝发育井的常规测井响应特征(Lyu et al., 2016)

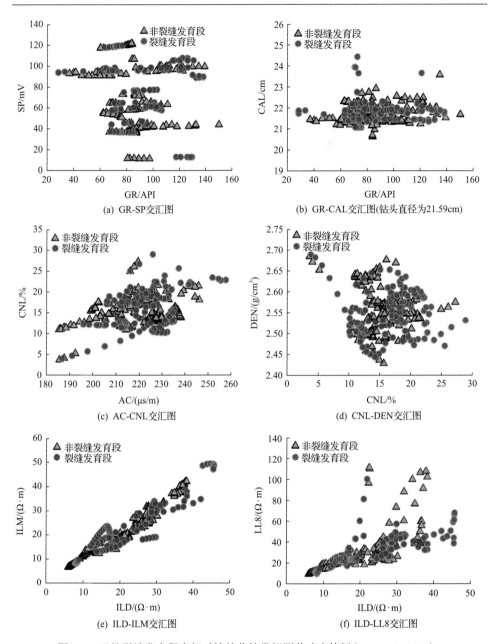

图 4-8　天然裂缝发育程度相对较差井的常规测井响应特征(Lyu et al., 2016)

　　根据常规测井各条曲线对天然裂缝的响应特征，可以选择对天然裂缝敏感性较好的 CAL、AC、CNL、DEN、ILM、ILD 和 LL8 曲线，通过重新构建新的裂缝特征曲线来识别天然裂缝。例如，为了放大声波时差对裂缝的响应强度，构建裂缝特征曲线声波时差差比(ACR)，其过程为：首先构建 CACR，其计算公式为

$$CACR_i = \begin{cases} 0, & \text{当 } AC_i < AC_{min} \\ 1, & \text{当 } AC_i > AC_{max} \\ \dfrac{AC_i - AC_{min}}{AC_{max} - AC_{min}}, & \text{当 } AC_{min} \leqslant AC_i \leqslant AC_{max} \end{cases} \tag{4-6}$$

式中，AC_{max} 为致密砂岩储层天然裂缝最发育段 AC 的平均值；AC_{min} 为致密砂岩储层非裂缝发育段 AC 的平均值；AC_i 为某一深度 AC 的实测值；$CACR_i$ 为某一深度的声波时差差比值。$CACR_i$ 值越大，天然裂缝的发育程度越高。将 CACR 进行归一化：

$$NACR_i^* = \frac{CACR_i - CACR_{min}}{CACR_{max} - CACR_{min}} \tag{4-7}$$

式中，$NACR_i^*$ 为某一深度 CACR 归一后的值；$CACR_{max}$ 和 $CACR_{min}$ 分别为 CACR 的最大值和最小值。由于常规测井曲线受裂缝和其他多种因素的影响，需排除储层本身对常规曲线的影响。天然裂缝引起的 $NACR_i^*$ 为

$$NACR_i^* = \begin{cases} 0, & NACR_i^* \leqslant NACR_u \\ NACR_i^*, & NACR_i^* > NACR_u \end{cases} \tag{4-8}$$

式中，$NACR_u$ 为储层本身的 $NACR^*$ 值，可以通过岩心和成像测井等实际资料通过标定获得。

最后，构建 ACR，即

$$ACR_i = \begin{cases} 0, & V_{sh} > 60\% \\ NACR_i, & V_{sh} \leqslant 60\% \end{cases} \tag{4-9}$$

式中，V_{sh} 为储层泥质含量。

同样，可以通过构建反映天然裂缝的特征响应曲线（图 4-9～图 4-14），包括井径异常曲线（ACAL）、中子差比曲线（CNLR）、密度差比曲线（DENR）、深浅感应差比曲线（RDM）、八侧向差比曲线（LL8R）。

构建 ACAL 中间过程的关键参数 $CACAL_i$ 的计算方法为

$$CACAL_i = \left| \frac{CAL_i - D_{BIT}}{D_{BIT}} \right| \tag{4-10}$$

式中，CAL_i 为某一深度实测的井径；D_{BIT} 为钻头直径。$CACAL_i$ 值表示某一深度井径异常，$CACAL_i$ 值越大，表示井径异常（扩径或缩径）越大，天然裂缝的发育程度越高。

构建 CNLR 中间过程的关键参数 $CCNLR_i$ 的计算公式为

$$CCNLR_i = \begin{cases} 0, & \text{当 } CNL_i < CNL_{min} \\ 1, & \text{当 } CNL_i > CNL_{max} \\ \dfrac{CNL_i - CNL_{min}}{CNL_{max} - CNL_{min}}, & \text{当 } CNL_{min} \leqslant CNL_i \leqslant CNL_{max} \end{cases} \tag{4-11}$$

式中，CNL_{max} 为致密储层天然裂缝最发育段 CNL 的平均值；CNL_{min} 为致密储层非裂缝发育段 CNL 的平均值；CNL_i 为某一深度 CNL 的实测值。$CCNLR_i$ 值越大，反映天然裂缝越发育。

构建 DENR 中间过程的关键参数 $CDENR_i$ 的计算公式为

$$CDENR_i = \begin{cases} 0, & \text{当} DEN_i > DEN_{max} \\ 1, & \text{当} DEN_i < DEN_{min} \\ \dfrac{DEN_{max} - DEN_i}{DEN_{max} - DEN_{min}}, & \text{当} DEN_{min} \leqslant DEN_i \leqslant DEN_{max} \end{cases} \tag{4-12}$$

式中，DEN_{min} 为致密储层天然裂缝最发育段 DEN 的平均值；DEN_{max} 为致密储层非裂缝发育段 DEN 的平均值；DEN_i 为某一深度 DEN 的实测值。$CDENR_i$ 值反映天然裂缝的发育情况，$CDENR_i$ 值越大，天然裂缝的发育程度越高。

构建 RDM 中间过程的关键参数 $CRDM_i$ 的计算公式为

$$CRDM_i = \left| \frac{ILD_i - ILM_i}{ILM_i} \right| \tag{4-13}$$

式中，ILD_i 和 ILM_i 分别为某一深度的深感应电阻率 ILD 的值和中感应电阻率 ILM 的值。$CRDM_i$ 值反映某一深度径向电阻率变化，$CRDM_i$ 值越大，天然裂缝发育的可能性越大。

构建 LL8R 中间过程的关键参数 $CLL8R_i$ 的计算公式为

$$CLL8R_i = \begin{cases} 0, & \text{当} LL8_i > LL8_{max} \\ 1, & \text{当} LL8_i < LL8_{min} \\ \dfrac{LL8_{max} - LL8_i}{LL8_{max} - LL8_{min}}, & \text{当} LL8_{min} \leqslant LL8_i \leqslant LL8_{max} \end{cases} \tag{4-14}$$

式中，$LL8_{min}$ 为致密储层小尺度裂缝最发育段 LL8 的平均值；$LL8_{max}$ 为致密储层非裂缝发育段 LL8 的平均值；$LL8_i$ 为某一深度 LL8 的实测值。$CLL8R_i$ 值反映天然裂缝的发育程度，$CLL8R_i$ 值越大，说明天然裂缝可能越发育。

上述不同裂缝特征曲线从不同侧面反映了储层不同的物理性质和可能的裂缝发育程度。为了更好地识别天然裂缝，尤其是消除非裂缝的影响，根据各特征曲线的裂缝响应强度和敏感性，将上述各特征曲线标准化以后得到综合指示曲线 CI：

$$CI_i = \sum_{i=1}^{m} w_i CV_i \tag{4-15}$$

式中，CV_i 为某一深度第 i 种裂缝特征曲线的值；w_i 为系数；CI_i 为某一深度的 CI 值。

由于常规测井曲线不仅受天然裂缝的影响，还受储层其他因素的影响。当综合指示曲线 CI 大于一定的阈值，才能指示天然裂缝真正的发育情况。裂缝综合指示曲线（CFI）为

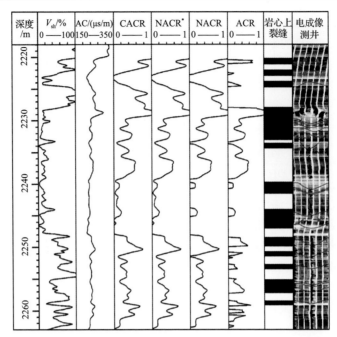

图 4-9　基于 AC 曲线构建的裂缝特征曲线图(Lyu et al., 2016)

NACR*-CACR 归一化的值；NACR-裂缝段的 NACR*值

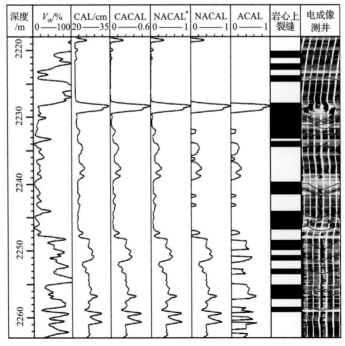

图 4-10　基于 CAL 曲线构建的裂缝特征曲线图(Lyu et al., 2016)

CACAL-井径异常值；NACAL*-CACAL 的归一化值；NACAL 为裂缝段的 NACAL*值

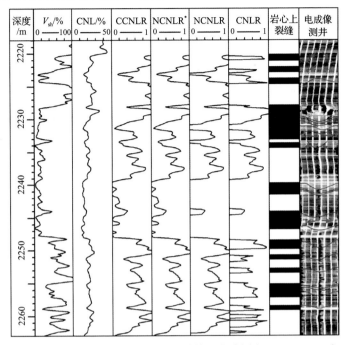

图 4-11 基于 CNL 曲线构建的裂缝特征曲线图(Lyu et al., 2016)

NCNLR*-CCNLR 归一化的值;NCNLR-裂缝段的 NCNLR*值

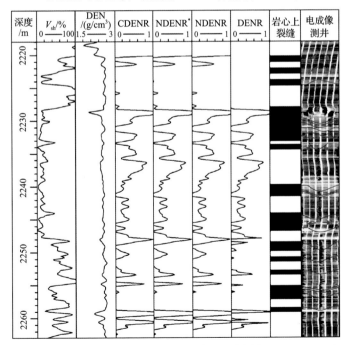

图 4-12 基于 DEN 曲线构建的裂缝特征曲线图(Lyu et al., 2016)

NDENR*-CDENR 归一化的值;NDENR-裂缝段的 NDENR*值

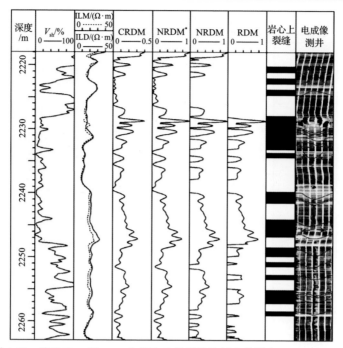

图 4-13　基于 ILD 和 ILM 曲线构建的裂缝特征曲线图(Lyu et al., 2016)

NRDM*-CRDM 归一化的值；NRDM-裂缝段的 NRDM*值

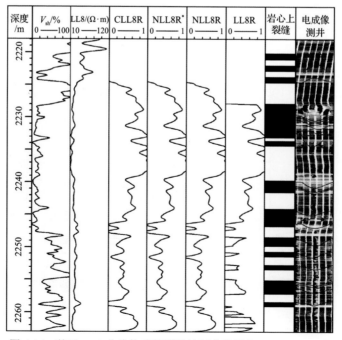

图 4-14　基于 LL8 曲线构建的裂缝特征曲线图(Lyu et al., 2016)

NLL8R*-CLL8R 归一化的值；NLL8R-裂缝段的 NLL8R*值

$$CFI_i = \begin{cases} 0, & CI_i \leqslant CI_u \\ CI_i, & CI_i > CI_u \end{cases} \qquad (4\text{-}16)$$

式中，CFI_i 为某一深度裂缝的综合指示曲线值；CI_u 为储层综合指示曲线的阈值，通过岩心和成像测井等实际资料进行标定获得。CFI_i 值越大，说明天然裂缝的发育程度越高。从常规测井裂缝识别成果图可以看出（图 4-15），在上述各裂缝特征曲线中，ACR 对裂缝最敏感，其次为 CNLR、LL8R、RDM、DENR 和 ACAL 曲线。通过综合裂缝指示曲线 CFI 与岩心和成像测井资料对比，利用综合裂缝指示曲线识别的天然裂缝发育段与岩心和成像测井资料反映的天然裂缝发育段基本一致，说明该方法在识别致密低渗透砂岩储层天然裂缝时具有可行性，识别效果良好，为致密低渗透砂岩储层天然裂缝的早期快速识别提供了新的途径。

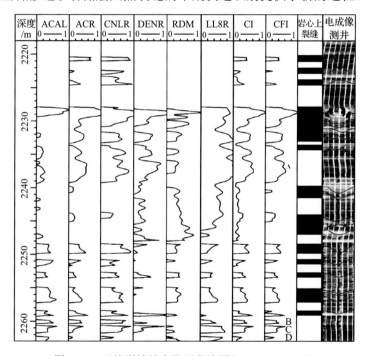

图 4-15 天然裂缝综合指示曲线图（Lyu et al., 2016）

例如，利用上述方法对鄂南地区某区块长 8 致密储层天然裂缝的纵向发育规律进行了评价（图 4-16），从北西-南东向剖面的天然裂缝识别成果图可以看出，该区块长 8_1 层天然裂缝的发育程度明显高于长 8_2 层，其中在长 8_1^2 小层最发育，而长 8_1^3 小层天然裂缝的发育程度相对最低（图 4-17），与该区 100 多口钻井岩心统计的天然裂缝密度分布一致（图 4-18），这也验证了用该方法识别致密低渗透储层天然裂缝的可行性。

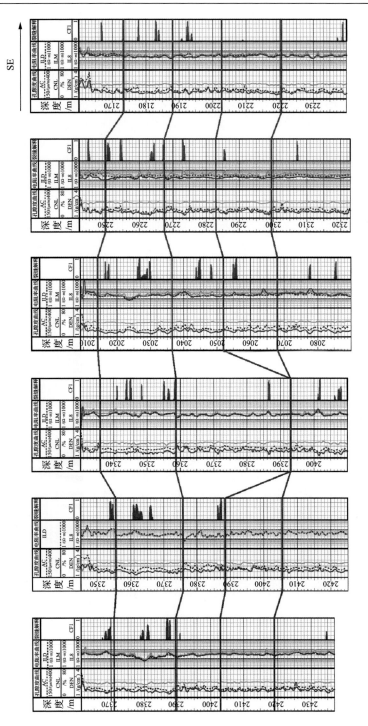

图4-16　鄂南地区某区块长8致密砂岩储层天然裂缝纵向分布图

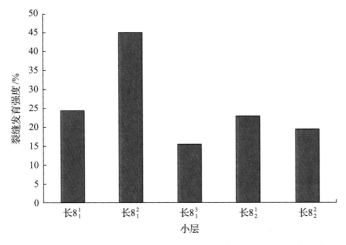

图 4-17　鄂南地区某区块长 8 致密砂岩储层不同小层测井识别裂缝结果对比图

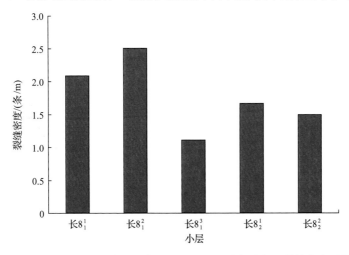

图 4-18　鄂南地区某区块长 8 致密砂岩储层不同小层岩心裂缝密度对比图

第二节　天然裂缝的纵向分布规律

地表露头和岩心裂缝观察及测井裂缝解释表明，鄂尔多斯盆地上三叠统延长组不同层位裂缝的发育规律明显不同。分析和评价纵向上不同层位天然裂缝的发育特征，对深入认识致密低渗透储层天然裂缝的空间展布规律及指导油气勘探开发具有重要作用。鄂尔多斯盆地缺少三维地震资料，对其致密低渗透储层天然裂缝纵向分布规律的认识，可以通过地表露头、钻井岩心、成像测井和常规测井相结合的手段获得。本节将利用延河剖面地表露头及西峰、华庆、合水和安塞地区的钻井岩心、成像测井与常规测井资料，对延长组长 6、长 7 和长 8 储层天然裂缝的分布进行系统对比分析，说明在不同层位天然裂缝组系与产状(裂缝走向、倾角)、天然裂缝的发育程度和规模具有差异性，以此反映鄂尔多斯盆地致密低渗透储层天然裂缝在纵向上的分布规律。

一、天然裂缝的组系与产状

根据延河剖面大量的天然裂缝统计，在长6、长7和长8储层均有近东西向、近南北向、北西-南东向和北东-南西向4组天然裂缝，以构造剪切裂缝为主，但不同层位不同组系裂缝数量存在明显的差异(图4-19)。在长6储层主要发育近东西向和近南北向两组正交裂缝系统，而北西-南东向和北东-南西向天然裂缝的发育程度较差；在长7储层主要发育近东西向、北东-南西向和近南北向3组天然裂缝系统，而北西-南东向天然裂缝的发育程度相对较差；而在长8储层主要发育近东西向天然裂缝系统，其次是北西-南东向天然裂缝，而近南北向和北东-南西向天然裂缝的发育程度较差。从不同层位构造裂缝的倾角对比图可以看出(图4-20)，长6、长7和长8储层构造裂缝的倾角相同，主要为与层面近垂直的高角度裂缝，裂缝的倾角基本上都在70°以上，倾斜裂缝和低角度裂缝基本不发育。

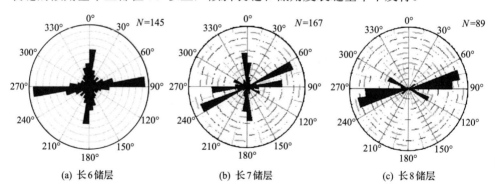

(a) 长6储层　　　　　　　(b) 长7储层　　　　　　　(c) 长8储层

图4-19　延河剖面不同层位天然裂缝走向对比图

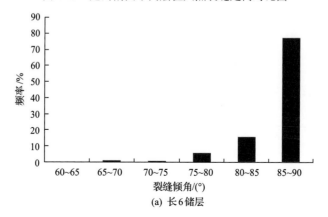

(a) 长6储层

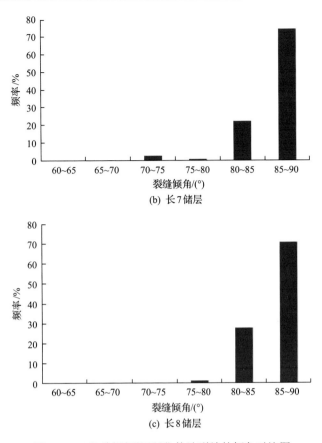

图 4-20 延河剖面不同层位构造裂缝的倾角对比图

根据西峰、华庆、合水和安塞等地区不同层位成像测井的天然裂缝解释结果统计表明，不同地区的长 6、长 7 和长 8 储层同样都存在近东西向、近南北向、北西-南东向和北东-南西向 4 组天然裂缝(图 4-21)，与地表露头统计结果完全一致，但不同组系天然裂缝的数量在不同层位同样存在较大的差异性。根据西峰、华庆、合水和安塞 4 个地区所有成像测井的天然裂缝解释结果统计显示，长 6 储层主要发育北东-南西向天然裂缝，其次是近东西向天然裂缝，而北西-南东向和近南北向天然裂缝的发育程度较差；在长 7 储层主要发育近东西向天然裂缝，其次是近南北向和北西-南东向天然裂缝，而北东-南西向天然裂缝的发育程度较差；在长 8 储层北东-南西向天然裂缝最发育，其次是北西-南东向和近东西向天然裂缝，而近南北向天然裂缝的发育程度较差。反映出在长 6、长 7 和长 8 储层的 4 组天然裂缝中，北东-南西向和近东西向裂缝是主要的天然裂缝系统，而北西-南东向和近南北向天然裂缝的发育程度相对较差。

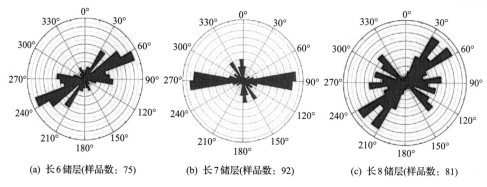

(a) 长6储层(样品数: 75)　　　(b) 长7储层(样品数: 92)　　　(c) 长8储层(样品数: 81)

图 4-21　长 6、长 7 和长 8 储层成像测井解释天然裂缝走向对比图

不同层位 4 组天然裂缝的发育程度在不同地区也有较大的差异。例如，在合水地区，长 6、长 7 和长 8 储层均以北东-南西向和近东西向裂缝为主，3 个层位天然裂缝的方位及其发育程度有较好的一致性(图 4-22)。而在华庆地区，长 6、长 7 和长 8 储层 4 组天然裂缝的发育程度有明显的差异性(图 4-23)。在长 6 储层北西-南东向天然裂缝不发育，在长 8 储层，除近东西向天然裂缝发育以外，近南北向、北西-南东向和北东-南西向天然裂缝的发育程度都较差。

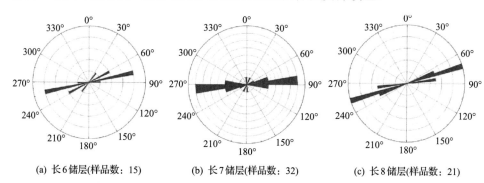

(a) 长6储层(样品数: 15)　　　(b) 长7储层(样品数: 32)　　　(c) 长8储层(样品数: 21)

图 4-22　合水地区长 6、长 7 和长 8 储层成像测井解释天然裂缝走向对比图

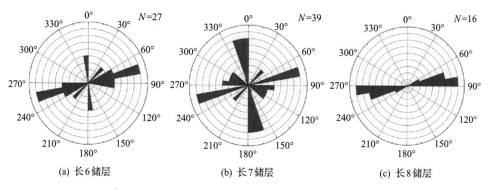

(a) 长6储层　　　　　　(b) 长7储层　　　　　　(c) 长8储层

图 4-23　华庆地区长 6、长 7、长 8 储层成像测井解释天然裂缝走向对比图

不同层位储层天然裂缝的倾角在不同地区有较好的一致性(图 4-24～图 4-26),都表现出以高角度裂缝为主的特点,与地表露头的统计结果相同。例如,合水地区除了在长 6 储层发育一些低角度剪切(滑脱)裂缝以外,天然裂缝的倾角主要在70°以上,尤其在长 7 和长 8 储层,倾斜裂缝和低角度裂缝均不太发育,这主要与不同层位储层岩石力学性质及脆性有关。从第三章第四节岩石脆性对天然裂缝的影响分析可知,在储层岩石脆性高的部位,主要发育高角度构造裂缝,而低角度裂缝主要在储层岩石脆性较低的部位发育。该区不同层位的岩石脆性评价结果表明,长 7 储层的岩石脆性最高,其次是长 8 储层,而长 6 储层的岩石脆性相对较低。因此,长 7 储层的高角度构造裂缝所占比例最高,而长 6 储层的中-低角度裂缝所占比例相对较高。

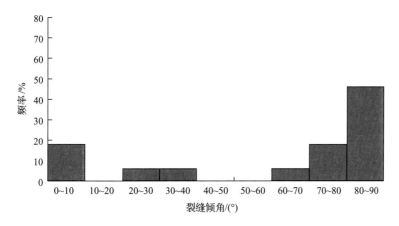

图 4-24 合水地区长 6 储层天然裂缝的倾角分布频率图

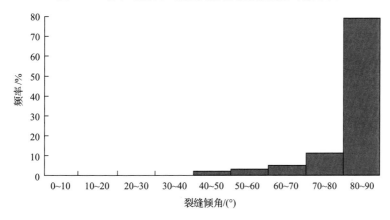

图 4-25 合水地区长 7 储层天然裂缝的倾角分布频率图

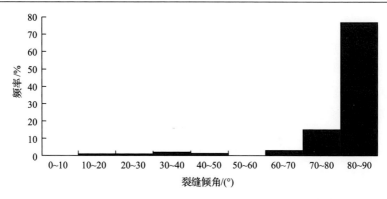

图 4-26　合水地区长 8 储层天然裂缝的倾角分布频率图

不同地区和不同层位天然裂缝的组系、走向、倾角及不同方位裂缝的发育程度对比表明，在一个地区相同的古构造应力场背景下，长 6、长 7 和长 8 储层的天然裂缝的组系、走向、力学性质和倾角相一致，但由于储层非均质性的影响，在不同层位、不同方位裂缝的发育程度各不相同，这与控制天然裂缝不同参数的地质因素有关。天然裂缝的组系、走向、倾角和力学性质主要受天然裂缝形成时期的古应力状态控制，因而在同一时期相同构造应力场作用下，长 6、长 7 和长 8 储层的天然裂缝的组系、走向、力学性质和倾角相同。而天然裂缝的发育程度除了受构造应力场影响以外，还受储层本身的属性（如岩性、层厚、岩石力学性质等）的影响，储层属性是控制天然裂缝发育的内部因素，正是储层属性不同造成的非均质性影响，使不同层位、不同方向裂缝的发育程度存在差异，因此，不同地区不同层位天然裂缝的发育特征差异很大。

二、天然裂缝的发育程度与规模

鄂尔多斯盆地致密低渗透储层主要为与层面近垂直的高角度构造裂缝，高角度构造裂缝的间距与岩石力学层层厚呈较好的线性关系，因此，除了用裂缝密度来评价天然裂缝的发育程度以外，还可以用裂缝间距指数来定量表征天然裂缝的发育程度（曾联波等，2010）。根据对延河剖面不同层位天然裂缝间距指数的计算和统计（图 4-27）可知，长 7 储层的平均裂缝间距指数最大，其次是长 8 储层和长 6 储层，反映该区长 7 储层天然裂缝最发育，其次是长 8 储层，而长 6 储层天然裂缝的发育程度相对要低。不同层位计算的平均裂缝间距指数结果与天然裂缝间距的统计结果一致，长 6 储层天然裂缝的间距分布相对较广，裂缝间距主要分布在 20～100cm（图 4-28），平均间距为 70.5cm，平均裂缝密度为 1.42 条/m；长 7 储层天然裂缝的裂缝间距主要分布在 20～80cm（图 4-29），平均间距为 58cm，平均裂缝密度为 1.72 条/m；长 8 储层天然裂缝的裂缝间距主要分布在 20～100cm（图 4-30），平均间距为 64cm，平均裂缝密度为 1.56 条/m。

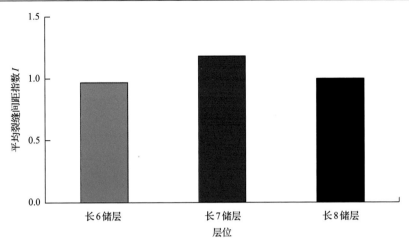

图 4-27 延河剖面不同层位天然裂缝间距指数对比图

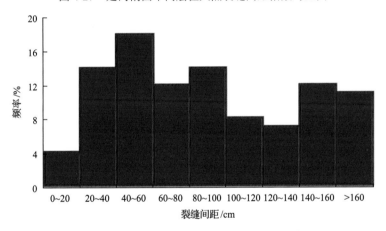

图 4-28 延河剖面长 6 储层天然裂缝间距分布图

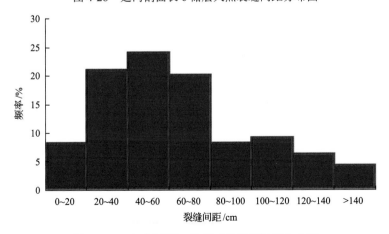

图 4-29 延河剖面长 7 储层天然裂缝间距分布图

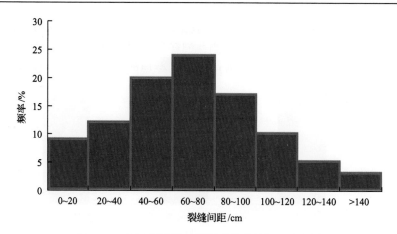

图 4-30　延河剖面长 8 储层天然裂缝间距分布图

　　延河剖面不同层位统计的天然裂缝的相对发育程度与地下致密低渗透储层天然裂缝的密度具有较好的一致性。例如，根据合水地区 50 口井 1600 多米钻井岩心统计，长 6 储层平均裂缝密度为 0.78 条/m，长 7 储层平均裂缝密度为 1.45 条/m，长 8 储层平均裂缝密度为 1.1 条/m（图 4-31），同样反映出长 7 储层天然裂缝最发育，其次是长 8 储层和长 6 储层。

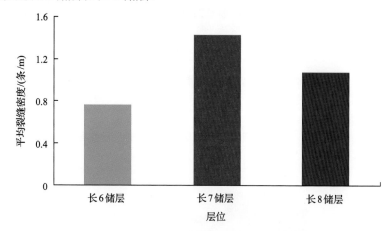

图 4-31　合水地区不同层位岩心上平均裂缝密度对比图

　　采用本章第一节介绍的测井裂缝识别方法，以少量的岩心和成像测井资料作为标定，利用 100 多口常规测井资料，对合水地区某区块长 6、长 7 和长 8 储层不同层位的天然裂缝发育情况进行了对比。图 4-32 为相邻两口井的天然裂缝解释结果对比图，从解释成果图可以看出，长 7 储层天然裂缝的发育程度明显要高于长 8 储层和长 6 储层，尤其是长 7 储层中上部天然裂缝的发育程度较高（不包括长

7 下部的泥页岩)。在此基础上,应用裂缝强度参数对不同层位的裂缝发育程度进行了对比。在这里,定义裂缝强度为测井解释裂缝层厚度与地层总厚度的比值。根据所有测井解释结果的统计可以看出,长 7 储层的天然裂缝的裂缝强度最大,其次是长 8 储层,而长 6 储层的天然裂缝强度相对较小(图 4-33)。测井解释结果与岩心统计结果完全一致,反映出该区长 7 储层天然裂缝最发育,其次是长 8 储层和长 6 储层。

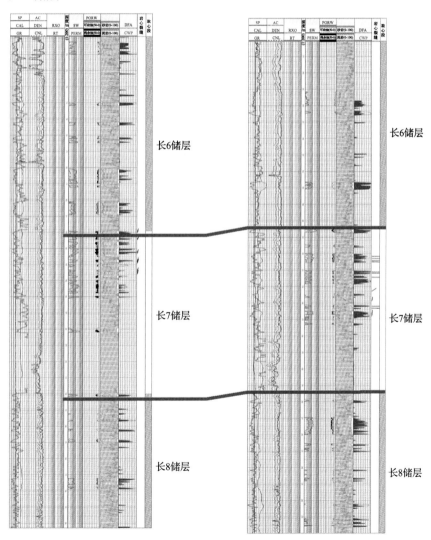

图 4-32　合水地区某区块常规测井天然裂缝解释成果图

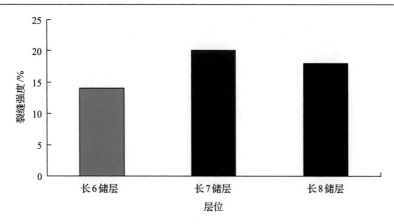

图 4-33　合水地区某区块常规测井裂缝解释结果对比图

上述岩心和测井资料反映的不同层位天然裂缝的发育程度与岩石脆性指数计算结果相吻合。从测井资料计算的不同层位岩石脆性指数的分布可以看出，长 6 储层的岩石脆性指数分布离散，0～90 都有一定比例的分布，其中脆性指数小于 40 的岩石所占比例较大，频率超过 20% 的峰值为 60～70（图 4-34、图 4-35）。长 7 储层的岩石脆性指数主要分布在 40～90，频率超过 20% 的峰值为 60～80（图 4-36、图 4-37）。长 8 储层的岩石脆性指数相对集中，主分布在 40～80，频率超过 20% 的峰值为 50～70（图 4-38、图 4-39）。因此，从不同层位的岩石脆性指数来看，长 7 储层的岩石脆性相对最高，其次是长 8 储层，而长 6 储层相对最小。这说明，储层的岩石脆性是影响裂缝的发育程度的重要参数，正是不同层位岩石脆性的差异，使该区长 7 储层天然裂缝最为发育，长 8 储层次之，而长 6 储层天然裂缝的发育程度相对要低。

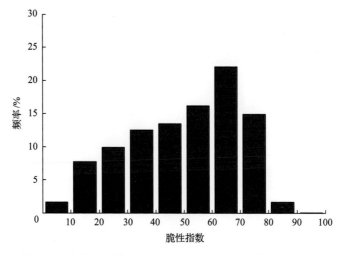

图 4-34　合水地区某区块长 6 储层岩石脆性指数分布频率图

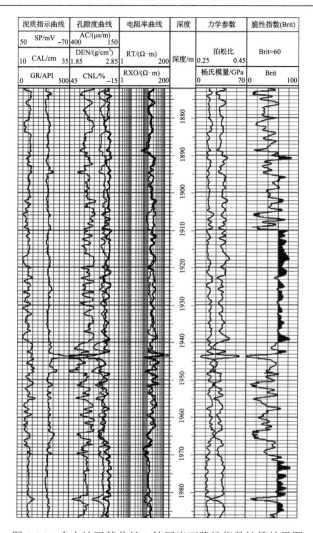

图 4-35　合水地区某井长 6 储层岩石脆性指数计算结果图

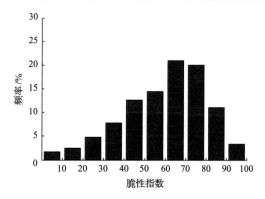

图 4-36　合水地区某区块长 7 储层岩石脆性指数分布频率图

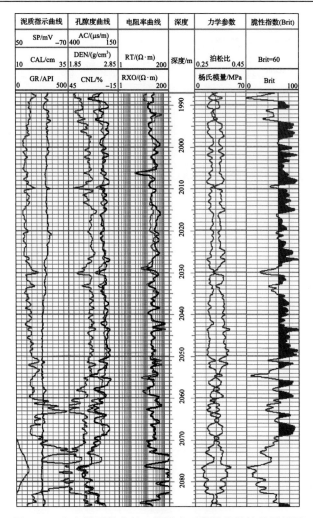

图 4-37　合水地区某井长 7 储层岩石脆性指数计算结果图

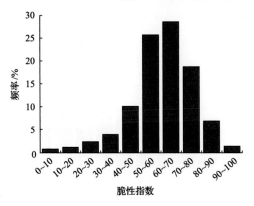

图 4-38　合水地区某区块长 8 储层岩石脆性指数分布频率图

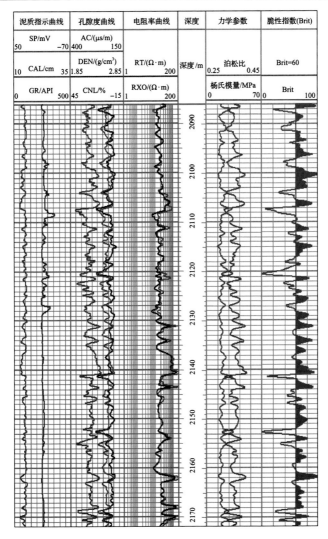

图 4-39 合水地区某井长 8 储层岩石脆性指数计算结果图

同样，不同储层内部不同小层天然裂缝的密度也存在明显的差异性。例如，在华庆地区长 6 储层，天然裂缝在长 6_3 小层较发育，其裂缝密度明显大于长 6_2 小层和长 6_1 小层(图 4-40、图 4-41)；在合水地区长 7 储层，长 7_1 小层的天然裂缝最发育，其次是长 7_2 小层，而长 7_3 小层天然裂缝仅局部发育(图 4-42、图 4-43)；在鄂尔多斯盆地西南部地区长 8 储层，长 8_1^2 小层天然裂缝最发育(图 4-44、图 4-45)，反映出天然裂缝在纵向上的发育程度的差异性明显。

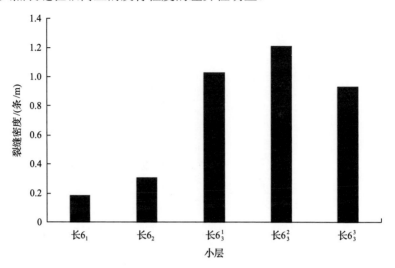

图 4-40 华庆地区长 6 储层不同小层裂缝密度分布图

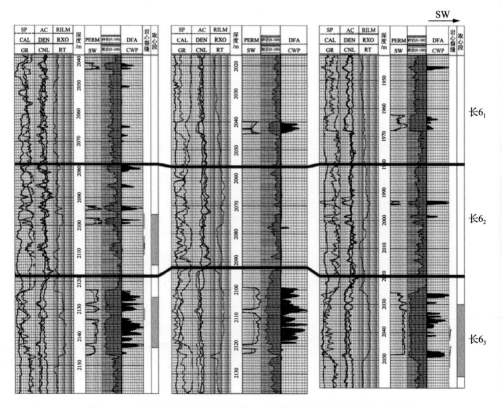

图 4-41 华庆地区北东向剖面长 6 储层纵向裂缝发育程度对比图

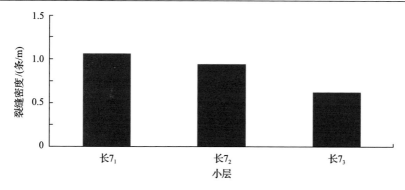

图 4-42 合水地区长 7 储层不同小层裂缝密度分布图

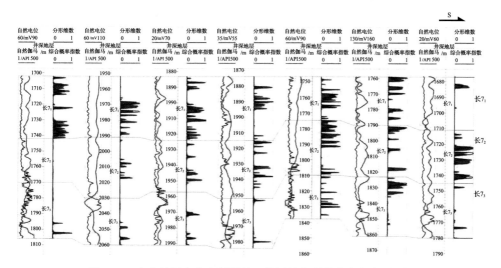

图 4-43 合水地区南北向剖面长 7 储层纵向裂缝发育程度对比图

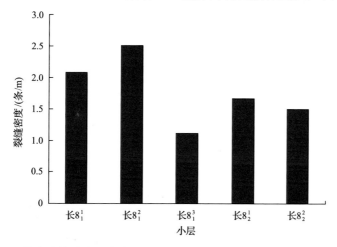

图 4-44 鄂尔多斯盆地西南地区不同小层裂缝密度分布图(据 127 口取心井)

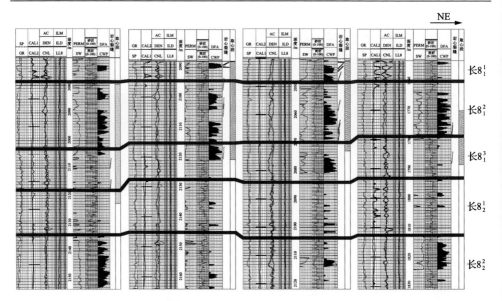

图 4-45　鄂尔多斯盆地西南地区顺北东向砂体长 8 储层各小层纵向裂缝发育程度对比图

鄂尔多斯盆地上三叠统延长组不同层位天然裂缝规模也各不相同。天然裂缝规模一般可以用裂缝在纵向上的高度和在平面上的延伸长度来表示，根据对地表露头天然裂缝的大量统计，天然裂缝的平面延伸长度与纵向高度一般呈较好的正相关性，天然裂缝在纵向上的高度越大，在平面上的延伸长度越长（曾联波，2008）。由于天然裂缝在平面上的延伸长度资料难以获取，这里主要用天然裂缝的纵向高度来表征。例如，根据合水地区岩心和测井资料的天然裂缝统计可知，长 6 储层天然裂缝高度主要分布在 60cm 以内（图 4-46），长 7 储层天然裂缝高度主要分布在 20cm 以内（图 4-47），长 8 储层天然裂缝高度主要分布在 40cm 以内（图 4-48）。反映出上三叠统延长组天然裂缝主要在层内发育，其中长 6 储层的天然裂缝规模最大，其次是长 8 储层，而长 7 储层的天然裂缝规模最小。天然裂缝规模的分布规律正好和

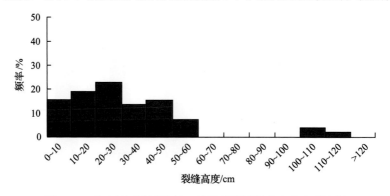

图 4-46　合水地区某区块长 6 储层天然裂缝高度分布频率图

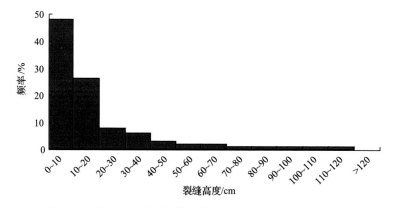

图 4-47　合水地区某区块长 7 储层天然裂缝高度分布频率图

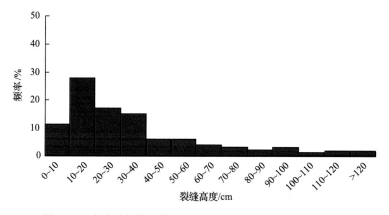

图 4-48　合水地区某区块长 8 储层天然裂缝高度分布频率图

其密度或发育程度的分布规律相反，与天然裂缝间距的分布规律一致。天然裂缝密度越大，裂缝间距越小，裂缝规模越小；相反，天然裂缝密度越小，裂缝间距越大，裂缝规模也越大。

综上，通过地表露头、岩心和测井资料对延长组长 6、长 7、长 8 储层天然裂缝的对比分析表明，鄂尔多斯盆地上三叠统延长组不同层位发育的天然裂缝组系和方位基本一致，主要发育近东西向、近南北向、北东-南西向和北西-南东向 4 组构造裂缝，但不同组系和不同方位的天然裂缝的发育程度在不同地区存在明显的差异。3 个层位天然裂缝的力学性质和倾角一致，以高角度构造剪切裂缝为主，但天然裂缝的发育程度和规模明显不同。长 7 储层的岩石脆性指数最高，其天然裂缝的发育程度最高，但天然裂缝规模最小；长 8 储层的岩石脆性指数、天然裂缝的发育程度和裂缝规模位于其次；而长 6 储层的岩石脆性指数最低，其天然裂缝的发育程度相对最低，但裂缝规模最大。

第三节　天然裂缝平面分布规律

天然裂缝的平面分布规律反映出它们在不同部位的发育程度及其差异性。由于鄂尔多斯盆地缺少三维地震资料，天然裂缝的平面分布规律主要通过测井和储层地质力学的方法进行预测和评价。

一、基于测井资料的天然裂缝平面分布

致密低渗透油藏进入开发阶段以后，测井资料丰富，应用基于岩心、成像测井和常规测井的单井裂缝评价技术，可以对天然裂缝的平面分布规律进行有效的预测和评价。例如，在岩心和成像测井解释的基础上，应用变尺度重标极差分析（rescaled range analysis, R/S）方法，可对安塞油田某区块长 6 特低渗透砂岩储层的天然裂缝的分布规律进行评价。

（一）基本原理

R/S 分析法是英国水文学家 Hurst 在研究尼罗河水坝工程时提出的一种方法，后由 Mandelbrot 等逐步完善。*R/S* 分析通过计算非线性时间序列的 Hurst 指数，能很好地判断并揭示时间序列中的趋势性成分，反映序列的持续性，目前广泛地用于分析时间序列的分形特征，是一种描述和刻画非线性时间序列的有效方法。

对于某一个要素的时间序列 $\{\xi(t)\}$，$t=1,2,\cdots$，对于任意正整数 $\tau \geq 1$，定义其均值为

$$\langle\xi\rangle_{\tau} = \frac{1}{\tau}\sum_{\tau=1}^{\tau}\xi(t), \ \tau=1,2,\cdots \tag{4-17}$$

累计离差为

$$X(t,\tau) = \sum_{\tau=1}^{\tau}\left(\xi(t)-\langle\xi\rangle_{\tau}\right), \quad 1 \leqslant t \leqslant \tau \tag{4-18}$$

极差为

$$R(\tau) = \max_{1 \leqslant t \leqslant \tau} X(t,\tau) - \min_{1 \leqslant t \leqslant \tau} X(t,\tau), \quad \tau=1,2,\cdots \tag{4-19}$$

标准差为

$$S(\tau) = \sqrt{\frac{1}{\tau}\sum_{\tau=1}^{\tau}\left(\xi(t)-\langle\xi\rangle_{\tau}\right)^2}, \quad \tau=1,2,\cdots \tag{4-20}$$

假设 $R(\tau)/S(\tau) \triangleq R/S$，若存在如下关系 $R/S \propto \tau^{H}$，则说明所分析的要素时间序列中，存在 Hurst 现象。这里，R 是极差，是最大累积离差与最小累积离差之

差，代表时间序列的复杂程度；S 为标准差，即变差的平方根，代表时间序列的平均趋势；R/S 值代表无因次的时间序列的相对波动强度。在计算时，通常用 H 来表示 Hurst 指数，H 可由计算出的 τ 和 R/S 值在双对数坐标系 $[\ln\tau, \ln(R/S)]$ 中用最小二乘法拟合得到

$$\ln(R/S)_\tau = H\ln\tau + C \qquad (4\text{-}21)$$

得到 Hurst 指数 H 以后，就可以计算出分形维数 D 值：

$$D = 2 - H \qquad (4\text{-}22)$$

根据上述 R 和 S 的定义，在 n 由 3 到所有采样点总数 N 的变化过程中，有一个 n 就有一个 $R(n)/S(n)$ 值与之相对应。如果在 $R(n)/S(n)$ 与 n 的双对数坐标系中，$R(n)/S(n)$ 与 n 呈明显的线性关系，那么表明序列 $Z(t)$ 具有明显的相似性分形特征。$R(n)/S(n)$ 曲线的斜率 H 称为 Hurst 指数，其分形维数 D 反映了 $Z(t)$ 在一维 t 上变化的复杂程度。

在理论上，R/S 主要反映时间序列的变化程度。对于测井储层参数序列而言，实际上反映了储层的垂向非均质性。当储层中存在天然裂缝时，天然裂缝使其非均质性明显加强，会引起声波时差等测井曲线随时间序列发生变化，因而使天然裂缝发育段的 R/S 曲线偏离原来的直线段，分形维数增大。因此，利用天然裂缝敏感测井曲线的 R/S 分析，可以判别储层天然裂缝的发育情况。

(二)应用效果

根据长 6 储层 20 多口取心井对应的 R/S 分形几何分析可知，天然裂缝的发育程度与分形维数值有关，当分形维数 D 大于 1.2 时，对应的岩心上一般发育天然裂缝(图 4-49)；分形维数 D 越大，天然裂缝的发育程度越高。而当分形

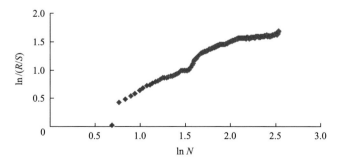

图 4-49 岩心上发育天然裂缝的 R/S 分析图

维数 D 小于 1.2 时，对应的岩心上一般不发育裂缝（图 4-50）。因此，可以把 R/S 分析的分形维数 $D=1.2$ 作为识别该区致密低渗透砂岩储层是否发育天然裂缝的门槛值。根据该区取心井的岩心裂缝对比，其符合率可达 80%以上，说明应用对天然裂缝敏感性较好的测井曲线的 R/S 分析方法，可以有效地识别和评价致密低渗透砂岩储层天然裂缝的发育情况，用分形维数 D 来反映天然裂缝在平面上的分布规律（图 4-51～图 4-53）。

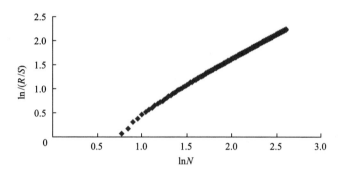

图 4-50　岩心上不发育天然裂缝的 R/S 分析图

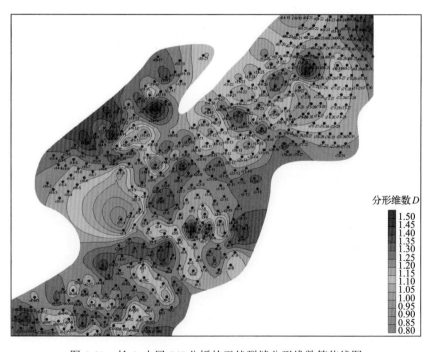

图 4-51　长 6_1 小层 R/S 分析的天然裂缝分形维数等值线图

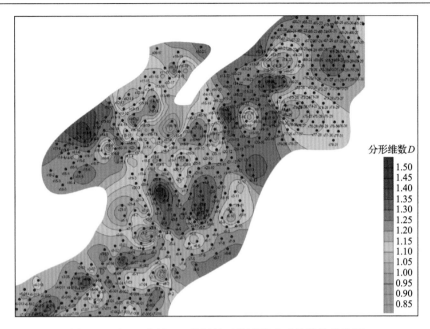

图 4-52　长 6_2 小层 R/S 分析的天然裂缝分形维数等值线图

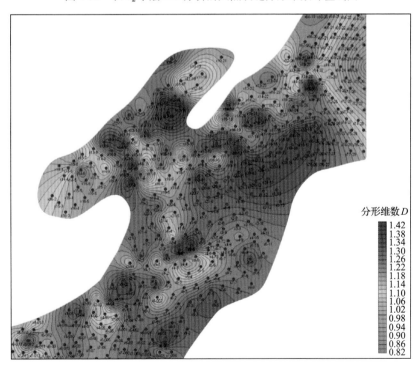

图 4-53　长 6_3 小层 R/S 分析的天然裂缝分形维数等值线图

二、基于储层地质力学的天然裂缝分布预测

致密低渗透储层主要发育构造裂缝，古构造应力是构造裂缝形成的外因，古构造应力场的应力状态及应力大小控制了构造裂缝的力学性质、组系、产状及其发育程度。因此，在确定了天然裂缝形成时期及其古构造应力场的主应力方向和大小以后，利用储层地质力学的方法可以对构造裂缝的分布规律进行预测。

(一)基本原理

进行致密低渗透储层构造裂缝的预测，首先需要确定构造裂缝的形成时期及该时期的古构造应力场的分布，其次利用数值模拟方法对裂缝形成时期的古构造应力场的分布规律进行计算。计算古构造应力场的分布规律的方法主要有有限单元法、有限差分法、边界单元法、离散单元法等，其中有限单元法是目前最常用的方法。有限单元法简称有限元法，是一种计算结构变形和应力分布的成熟方法，是一种近似求解一般连续问题的数值求解方法。有限元法的基本思路是将一个连续的地质体离散成有限个连续的单元，单元之间以节点相连，每个单元内赋予实际的岩石力学参数，根据边界应力条件和节点的平衡条件关系，建立并求解以节点位移或单元内应力为未知量，以总体刚度矩阵为系数的联合方程组，用构造插值函数求得每个节点上的位移，进而计算每个单元内的应力和应变的近似值。假设每个单元内部是均质的，单元划分得足够多、足够小，因而全部单元的组合，可以模拟形状、载荷和边界条件都很复杂的实际地质体。随着单元数量的增多，单元划分得越微小，越接近实际的地质体，更能逐步趋于真实解。

对于处于平衡状态的地质体，其应变与位移、应力与外力之间存在一定的关系。因此，根据给定地质体一定的边界受力条件，通过求解应变与位移关系的几何方程、应力与应变关系的物理方程及应力与外力平衡关系的平衡方程，就可以获得地质体的应力分布，得到在每一个单元上的应力：

$$[\sigma] = \begin{bmatrix} \sigma_x & \sigma_{xy} & \sigma_{xz} \\ \sigma_{yx} & \sigma_y & \sigma_{yz} \\ \sigma_{zx} & \sigma_{zy} & \sigma_z \end{bmatrix} \tag{4-23}$$

通过对式(4-22)进行正交相似变换，得到$[\sigma]$的3个特征值：

$$\boldsymbol{P}[\sigma]\boldsymbol{P}^{-1} = \begin{bmatrix} \lambda_1 & & 0 \\ & \lambda_2 & \\ 0 & & \lambda_3 \end{bmatrix} \rightarrow \begin{bmatrix} \sigma_1 & & 0 \\ & \sigma_2 & \\ 0 & & \sigma_3 \end{bmatrix} \tag{4-24}$$

这 3 个特征值就是 3 个主应力值，它们所对应的特征值向量分别为 3 个主应力方向的余弦。

在获得构造裂缝形成时期的古应力分布以后，结合实际的岩石破裂准则，可以判断岩石中是否可以产生构造裂缝。判断岩石中是否存在张裂缝，可以用格里菲斯岩石破裂准则来判断。假设岩石的抗张强度为 σ_t，计算得到的地质体单元内的张应力为 $\sigma_{张}$，则

(1)当 $\sigma_1 + 3\sigma_3 \geqslant 0$ 时(压应力为正，拉应力为负)：

$$\sigma_{张} = \frac{(\sigma_1 - \sigma_3)^2}{8(\sigma_1 + \sigma_3)} \tag{4-25}$$

三维修正公式是

$$\sigma_{张} = \frac{(\sigma_1 - \sigma_3)^2 + (\sigma_2 - \sigma_3)^2 + (\sigma_1 - \sigma_2)^2}{24(\sigma_1 + \sigma_2 + \sigma_3)} \tag{4-26}$$

若 $\sigma_{张} \geqslant \sigma_t$，则表明岩石中可以产生张裂缝。此时，张裂缝的方位可以用裂缝面与最大主应力 σ_1 之间的夹角 α 来确定：

$$\cos\alpha = \frac{\sigma_1 - \sigma_3}{2(\sigma_1 + \sigma_3)} \tag{4-27}$$

(2)当 $\sigma_1 + 3\sigma_3 < 0$ 时：

$$\sigma_{张} = -\sigma_3 \tag{4-28}$$

若 $\sigma_{张} \geqslant \sigma_t$，则表明岩石中同样能够产生张性裂缝。此时，张裂缝面的法线方向沿最小主应力 σ_3 的方向。

判断岩石中是否发生剪切裂缝，可以用库仑剪切破裂准则和莫尔剪切破裂准则来判断。库仑-莫尔剪切破裂准则认为岩石在某一面上发生剪切破裂时，与该面上的正应力 σ_n 和剪应力 $\tau_{剪}$ 有关。库仑剪切破裂准则认为岩石的极限剪应力与正应力满足某一种线性关系：

$$\tau = C_0 + \sigma_n \tan\varphi \tag{4-29}$$

式中，τ 为岩石的极限剪应力；C_0 为黏聚力；φ 为岩石的内摩擦角；$\tan\varphi$ 为内摩擦系数。

与库仑剪切破裂准则不同的是，莫尔剪切破裂准则认为岩石在某个面上产生剪破裂时，该面上正应力与剪应力满足某一种函数关系：

$$\tau_{\text{剪}} = f(\sigma_{\text{n}}) \tag{4-30}$$

当岩石中的某一面上剪应力与正应力满足上述关系时,则可以形成剪切裂缝。此时,剪切裂缝面与最大主压应力轴的夹角为

$$\theta = 45° - \varphi/2 \tag{4-31}$$

式中,θ 为剪裂角。据此可以判断剪切裂缝的方位。

上述格里菲斯岩石破裂准则和库仑-莫尔剪破裂准则可以判断岩石中是否可以产生张裂缝或剪切裂缝。如果岩石中能够产生张裂缝或剪切裂缝,那么需要判断张裂缝或剪切裂缝的发育程度,可以用岩石破裂指数 I 进行判断:

$$I = \tau_{\text{剪}}/\tau_{\text{n}} \quad \text{或} \quad I = \sigma_{\text{张}}/\sigma_{\text{t}} \tag{4-32}$$

式中,$\sigma_{\text{张}}$、$\tau_{\text{剪}}$ 分别为地质体单元计算的张应力和剪应力值;σ_{t}、τ_{n} 分别为岩石的抗张强度和抗剪强度。如果 $I < 1$,那么说明岩石尚未达到破裂状态;如果 $I \geq 1$,那么说明岩石已经达到了破裂状态。I 值越大,说明岩石可能产生破裂的程度越高,因此,岩石破裂指数反映了岩石中张裂缝或剪切裂缝的发育程度。

已有研究表明,岩石中是否能够产生裂缝,取决于岩石破裂指数。但岩石产生破裂以后,其裂缝强度还与岩石积累的能量有关。岩石单位体积的应变能表示为

$$W = \frac{1}{2E}[\sigma_1^2 + \sigma_2^2 + \sigma_3^2 - 2v(\sigma_1\sigma_2 + \sigma_2\sigma_3 + \sigma_3\sigma_1)] \tag{4-33}$$

式中,W 为岩石应变能;E、v 分别为岩石的杨氏模量和泊松比;σ_1、σ_2、σ_3 分别为 3 个主应力大小。

构造裂缝的强度受控于岩石破裂指数和岩石应变,因此可以用最小二乘法进行拟合来建立构造裂缝密度与岩石破裂指数和岩石应变能的关系:

$$\begin{aligned} f_i &= A_1 I_{\text{r}}^2 + A_2 W_{\text{e}}^2 + A_3 I_{\text{r}} + A_4 W_{\text{e}} + A_5 \quad (I_{\text{r}} \geq I_0) \\ f_i &= A_1 I_{\text{r}}^2 + A_2 I_{\text{r}} + A_3 \quad\quad\quad\quad\quad\; (I_{\text{r}} < I_0) \end{aligned} \tag{4-34}$$

式中,f_i 为裂缝密度预测值;I_{r} 为张破裂指数和剪破裂指数经过标准化后的综合破裂指数;W_{e} 为单位体积应变能经过标准化后得到的综合能量值;A_1、A_2、A_3、A_4、A_5 分别为比例系数,由单井裂缝密度资料用最小二乘法拟合得到;I_0 为综合破裂门槛值。

因此,在利用有限元法计算裂缝形成时期的古应力场分布以后,结合某一地区建立的实际岩石破裂准则,先判断某一部位是否可以产生张裂缝或剪切裂缝,然后

计算张裂缝或剪切裂缝的展布方位及其相对发育程度，再通过最小二乘法拟合建立的裂缝密度与岩石破裂指数和岩石应变能的关系式，预测构造裂缝的密度分布。

（二）应用效果

利用上述储层地质力学方法，对鄂尔多斯盆地某地区致密低渗透砂岩储层构造裂缝的方位及不同方位裂缝的分布规律进行预测。预测结果表明，该区主要发育近东西向构造裂缝（图 4-54）和北东-南西向构造裂缝（图 4-55）。近东西向构造裂缝的密度呈北东-南西向和北西-南东向条带状展布，尤其在北东-南西向和北西-南东向两个条带交叉的部位构造裂缝的发育程度最好（图 4-56）。而北东-南西向构造裂缝的密度主要呈北东-南西向条带状展布，构造裂缝密度在研究区的中部和北东部相对较高（图 4-57）。区内 20 多口钻井岩心裂缝资料的验证表明，预测结果与钻井岩心的平均相对误差小于 17%，说明该方法对构造裂缝的预测结果具有较高的可信度，可为致密低渗透储层构造裂缝的方位及不同方位构造裂缝密度的定量预测和评价提供有效手段。

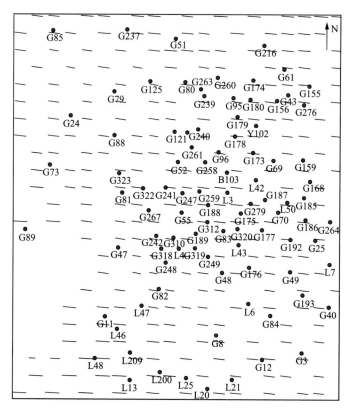

图 4-54　致密低渗透砂岩储层近东西向构造裂缝的方位预测图

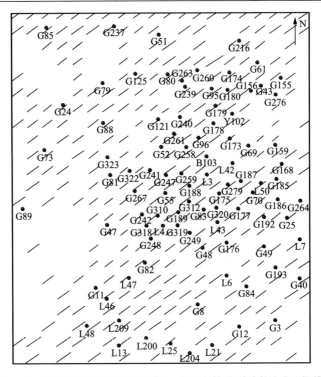

图 4-55　致密低渗透砂岩储层北东-南西向构造裂缝的方位预测图

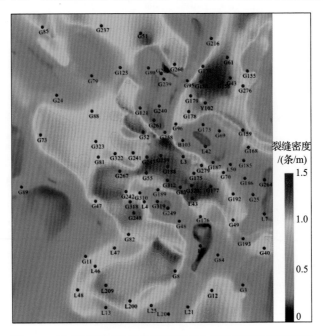

图 4-56　致密低渗透砂岩储层近东西向构造裂缝密度预测图

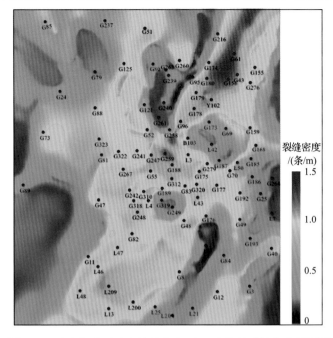

图 4-57　致密低渗透砂岩储层北东-南西向构造裂缝密度预测图

第四节　天然裂缝的三维地质建模

一、天然裂缝三维地质建模方法

　　天然裂缝三维地质模型是反映储层天然裂缝及其物性参数在三维空间分布的立体模型。天然裂缝三维地质建模的基本思路是在天然裂缝地质研究成果的基础上，以岩心和测井等单井天然裂缝识别与评价结果作为井点裂缝发育的基础资料和硬控制，以天然裂缝的各种预测结果作为井间天然裂缝的发育程度的约束条件和软控制，建立能够精确反映未知区天然裂缝产状、几何形态、尺寸、宽度及空间展布规律等分布的三维裂缝几何模型。然后，在此基础上，运用相关算法，计算得到能够定量表征天然裂缝物性参数在三维空间分布规律的数据体，即建立天然裂缝的三维属性模型。

　　目前，天然裂缝三维地质建模方法主要可分为确定性建模与随机性建模两大类。确定性建模是根据已知信息建立确定的裂缝模型；随机建模则是利用裂缝的先验地质信息，通过随机模拟方式生成可选的相同概率裂缝模型。目前常用的随机性建模方法大致可分为基于空间剖分的裂缝建模、离散裂缝网络建模、基于变差函数的裂缝建模、基于多点地质统计学的裂缝建模及基于分形特征迭代的裂缝建模 5 种类型(董少群等，2018)。

　　在三维地震资料品质良好及野外地质露头与钻井资料足够充分的情况下，可以将追踪出来的大尺度裂缝轨迹数据直接生成唯一确定的裂缝模型，但这种确定性裂缝建模条件在绝大多数情况下很难得到满足，尤其对小尺度裂缝的适应性较差，不能较好地综合利用各种地质资料。同时，由于储层中天然裂缝系统是在地质历史时期众多复杂地质过程综合作用的产物，具有成因类型、发育期次和尺度多，而且控制因素复杂等特点，以现有的技术条件，还很难精细而确定地预测井间任意范围内不同尺度天然裂缝的真实发育特征，井点以外的未知区的天然裂缝模拟在客观上还存在诸多不确定性或模拟结果具有多解性。因此，目前更多地倾向于通过随机性建模方法对井间未知区的天然裂缝的发育情况进行预测和表征。随机性建模方法不仅能满足已知点的裂缝统计学特征，而且考虑了未知区域裂缝发育的随机性，能够较好地反映裂缝模拟不确定性的客观事实，近年来裂缝随机性建模方法应用较为广泛，并取得了较好的应用效果。

　　裂缝随机性建模是指以地表露头、岩心、测井等资料获取的天然裂缝信息为基础，统计分析裂缝各类参数数据，同时以基于三维地震资料预测裂缝或基于储层地质力学方法预测裂缝等成果数据作为约束条件，通过随机性模拟方式生成可选的相同概率天然裂缝模型的方法。该方法的基本前提是在满足已知井点的某些天然裂缝统计学得到的分布规律(如天然裂缝组系、产状、间距或密度、规模尺寸等)的基础上，承认未知区天然裂缝的发育服从上述统计规律，并具有一定的随机性。因此，由随机性建模方法得到的天然裂缝模型并不是唯一的，而是在给定条件范围内具有多个可能的天然裂缝模型，这些模型的裂缝组系、产状、间距或密度、规模尺寸等特定参数均满足已知统计规律，保证了最终天然裂缝几何模型与天然裂缝参数模型在一定随机范围内的合理性。通过实际资料的验证和优选，可得到合理的天然裂缝三维网络模型和三维属性模型。

　　下面以鄂尔多斯盆地安塞油田某区块长 6 低渗透砂岩储层为例，按照上述思路对天然裂缝进行三维地质建模，包括天然裂缝三维密度模型、天然裂缝三维网络模型和天然裂缝三维渗透率模型 3 个部分。由于该区天然裂缝的孔隙度小，天然裂缝主要起渗流通道的作用，其物性模型只建立了渗透率模型，而没有建立孔隙度模型。同时，该区不发育大尺度天然裂缝，主要发育受不同界面控制的中小尺度天然裂缝，因此主要采用储层地质力学与随机性模拟相结合的方法建立天然裂缝三维地质模型。

二、天然裂缝三维密度模型

　　天然裂缝三维密度模型主要反映在三维空间上天然裂缝的发育情况，它是天然裂缝三维地质建模的核心。天然裂缝三维密度模型可以在单井裂缝密度作为硬控制、平面裂缝分布趋势作为软控制的约束下建立。单井裂缝密度主要由岩心观察、成像测井资料解释、常规测井裂缝解释等方法获取；裂缝的平面分布趋势是裂缝发育程度的二维或三维数据，可通过地震属性提取和储层地质力学等方法获取。

（一）单井天然裂缝密度模型

在建立安塞油田某区块长6储层天然裂缝三维地质模型时，需要通过岩心资料和成像测井资料对天然裂缝的纵向分布进行描述及解释，统计得到取心井目的层天然裂缝的密度。但由于研究区内取心井较少，需要采取其他方法来建立非取心井的天然裂缝密度分布模型。将岩心的天然裂缝描述结果和成像测井的天然裂缝解释结果与常规测井曲线进行标定，分析天然裂缝在常规测井曲线上的响应特征，并通过综合指数法和综合维数法对非取心井的天然裂缝进行识别和评价（曾联波等，2010），得到单井天然裂缝的分布概率曲线，再将岩心观察描述或成像测井解释的天然裂缝数据与常规测井解释的天然裂缝数据进行拟合，得到单井天然裂缝密度分布情况（图4-58）。由于常规测井资料目前尚不能确定天然裂缝的

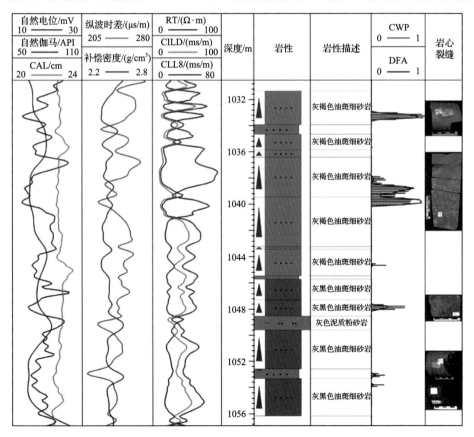

图4-58　安塞油田某区块长6储层单井天然裂缝密度分布图

CWP为综合概率指数；DFA为分形维数值，两值越高表明天然裂缝越发育

方位，在计算裂缝密度曲线时得到的结果为各个方位的裂缝总密度，不同方向的裂缝密度需要结合岩心、井壁成像测井和多极子声波测井资料进行劈分，或者通过不同期次古构造应力场作用下形成的不同方位的裂缝密度预测结果来进一步确定。

(二)天然裂缝分布趋势

天然裂缝分布趋势在生成三维裂缝密度模型时起约束作用。能够作为约束条件的天然裂缝分布趋势可以通过不同方法得到。例如，断层相关裂缝可以通过统计断层附近的裂缝分布模型进行控制，非断层相关裂缝可以通过统计裂缝主控因素(如岩性或岩相、厚层等)建立的裂缝分布模型进行约束，或者通过基于储层地质力学方法预测的裂缝分布规律进行约束，再者通过地震裂缝属性进行控制等。本节所采用的是本章第三节提出的基于储层地质力学方法预测的裂缝结果进行约束，即通过裂缝形成时期的古构造应力场的三维有限元数值模拟，并结合实际的岩石破裂准则，预测裂缝的分布规律作为裂缝三维密度模型生成的约束条件。根据地质研究，该区的天然裂缝主要为构造裂缝，受古构造应力场的控制，因而可以通过计算裂缝形成时期的古构造应力场的分布来预测构造裂缝的发育规律。裂缝形成时期的古构造应力场的分布可以通过有限元数值模拟方法进行计算，一般用单元或节点的最大主应力、最小主应力和剪应力来表示；再通过建立研究区的实际岩石破裂准则，进一步判断各单元是否可以形成裂缝，如果某一单元可以形成裂缝，那么进一步预测裂缝的产状及其在平面上不同部位及不同岩性中的发育程度。主要用岩石破裂指数来反映构造裂缝的相对发育程度，当岩石破裂指数小于 1 时，说明该部位的应力状态尚不能产生裂缝；当岩石的破裂指数值大于 1 时，表明该部位可以产生裂缝，岩石的破裂指数越大，裂缝的发育程度越高。

根据成像测井资料及延河露头裂缝统计结果可知，研究区长 6 储层分布 4 组构造裂缝，其中北东-北东东向和北西向裂缝发育，而其他两组裂缝的发育程度相对较差。不同组系和方位裂缝的发育程度存在较大的差异，因而在建立裂缝密度模型的过程中，需要根据不同组系裂缝的形成时间和成因机理分别进行预测。根据对长 6 储层各井的测井裂缝的解释结果和基于储层地质力学的数值模拟预测结果，得到了长 6 储层各小层的三维裂缝密度模型。以长 6_1^{1-2} 小层为例，裂缝密度的分布受砂体展布和古构造应力场分布的综合控制，裂缝密度的分布具有较强的非均质性特征(图 4-59)。

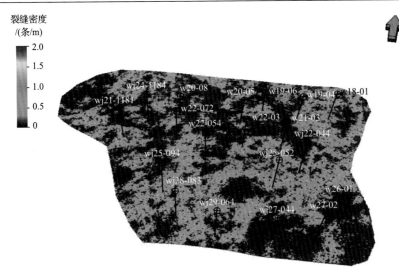

图 4-59　安塞油田某区块长 6_1^{1-2} 小层三维裂缝密度模型

三、天然裂缝三维网络模型

与储层基质孔隙参数（如孔隙度、渗透率、含油饱和度等）的连续性属性相比，储层天然裂缝属于离散变量，且具有以下两方面的独特性：一是整个裂缝网络主要基于构造或地层，并以一个离散体形式存在，且并非所有裂缝都彼此相交或连通；二是反映裂缝发育特征的各类参数相对复杂，同时包括了矢量性参数（如裂缝产状）与标量性参数（如裂缝密度、裂缝宽度、裂缝长度等）。基于上述天然裂缝分布的特殊性，通常可以用离散裂缝网络（Discrete Fracture Network）模型来表示天然裂缝的空间展布规律。

与传统的双重介质模型不同，离散裂缝网络模型是直接用具有不同尺度和形态的裂缝片（面元）组成的裂缝网络，以离散数据形式来描述裂缝系统。离散裂缝网络模型明确定义了模拟区域内每一条裂缝的位置、产状、几何形态、尺寸、宽度、发育强度及孔渗性能等，同时对裂缝进行分组，每一组均有各自的统计学共性，因而所有裂缝在空间上既相互独立地随机放置，又分别属于不同发育特征的裂缝组。这种处理方式保证了裂缝网络被当作离散对象来对待，同时各种性质的裂缝参数都能被充分考虑，实现了对裂缝系统从几何形态到渗流行为的逼真细致的有效描述。离散裂缝网络模型直接用由裂缝片组成的裂缝网络来描述裂缝的分布，因此，传统的通过网格块方式描述裂缝的模型所遇到的各种困难都可以解决。离散裂缝网络模型是目前描述裂缝的一种先进方法，具有多学科、多资料协同的优势，能够把露头、岩心、地震、测井、地质、钻井、生产资料等多类型、多尺度数据充分结合，从多个角度认识裂缝，应用多条件约束建立裂缝网络模型，能给出更加接近实际地层的裂缝描述体系。

　　不同成因和性质的裂缝需要单独建立离散裂缝模型,理论上需要对每一类裂缝分别构建裂缝强度模型。在建立离散裂缝网络模型的过程中,裂缝的形状、延伸距离、倾角和走向等参数主要依据地质、地球物理和油藏工程的方法获得,其中根据前期地质研究成果可得到相对准确的倾角和走向;裂缝的形状大多采用简单的矩形,其纵向切深可根据露头、岩心和测井资料在划分岩石力学层的基础上综合确定;裂缝在平面上的延伸长度一般很难确定,通常可以根据地表露头统计的裂缝长度和高度的经验关系,再根据裂缝属性模型的数值分布进行调整来确定。在裂缝密度模型与裂缝参数分析结果的共同约束下,采用基于目标的随机模拟方式,分别建立不同组系裂缝网络模型。在该模型下,每一条裂缝都具备以下确定信息:空间位置、走向、倾向、倾角、横向延伸长度、纵向高度及开度,并且都服从各自已知的统计学特征。

　　根据安塞油田某区块的岩心描述、测井解释及延河剖面地表露头的观察资料,结合储层地质力学方法预测的结果,分别对长 6 储层各个小层北东-北北东向和北西向裂缝进行三维建模。以长 6_1^{1-2} 小层的裂缝三维网络模型为例(图 4-60),在该区中北部裂缝较发育,而在东南部地区裂缝的发育程度相对较差,岩心统计结果和测井裂缝解释结果相符。

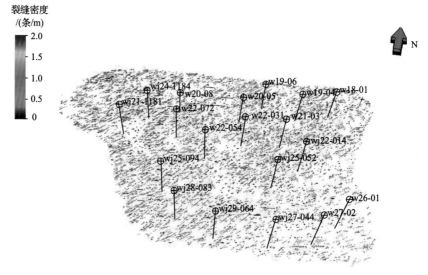

图 4-60　安塞油田某区块长 6_1^{1-2} 小层的裂缝三维网络模型

四、天然裂缝三维属性模型

　　天然裂缝三维属性模型反映了天然裂缝的孔隙度和渗透率的三维空间分布情况。该区天然裂缝的孔隙度小于 0.2%,而天然裂缝的渗透率比基质孔隙的渗透率高 1～2 个数量级,说明天然裂缝的储集作用较小,主要起渗流通道作用,因而对天然裂缝的三维属性建模主要是建立天然裂缝三维渗透率模型。

　　天然裂缝的渗透率受裂缝密度或间距、裂缝开度等参数的控制，在获取天然裂缝密度或间距、开度等定量参数分布以后，天然裂缝的渗透率可以通过计算获得。但天然裂缝的渗透率的计算方法与天然裂缝的分布形式密切相关。该区天然裂缝主要为高角度构造裂缝，其方向性明显，分布规则，因而可以用 Parsons 平板流动理论模型计算每组裂缝的渗透率：

$$K_f = \frac{e^3}{12S}\cos\xi \tag{4-35}$$

式中，K_f 为岩石裂缝的渗透率；e 为裂缝开度；ξ 为裂缝与流体流动方向夹角；S 为裂缝间距。在得到天然裂缝三维密度模型以后，在各计算单元的不同组系裂缝间距就可以确定；裂缝开度可以通过成像测井资料或岩心资料确定。如果通过岩心测量确定裂缝开度，则由于岩心取到地表以后卸载发生膨胀，使裂缝的开度偏大，需要恢复到地层围压条件下地下裂缝的真实开度。天然裂缝的地下开度与它受到的静封闭压力有关，静封闭压力受地层围压、流体压力和现今地应力等因素影响。根据高温高压三轴岩石物理模拟实验可知，随着裂缝受到的静封闭压力的增大，裂缝的地下开度呈负指数函数递减。根据裂缝开度与静封闭压力的关系，以及地表岩心测量的裂缝开度，可以恢复地层围压条件下裂缝的地下开度。

　　按照上述方法，建立安塞油田某区块天然裂缝三维渗透率模型。以长 6_1^{1-2} 小层的裂缝三维渗透率模型为例（图 4-61），天然裂缝的渗透率主要分布在 $20\times10^{-3}\sim60\times10^{-3}\mu m^2$，少部分天然裂缝的渗透率最高可达 $80\times10^{-3}\mu m^2$。该区天然裂缝地层围压条件下的开度一般小于 $100\mu m$，主要分布在 $50\sim90\mu m$。

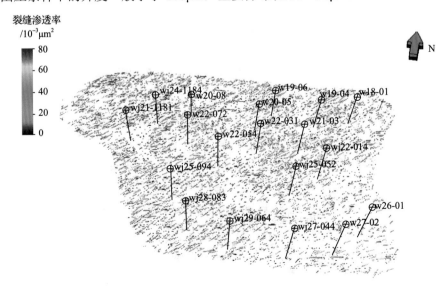

图 4-61　安塞油田某区块长 6_1^{1-2} 小层裂缝三维渗透率模型

第五章 注水诱导裂缝特征与形成机理

　　鄂尔多斯盆地致密低渗透砂岩油藏(含特低渗透和超低渗透油藏)主要采取注水补充能量的方式开发。但这类油藏具有储层致密、基质物性差、孔隙结构复杂、孔喉半径小等特点，使注入水在井底不容易扩散，水驱效果差。提高注水压力和增加注水量，是提高水驱能力、扩大注水波及面积及改善注水开发效果的重要手段。但这类储层中普遍发育天然裂缝，部分井周围还同时存在人工裂缝，当注水压力超过裂缝开启压力或地层破裂压力时，裂缝张开和扩展延伸，形成注水诱导裂缝(waterflood-induced fracture)，造成油水井水窜和产油井暴性水淹，严重影响注水开发效果。因此，研究低渗透、特低渗透和超低渗透砂岩油藏在注水开发过程中产生的注水诱导裂缝的形成机理与发育特征，对指导该类油藏开发中后期的方案调整和提高采收率具有重要意义。

第一节 注水诱导裂缝的概念

　　早在 20 世纪 80 年代，国内外学者就对注水井注水所引起的地层破裂或诱导产生的裂缝开展了相关研究。Hagoort(1980)等提出当注水井注水压力超过地层破裂压力时，就会形成延伸较长的水力裂缝，进而影响注水波及系数，并通过用来模拟水力压裂缝增长的数学模型模拟了注水所导致的裂缝的延伸过程。Kuo 等(1984)利用地表注水压力等数据对注水引起的裂缝的扩展机理进行了研究，指出随着注水时间的持续，注水压力数据表现出周期性变化，这种变化指示了注水过程中裂缝的不断延伸扩展，并根据水力压裂缝扩展理论计算了裂缝延伸长度和时间间隔，同时结合动态资料对裂缝延伸方位进行了分析。Perkins 和 Gonzalez(1982)研究了注入水水温低于油藏温度从而导致岩层温度降低，引起岩层应力的下降，进而导致岩层发生破裂产生诱导裂缝，并提出用相应方法估算裂缝长度及井底压力等参数。郭恩昌(1988)等通过研究注水过程中地层温度、压力的变化对井底周围地应力的影响认为，长期注水开发油田地应力会发生变化，对裂缝的形成和延伸产生影响，并研究了注水井周围压力梯度对地应力分布的影响程度。Eltvik 等(1992)以 Valhall 油田为例，研究注水井在高于破裂地层压力注水诱生裂缝的形成机理，研究过程中利用水力压裂软件模拟动态裂缝延伸过程，综合考虑了二维滤失、流体流度、注水区储层的压缩性、岩石和流体的热效应等因素。李中林和张建利(1997)以吐哈油田为例，从注水井动态资料入手，对吸水指示曲线、吸水剖面、试井解释等资料进行了综合分析，指出了裂缝吸水是低渗透砂岩油藏注水井的一个主要特征，并就裂缝吸水机埋进行了探讨，指出了高压注水过程中热力诱生裂缝(动态缝)是裂缝吸水的主要原因，注水井吸水能力随注入时间的增长而下降。Bryant 等(2003)认为注水井受注水压力及水平地应力的影响，在储层中会形成注水生长裂缝，且裂缝规模会发生变化，在研究过程中建立模型模拟了裂缝的变化对注入水渗流场的影响。郭伦文等(2010)在计算诱导裂缝周围应力场分布的基础上，分析了水平方向诱导应力对渗透率的影响，得出了裂缝面处渗透率与应力的关系，并进一步研究了注水过程中流度、注水速度、井底压力、温度和注水水质对诱导裂缝动态行为规律的影响。刘洪等(2006)认为过高的注水压力和过量注水会引起储层微裂缝开启、扩展和相互贯通，在注采井连线形成高渗透带，导致注入水单向突进，采油井含水率上升快，以及采油井水淹和窜流严重，并利用岩石断裂力学理论研究了注水压力作用下天然裂缝的开启、扩展延伸和相互贯通的力学机理。曾联波等(2007d)研究了鄂尔多斯盆地低渗透砂岩储层裂缝压力敏感性特征，认为特低渗透砂岩储层裂缝压力敏感性十分明显，裂缝开度越大，渗透率越高，压力敏感性越强，对特低渗透砂岩油藏开发过程中裂缝的动态参数研究十分重要。曾联波等(2004)、刘洪涛等(2005)、陈淑利等(2008)研究了大庆油田低渗透砂岩储层裂缝的分布特征及对开发的影响，以及注水开发中后期地应力场的变化，认为低渗透储层中不同组系天然裂缝在注水开发过程中因注水压力变化存在一定的开启顺序。韩忠英等(2011)研究了裂缝扩展注水技术中的裂缝扩展规律，认为在裂缝扩展过程中，缝内压力呈不规则的周期性变化，随着注水量的增加，压力上升的速度越来越快；注水量越高，裂缝越容易扩展；随着注水时间的增加，初始滤失系数越小，裂缝越容易扩展；滤失系数减小越快，裂缝扩展越快。

　　2003 年，在研究大庆油田外围低渗透砂岩油藏天然裂缝及其对注水开发的影响时，我们发现天然裂缝的原始渗透率与开发过程中的渗透率相差数倍甚至十倍以上，该区储层天然裂缝的原始渗透率一般小于 $100 \times 10^{-3} \mu m^2$，但油藏开发若干年以后的渗透率达到 $500 \times 10^{-3} \sim 2000 \times 10^{-3} \mu m^2$。根据储层中裂缝渗透率随注水开发的变化特征，提出了裂缝动态参数的概念，认为天然裂缝在油田的注水开发过程中，地层压力的变化会导致裂缝开度和渗透率发生变化。油田开发以前的裂缝渗透率称为静态渗透率，油田开发以后的裂缝渗透率称为动态渗透率。当一个地区存在多组裂缝时，由于不同组系和不同方向裂缝的静态渗透率不同，它们在油田注水开发过程中随地层压力变化的裂缝开度和渗透率变化速率也不一致。因此，当油田开发到一定阶段时，不同组系和不同方向裂缝的渗透率都会发生很大的变化，注水和采液导致的地层压力的变化是影响裂缝动态渗透率的关键因素，裂缝动态参数(动态渗透率)的预测是低渗透油藏中晚期开发方案调整的主要依据(曾联波，2008; Zeng and Liu, 2009)。

　　2010 年，在研究鄂尔多斯盆地安塞油田低渗透砂岩油藏储层裂缝的动态变化规律时，发现储层中裂缝随油田开发表现出的动态变化规律是低渗透砂岩油藏注水开发过程中的一个共性，是低渗透砂岩油藏注水开发到一定阶段的必然产物。为此，提出了注水诱导裂缝的概念及其内涵：低渗透油藏在长期的注水开发过程中，由于注水压力过高，形成的以注水井为中心的高渗透性的开启大裂缝或渗流通道(曾联波等，2017)。注水诱导裂缝是在低渗透油藏注水开发过程中形成的，注水压力过高是形成注水诱导裂缝的关键因素，随着低渗透油藏的持续注水开发和注水压力的不断提高，注水诱导裂缝会沿着某一优势方向形成并不断发展，其规模会不断扩展和延伸。表明注水诱导裂缝是低渗透油藏开发中晚期形成的一种新的地质属性，它的形成和不断扩展会导致低渗透油藏的渗流场及压力场发生明显的改变，造成低渗透油藏产生新的渗透性各向异性，影响低渗透油藏的进一步开发，并给低渗透油藏中高含水期的注水开发及其调整带来一系列更深层次的问题。同时，控制低渗透油藏的注水可以有效地控制注水诱导裂缝的产生时间、延伸速度及扩展规模。因此，制定低渗透油藏的合理注水开发政策，对低渗透油藏的合理开发和提高采收率至关重要。

　　例如，图 5-1 是鄂尔多斯盆地安塞油田某区块低渗透砂岩油藏的一个注采井组油水井和检查井分布图，其中 W0 为注水井，W1-1 井和 W1-2 井为 2010 年钻探的检查井。从 W0 注水井注水指示曲线来看，其表现为典型的指状吸水特征，并在注水指示曲线上存在明显的拐点(图 5-2)，反映出该注水井在注水过程中周围地层裂缝开启的特征。该注水井的试井表现出双重介质的渗流特征，试井解释的油藏有效渗透率比岩心分析所得到的基质渗透率要高出 1～2 个数量级，进一步说明导致注水井强吸水的并不是基质储层孔隙，而主要是张开的裂缝在起渗流作用。通过对该注水井组周围采油井动态资料的系统分析表明，该井组沿北东-南西向的 W1 和 W2 采油井在生产曲线上也都同样表现出双重介质的渗流特征。从该方向采油井的含水率曲线特征分析，它们表现出典型的台阶式上升特点(图 5-3)，表现出典型的裂缝见水特征。为了进一步检验 W0 注水井组的水淹情况，2010 年在 W0 注水井北东方向部署了 W1-1 检查井，该井的试井分析曲线表现出明显的裂缝渗流特征(图 5-4)，该井完井后测试的含水率一直处于高含水状态[图 5-5(a)]，其水淹厚度也明显较大，验证了在 W0 井组的北东-南西向存在由裂缝开启造成的高含水带。而侧向方向的采油井含水率逐渐上升，表现为典型的孔隙型见水特征。W1-2 检查井虽然位于两口注水井之间，但其含水率明显低于 W1-1 检查井[图 5-5(b)]，水淹厚度也明显要小。从该井组水驱前缘微地震监测结果来看，北东方向上注水推进速度最快，含水程度最高。这些动态特征都反映在 W0 井组的北东-南西方向上，沿 W1-W1-1-W0-W2 井部位形成了注水诱导裂缝(图 5-1)，注水诱导裂缝呈北东-南西向，与研究区的主渗流裂缝方向基本一致，在平面上的延伸长度超过

600m，诱导裂缝方向的渗透率高，裂缝带上的采油井均呈高含水状态甚至发生水淹，而其侧向上的采油井含水率明显低于北东-南西主方向上的采油井含水率。

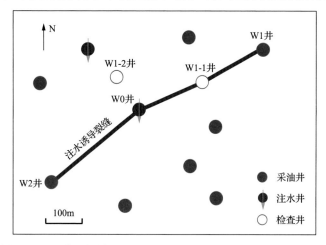

图 5-1 W0 井组的井位和注水诱导裂缝分布图（曾联波等，2017）

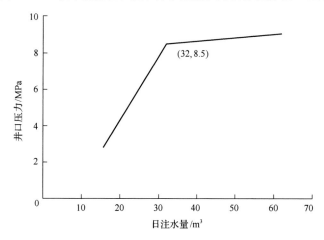

图 5-2 W0 注水井注水指示曲线

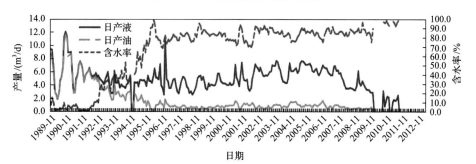

图 5-3 W2 采油井生产曲线图（曾联波等，2017）

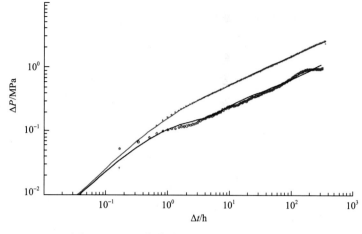

图 5-4　W1-1 检查井压力双对数拟合曲线图

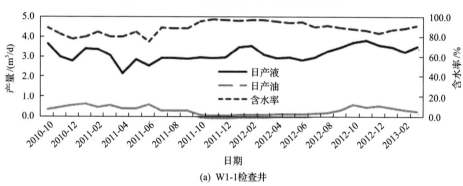

(a) W1-1检查井

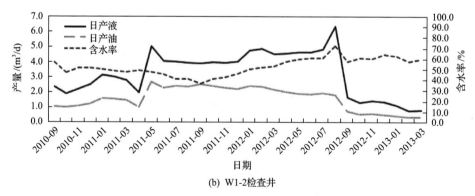

(b) W1-2检查井

图 5-5　W0 井组检查井 1 的生产曲线图

第二节　注水诱导裂缝的基本特征

低渗透油藏注水效果与中高渗透油藏明显不同，如果采用常规油藏的压力波及半径与时间的关系预测的低渗透油藏注水见效时间一般为 1～2 个月,而根据低渗透油藏实际开发动态资料统计的注水见效时间明显延长,平均为 4～8 个月,局部物性较差的井组甚至长期看不到注水效果。其原因不仅与低渗透储层特殊复杂的地质条件和渗流特征有关,还受低渗透油藏注水开发方式的影响。

随着对低渗透油藏注水开发研究的不断深入,尤其是当油藏进入中高含水阶段以后,储层中天然裂缝的存在及基质与裂缝系统的渗流能力存在数量级的差异,使油藏长期注水开发以后的平面矛盾十分严重,主要表现为平面上采油井见水具有明显的方向性,而在垂直裂缝方向上,基质渗透率低,使采油井很难看到注水效果,造成裂缝两侧的采油井压力低和产量低。根据鄂尔多斯盆地某区块低渗透油藏不同年份的平面含水率分布图可以看出(图 5-6),随着油藏注水开发的不断推进,某些井组沿与地应力方向平行的主渗流方向逐渐表现出方向性高含水甚至水淹现象,而两侧的采油井注水受效较差。因高含水关井或转注为注水井的采油井有 85%以上位于与原始井网的注水井相连通方向。但从 1996 年以后,将该井组主渗流方向的水淹井实施转注,注水方式变为沿主渗流方向的排状注水以后,其

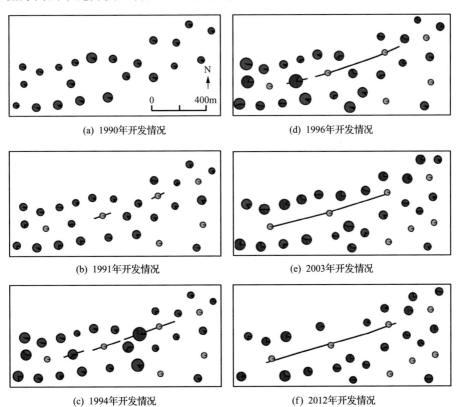

(a) 1990年开发情况　　　　　　　　(d) 1996年开发情况

(b) 1991年开发情况　　　　　　　　(e) 2003年开发情况

(c) 1994年开发情况　　　　　　　　(f) 2012年开发情况

图 5-6　某油藏 X 区不同年份的平面含水率分布图

饼状图为采油井日产液情况;圆的大小表示日产液量的高低;红色为产油量的比例;蓝色为产水量的比例

两侧的采油井开始逐渐受效，采油速度上升，油层压力也稳定回升，开发效果得到了明显改善。

　　根据上述该井组的开发特征，对方向性水淹井的生产动态曲线进行分析后发现，在注水开发的初期阶段，采油井的产油量较高，且整体含水率较低，含水率上升速度缓慢。当注水开发一段时间以后，含水率在短时间内呈阶梯状突然上升至很高的比例，与之相对应的是产油量突然下降，说明油水井一旦沟通，注入水通过采油井直接采出，注水驱油效果甚微。如图 5-7 所示，安塞油田某区块 Y1井 1998 年 9 月~2004 年 9 月含水率较低，始终保持在 40%以下，而产油量较高，月产油量在 80 吨左右，之后在较短的时间内含水率突然快速上升至 80%以上，相应月产油量下降至 20 吨左右，开采效果明显变差。这种方向性采油井含水率呈台阶式快速上升的特点是裂缝见水的重要标志(Zeng and Liu, 2010)，说明采油井与水井之间沟通形成了裂缝，使注入水沿渗透性好的裂缝直接流入生产井并被采出，此时注入水的驱油能力明显变差。

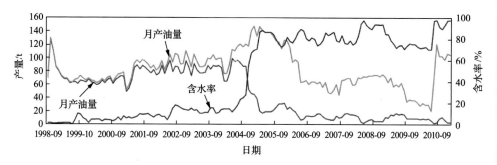

图 5-7　安塞油田某区块 Y1 井生产动态曲线特征

　　分析相应的注水井不同时间的吸水剖面发现，随着注水井注入时间的不断延长，吸水段变得越来越不均衡，在某些部位逐渐表现出尖峰状(或指状)吸水特征，吸水层厚度不断减小，吸水比不断增大。图 5-8 为安塞油田某区块 F0 注水井经过几年时间的注水以后，吸水剖面上出现了明显的尖峰状吸水层，大部分注入水通过这些层段流入地层，其吸水比达到了 78.6%，表明长时间注水产生了新的高吸水层段或高渗流通道。同时，从注水井的注水指示曲线可以看出，在注水井的注水指示曲线上出现了明显的拐点，在出现拐点之前，随着注水压力的不断增大，注水量逐渐增大，吸水指数为一个定值；当注水压力超过拐点压力以后，即使注水压力增加不多，注水量也会急剧增大，吸水指数较出现拐点以前明显增加。吸水指数的变化反映了注水井井底附近渗流阻力的变化，表明地层中产生了新的裂缝或者早期裂缝开启甚至发生了延伸扩展，使油层吸水能力增加。图 5-9 反映了安塞油田 4 口典型注水井的注水指示曲线的拐点分布，拐点前后的吸水特征明显发生了变化，如 17-7 井的拐点压力(即地层破裂压力或裂缝开启压力)为 8.0MPa，拐

点之前吸水指数为 $4.0\text{m}^3/(\text{d}\cdot\text{MPa})$，拐点之后吸水指数增大到 $16.0\text{m}^3/(\text{d}\cdot\text{MPa})$。说明在拐点以后，储层中形成了裂缝，大大提高了地层的吸水指数。

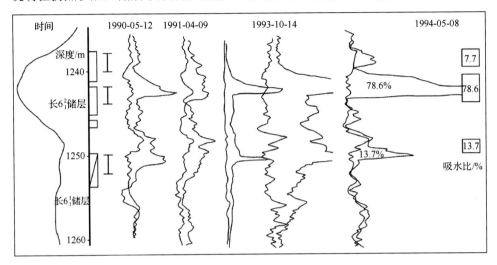

图 5-8　安塞油田某区块 F0 注水井不同时间的实测吸水剖面

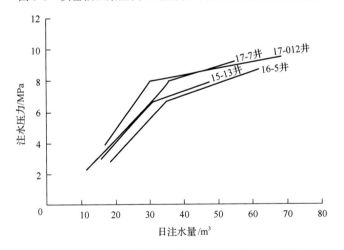

图 5-9　安塞油田某区块不同注水井注水指示曲线

对水淹井组进行示踪剂监测表明，在油水井连线的某一优势方向上示踪剂见效较多，该方向上油水井距离均相对较远且见效时间最短，反映注入水的推进速度最快；而其他方向上虽然有些采油井也监测到示踪剂，但见效时间明显较长，反映注入水的推进速度较慢。这说明油藏经过长时间的注水开发以后，低渗透储层的渗流表现出了极强的各向异性特征。图 5-10 为安塞油田某区块几个井组的示踪剂监测结果，显示出示踪剂优势见效方向为北东东-南西西方向，在该方向示踪剂最快推进速度可达 35.8m/d，明显快于其他方向的示踪剂推进速度，反映北东东

-南西西方向的井间连通性最好，流体的流动速度最快。根据该区实际地质情况，推断在储层中形成了北东东-南西西方向的注水诱导裂缝。

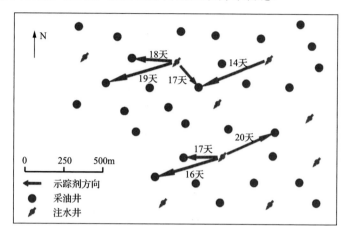

图 5-10　安塞油田某区块示踪剂监测结果(赵向原等，2018)

鄂尔多斯盆地上三叠统延长组普遍为特低渗透储层，如安塞油田长 6 储层渗透率普遍小于 $10 \times 10^{-3} \mu m^2$，其主力开发层长 6_1 层的储层渗透率与孔隙度的相关性较差(图 5-11)。岩心分析基质平均渗透率为 $1.29 \times 10^{-3} \mu m^2$，但试井解释的储层平均渗透率为 $10.54 \times 10^{-3} \mu m^2$，试井解释分析的储层有效渗透率比岩心分析的基质空气渗透率比值高 5～8 倍。试井解释的裂缝半长在 200m 以上，储层渗透率与裂缝半长之间具有较好的相关性(图 5-12)，裂缝半长越大，储层的有效渗透率越高；反之，裂缝半长越小，储层的有效渗透率越低。当裂缝半长小于 120m 时，储层的有效渗透率增加不明显。进一步说明在低渗透油藏注水开发中后期产生的开启大裂缝对储层渗透性的影响十分显著，造成储层渗透率的各向异性特征显著，从而影响低渗透油藏的注水开发效果。

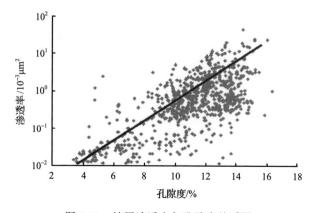

图 5-11　储层渗透率与孔隙度关系图

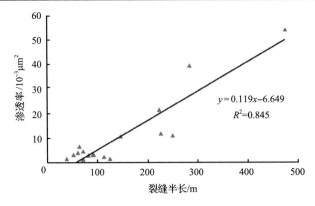

图 5-12　储层的有效渗透率与裂缝半长关系图

　　上述低渗透油藏注水开发动态特征表明，低渗透油藏在长期的注水开发过程中，逐渐形成了注水诱导裂缝，且随着注水开发时间的持续，注水诱导裂缝规模不断扩大，严重影响了注水开发效果。根据低渗透油藏不同注水开发阶段表现出来的特征分析，注水诱导裂缝的成因机制和影响因素与天然裂缝完全不同，因而注水诱导裂缝具有与天然裂缝明显不同的发育特点。注水诱导裂缝一般具有如下基本特征。

　　(1) 注水诱导裂缝主要表现为张裂缝，裂缝规模大，延伸长，在纵向上不受单层控制，在平面上可延伸几个甚至多个井距，远远大于单条天然裂缝规模。由于低渗透储层基质渗透性较差，渗流阻力大，注水井注水以后地层吸水能力差，井底压力不易扩散，造成注水压力不断升高。同时，低渗透储层中发育天然裂缝或人工裂缝，致使地层破裂压力下降，不断升高的注水压力极容易超过裂缝开启压力或地层破裂压力，造成地层中天然裂缝或人工裂缝张开，甚至不断扩展，使注入水沿着裂缝快速流动，形成注水诱导裂缝，因此注水诱导裂缝的力学性质主要表现为张裂缝。此外，露头裂缝观察表明，地层中的天然裂缝组系特征明显，平面上单条裂缝延伸长度一般不超过 20m，多条单裂缝以雁列式排列组成一条延伸较远的裂缝带，但各单裂缝之间并不相互连通，而是存在较小的间距。随着注水的长期持续，其平面上天然裂缝不断发生扩展延伸，最终形成注水诱导裂缝连通油水井，因此其规模远远大于地层中单条裂缝的长度。

　　(2) 注水诱导裂缝的延伸方位一般与主渗流裂缝方向或者现今地应力的最大水平主应力方向一致。地层中天然裂缝具有较强的非均质性，由于受裂缝性质、产状、围压、孔隙流体压力及现今地应力场等因素的影响，不同产状的裂缝的开启压力不同，因而在注水过程中，不同方位的裂缝存在一定的开启序列。一般情况下，对于高角度缝而言，走向与现今地应力场最大水平主应力 σ_1 方向夹角最小或近一致的那组裂缝会被优先开启，而走向与现今地应力场最大水平主应力 σ_1 方向夹角较大或近垂直的裂缝会被最后开启，甚至不会被开启。若地层中不发育天然裂缝时，则根据弹性力学理论和岩石破裂准则，与人工压裂缝相类似，注水诱导裂缝总是沿着垂直于最小水平主应力的方向起裂和扩展。综上所述，根据注水诱导裂缝的形成条件可知，不论是天然裂缝开启还是地层中产生新的破裂，其展布方向总是与现今地应力场最大水平主应力 σ_1 方向近一致。

（3）沿注水诱导裂缝方向的渗透率高，注入水沿该裂缝快速流动，极易造成裂缝方向的快速水窜和采油井水淹，而裂缝两侧注入水波及范围小，驱油效率变差。低渗透油藏基质渗透率低，注水诱导裂缝形成以后，其渗透率要远远高于基质渗透率，一般可以达到几千甚至几万毫达西，因此注入水主要沿着裂缝带快速突进，造成裂缝带上的采油井遭到暴性水淹，裂缝带上压力传递较快，主侧向压差大，见效井与未见效井地层压力相差 3～11MPa，压力分布极不均衡。此时注入水向裂缝带两侧驱油效果变差，侧向采油井见效缓慢甚至长期不见效，裂缝中的水系统将基质中大部分的油圈闭起来，加剧了注水开发的平面矛盾。这种现象在低渗透油藏中非常普遍，是低渗透油藏注水开发的普遍特征。

（4）注水诱导裂缝的形成是一个动态过程，随着低渗透砂岩油藏的注水开发和注水压力的不断提高，注水诱导裂缝规模不断扩展和延伸，对注水开发的影响也越来越大。根据前面的分析可知，注水诱导裂缝是在低渗透油藏长期注水开发过程中形成的，注水导致注水井井底附近压力增大是注水诱导裂缝形成的直接原因。地层中压力的变化使井底天然裂缝被激活或使岩层重新发生破裂，这种变化随着注水的持续不断发生，最终形成规模较大的裂缝水流通道。这个过程是一个动态变化过程，伴随着低渗透油藏的注水开发过程而持续存在，一旦形成注水诱导裂缝，注入水沿裂缝带突进，影响油藏的注水开发效果。

第三节　注水诱导裂缝的形成机理

低渗透储层中普遍发育非均质性较强的天然裂缝系统，部分转注井在转注前大多数均进行了水力压裂改造，在井周围存在人工裂缝。在长期的注水开发过程中，由于注水压力过大，当超过井底的裂缝开启压力时，在原始状态下闭合的天然裂缝或人工裂缝就会开启、扩展和延伸，裂缝规模随着持续注水而不断扩大，进而形成以注水井为中心的注水诱导裂缝。即使注水井周围不存在天然裂缝或者人工裂缝，当注水压力达到或超过地层的破裂压力时，在地层中产生新的裂缝系统，这种新产生的裂缝同样会随着注水的持续而不断扩大。根据低渗透油藏储层地质特征和注水开发特征的综合分析，可以将注水诱导裂缝的形成机理划分为 3 种。

1）形成机理一

由于注水压力超过天然裂缝的开启压力，使天然裂缝开启、扩展和延伸，形成开启的大裂缝，即注水诱导裂缝。这类形成机理主要适用于注水井周围地层天然裂缝发育的情况。此类注水诱导裂缝的形成条件为

$$P_{wi} > P_i$$

$$P_i = \left(\frac{v}{1-v} P_0 \sin\theta + P_0 \cos\theta - P_p \right) + \sigma_H \sin\theta\sin\beta + \sigma_h \sin\theta\cos\beta \tag{5-1}$$

式中，P_{wi} 为注水压力，MPa；P_i 为裂缝开启压力，MPa；v 为岩石泊松比，无量纲；P_0 为上覆岩层压力，MPa；P_p 为地层孔隙压力，MPa；σ_H、σ_h 分别为现今应力场的最大水平主应力和最小水平主应力，MPa；θ 为裂缝的倾角，(°)；β 为现今地应力场最大水平主应力方向与裂缝走向之间的夹角，(°)。

受燕山期和喜马拉雅期两期古构造运动的影响，鄂尔多斯盆地上三叠系延长组主要发育 4 组高角度剪切裂缝，但在不同地区，不同组系裂缝的发育程度差异较大，表现出一定的优势裂缝的方位。但在现今地应力作用下，不同方位的裂缝存在一定的开启序列。例如，安塞油田某区块发育 4 组裂缝，该区现今地应力的优势方位为 60°～70°，在现今地应力作用下，平行于该主应力方向的北东东-南西西向裂缝开启压力最小(表 5-1)，因此在持续的注水开发过程中，当注水压力超过裂缝开启延伸压力时，北东东-南西西向的裂缝将会被优先开启、扩展和延伸，形成规模较大注水诱导裂缝。

表 5-1　安塞油田某区块长 6 储层不同产状裂缝开启压力计算结果表(朱圣举等，2016)

井名	深度 /m	裂缝走向 /(°)	θ /(°)	v	ρ_s /(kg/m³)	ρ_w /(kg/m³)	f_{σ_1} /(MPa/m)	f_{σ_3} /(MPa/m)	β /(°)	P_i /MPa
A4	1107.7	72.1	69	0.19	2460	1023	0.01873	0.01597	5.1	24.71
A5	1007.1	85.3	72	0.17	2550	1023	0.01873	0.01597	18.3	24.76
A5	1012.7	114.3	74	0.19	2370	1023	0.01873	0.01597	47.3	27.61
A5	1028.3	70.7	80	0.21	2440	1023	0.01873	0.01597	3.7	19.82
A5	1030.8	68.8	77	0.19	2380	1023	0.01873	0.01597	1.8	19.26
A5	1041.9	96.2	83	0.19	2570	1023	0.01873	0.01597	29.2	24.42
A6	1010.9	77.0	80	0.19	2460	1023	0.01873	0.01597	10.0	20.65
A6	1011.6	39.5	82	0.19	2420	1023	0.01873	0.01597	27.5	23.65
A6	1012	46.7	83	0.19	2500	1023	0.01873	0.01597	20.3	22.25
A6	1020.2	46.9	84	0.19	2430	1023	0.01873	0.01597	20.1	21.77
A6	1020.7	50.0	87	0.19	2430	1023	0.01873	0.01597	17.0	19.93
A6	1034.1	20.1	88	0.19	2530	1023	0.01873	0.01597	46.9	24.02
A8	1034.1	71.0	79	0.23	2420	1023	0.01873	0.01597	4.0	21.07

注：ρ_s 表示岩石密度；ρ_w 表示地层水密度；f_{σ_1} 表示现今最大主应力梯度；f_{σ_3} 表示现今最小主应力梯度。

2) 形成机理二

由于注水压力超过地层破裂压力，在地层中不断产生新的裂缝系统，进而形成注水诱导裂缝。这类形成机理主要适用于注水井周围地层中天然裂缝和人工裂缝不发育的情况，或者天然裂缝的产状与现今地应力场的匹配关系导致裂缝开启压力大于地层破裂压力的情况。这种注水诱导裂缝的形成条件为

$$
\begin{aligned}
P_{wi} &> P_f \\
P_f &= 3\sigma_3 - \sigma_1 + \sigma_t - P_p
\end{aligned}
\tag{5-2}
$$

式中，P_f 为地层破裂压力，MPa；σ_1、σ_3 分别为现今应力场最大主应力和最小主应力，MPa；σ_t 为岩石抗张强度，MPa。

若储层中天然类裂缝和人工裂缝均不发育，注入水仅靠基质储层吸收，而低渗透储层吸水能力较弱，注水将使得井底压力不断升高，当压力升高至岩层破裂压力时，将会在地层中产生新的裂缝系统。地层中新裂缝的产生，使吸水空间变大，导致地层压力略有下降，裂缝延伸停止。但持续注水将会使井底压力再次升高，当注水压力再次达到裂缝延伸压力时，裂缝将再次扩展和生长。随着注水的持续进行，上述过程将周期性不断发生，新产生的裂缝同样发生扩展和进一步延伸，裂缝规模逐渐变大，最终在地层中形成规模较大和延伸较远的注水诱导裂缝。

此外，当地层中发育走向与现今应力场最大主应力方向夹角较大的天然裂缝或其他产状的裂缝时，可能会出现裂缝开启压力大于地层破裂压力的情况，此时注水导致井底压力在没有达到裂缝开启压力之前就已经达到了地层破裂压力，在地层中会产生新裂缝而不会使已有的天然裂缝开启。此种情况下，产生的注水诱导裂缝仍然属于这种形成机理。

例如，安塞油田某区块长 6 油层主要发育北东东-南西西向、近东西向、近南北向、北西-南东向构造裂缝，假设 A1 井目的层段内某一深度 H_0 处同时发育以上不同方位、不同倾角的天然裂缝，分别计算倾角为 45°、67.5°、90°时各组裂缝开启压力及地层破裂压力(表 5-2)。在计算中，岩石物理参数通过高温高压三轴岩石力学试验获取，其中 $\sigma_t=6.42\mathrm{MPa}$，$v=0.19$，$\rho_s=2550\mathrm{kg/m^3}$；根据水力致裂法和井径崩落法测试资料，现今地应力平均方位为 67°，平均水平现今最大主应力梯度 $f_{\sigma_1}=18.73\mathrm{MPa/km}$，平均水平现今最小主应力梯度 $f_{\sigma_3}=15.97\mathrm{MPa/km}$。计算结果表明，在深度 H_0 处不同产状裂缝存在开启压力大于地层破裂压力的情况，除北东东-南西西向裂缝以外，其他走向裂缝的倾角为 45.0°和 67.5°时，裂缝开启压力均大于地层破裂压力。

表 5-2　安塞油田某区块长 6 油层不同产状构造裂缝的开启压力及破裂压力计算数据表
（赵向原等，2015b）

裂缝走向	北东东-南西西向			东西向			南北向			北西-南东向		
裂缝的倾角/(°)	45.0	67.5	90.0	45.0	67.5	90.0	45.0	67.5	90.0	45.0	67.5	90.0
裂缝开启压力/MPa	30.38	26.18	16.28	35.60	33.01	23.66	36.90	34.70	25.50	36.78	34.55	25.33
地层破裂压力/MPa						31.70						

为了进一步分析出现裂缝开启压力大于地层破裂压力的地质条件，以 A1 井为例，编制了深度 H_0 处不同产状裂缝开启压力与地层破裂压力的关系图(图 5-13)，其中 A1 井深度 H_0 处地层破裂压力 P_f 为 31.70MPa。从不同裂缝的倾角 θ 的裂缝开启压力 P_i 分布图可以看出，裂缝开启压力与裂缝产状(走向和倾角)密切相关，即 $P_i = f(\theta, \beta)$。

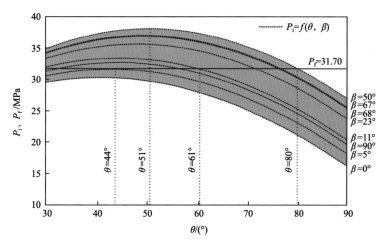

图 5-13　A1 井 H_0 深度处不同产状裂缝开启压力与地层破裂压力关系图(赵向原等，2015b)

当 $0° \leqslant \beta \leqslant 5°$，$\theta \in [30°, 90°]$，以及当 $80° \leqslant \theta \leqslant 90°$时，$\beta \in [0°, 90°]$时，$f(\theta, \beta) < P_f$。说明当裂缝走向与现今最大主应力方向之间的夹角 $\beta \leqslant 5°$时，或当裂缝的倾角大于 80°时，无论裂缝的倾角或者裂缝走向与现今最大主应力方向之间的夹角怎么变化，裂缝开启压力均小于地层破裂压力，注水导致地层压力增大将使地层中的天然裂缝优先被开启并延伸、扩展，形成注水诱导裂缝，即第一种注水诱导裂缝的形成机理。

当 $5° < \beta \leqslant 90°$且 $30° \leqslant \theta \leqslant 80°$时，裂缝开启压力与地层破裂压力的大小关系不存在统一的大小关系，需要根据具体裂缝的发育情况进行分析。若裂缝开启压力小于地层破裂压力，则注水诱导裂缝属于第一种形成机理；若裂缝开启压力大于地层破裂压力，则注水诱导裂缝属于第二种形成机理。

裂缝开启压力的大小除了与裂缝产状有关外，还与现今最大主应力和最小主应力的应力差有关。当差应力大于某一值时，部分裂缝开启压力将会大于地层破裂压力；而小于该值时，不论裂缝产状如何变化，裂缝开启压力均不会大于地层破裂压力。例如，安塞油田某区块主要发育高角度构造裂缝，其中与现今最大水平主应力方向近一致的北东东-南西西向裂缝的开启压力要小于地层破裂压力，因此在天然裂缝发育区，一旦注水压力超过该组裂缝开启压力，就会形成注水诱导裂缝；而在天然裂缝不发育的部位，需要注水压力超过地层破裂压力时才形成注水诱导裂缝。因此，注水诱导裂缝的延伸方位一般具有与现今地应力最大水平主应力方向一致的分布特点。

3) 形成机理三

当注水井周围存在因压裂等因素产生不同类型的人工裂缝时，注入水直接沿着导流能力较高的人工缝突进形成裂缝性水窜通道，或注水压力高，甚至使注水井周围的人工裂缝发生延伸扩展，形成注水诱导裂缝。这类形成机理主要适用于已压裂采油井实施转注或其他人为因素导致的在井周围已经产生了与现今应力场最大水平主应力方向一致的人工裂缝的情况。此类注水诱导裂缝的形成条件为

$$P_{wi} > P_c$$
$$或 P_{wi} > P_{fe}$$
$$P_c = \frac{\nu}{1-\nu}P_0 + \sigma_h - P_p \tag{5-3}$$
$$P_{fe} = \sigma_h + \sqrt{\frac{\pi E G}{2(1-\nu^2)L_f}}$$

式中，P_c 为人工裂缝闭合压力，MPa；P_{fe} 为裂缝延伸压力，E 为杨氏模量，MPa；ν 为泊松比；G 为缝面能，J/cm^2；L_f 为半缝长，cm。

鄂尔多斯盆地上三叠统延长组低渗透油藏普遍具有低渗、低压、低产的特点，油藏开发除了需要注水补充能量以外，普遍需要进行压裂改造措施提高单井产能。通过压裂改造和注水补充能量的方式进行开发，经过一段时间以后，采油井方向性高含水或水淹明显，主向水线推进速度快。针对主侧向采油井开发矛盾，注水方式调整为转注主向水淹井，形成排状注水，以提高侧向波及体积和侧向井见效程度。在这种情况下，由于转注前采油井均实施了压裂改造，在井周围已产生了与现今应力场最大水平主应力方向一致的人工裂缝，转注后人工裂缝将对注入水的流动产生重要影响。人工裂缝规模一般大于储层中单条天然裂缝规模，相应的人工裂缝的导流能力也要大于天然裂缝和储层基质，在注水过程中，注入水将先沿着人工裂缝快速流动。随着注水的持续和注水强度的增大，人工裂缝中的流体压力相应增大，当地层压力达到或超过人工裂缝开启压力时，会导致人工裂缝张

开、扩展和延伸，最终形成规模更大的注水诱导裂缝。

根据鄂尔多斯盆地上三叠统延长组致密低渗透储层的地质特征和注水开发特征，第一种形成机理是该区注水诱导裂缝的主要形成机理。鄂尔多斯盆地上三叠统延长组致密低渗透储层中普遍发育 4 组高角度构造剪切裂缝，其中单条裂缝在平面上的延伸长度有限，许多条单裂缝在平面上呈雁列式排列(图 5-14)。在原始地层状态下，这些裂缝在地下一般呈闭合状态，相邻两条单裂缝之间并不相互连通，而是存在较小的间距，因而在注水开发早期，天然裂缝对初期渗流的影响并不十分明显。但随着油藏注水补充能量开发，尤其在注水开发中后期，当注水强度提高到一定程度时，注水压力达到或超过天然裂缝开启压力，导致优势方向的裂缝开启、扩展和延伸。在现今地应力作用下，不同组裂缝的地下开启状态、连通性和渗透率等存在一定的差别，通常表现为与现今地应力方向近一致或呈小角度相交的裂缝为主渗流裂缝方向，该组裂缝的地下开度最大，渗透率最高，连通性最好，开启压力最小，因而是低渗透油藏在注水开发过程中最早开启的优势裂缝方向。随着注水井的注水，先是注水井周围单条天然裂缝中的流体压力上升；当注水压力超过该主渗流裂缝开启压力及延伸压力时，单条裂缝开启、张开、向前扩展和延伸，会与呈雁列式排列的侧列方向的另一条天然裂缝沟通；沟通另一条天然裂缝以后，裂缝体积变大，会造成其流体压力快速下降；但随着注水的持续补充，裂缝中的流体压力回升(图 5-15)，会再次达到或超过裂缝开启压力，再次导致裂缝开启、张开、向前扩展和延伸。当裂缝扩展延伸和呈雁列式排列的侧列方向的另一条天然裂缝沟通时，又会再次造成其流体压力快速下降。如此循环往复，使注水井井底压力呈现出连续的周期性变化规律(图 5-16)，其中每一个周期代表一条雁列式天然裂缝张开、扩展、延伸并与其侧列方向的另一条天然裂

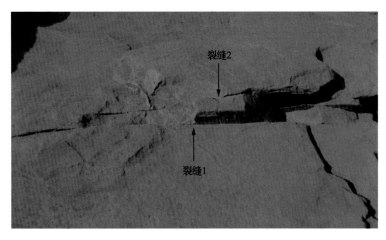

图 5-14　北东向裂缝 1 和裂缝 2 呈左阶雁列式排列(两条裂缝重叠部位的间距约 1cm)

缝连接沟通的过程。随着低渗透油藏注水开发的不断持续进行，天然裂缝内的流体压力升高-降低-升高的周期性变化，造成裂缝不断地张开、扩展和延伸，使呈雁列式排列的天然裂缝依次相互连通和张开，逐渐形成一条方向性明显的大规模注水诱导裂缝(图 5-17)，其结果与根据实际储层地质模型和开发井网条件下的实际注采参数进行的数值模拟过程一致(图 5-18)。

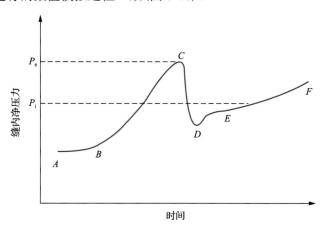

图 5-15　注水诱导裂缝形成过程中单条天然裂缝张开和扩展过程中的压力变化(赵向原等，2018)

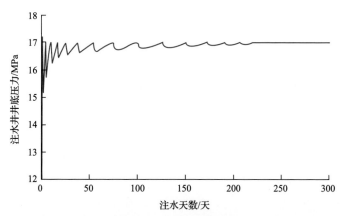

图 5-16　注水诱导裂缝形成过程中注水井井底压力的周期变化

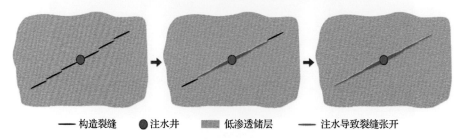

图 5-17　注水诱导裂缝主要形成机理示意图

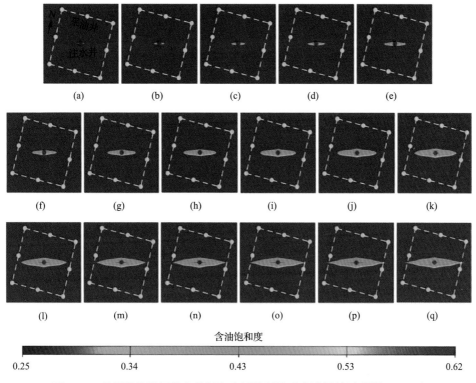

图 5-18 利用数值模拟技术模拟注水诱导裂缝形成过程(赵向原等，2018)

第四节 注水诱导裂缝与天然裂缝和大孔道的区别

一、注水诱导裂缝与天然裂缝的区别

注水诱导裂缝和天然裂缝虽然同属于裂缝类型，都是起渗流作用，但两者在裂缝成因和发育特征等方面都存在本质上的区别。注水诱导裂缝的形成与低渗透油藏的长期注水密切相关，是一种在油藏开发过程中由于人为注水活动产生局部扰动应力而形成的非天然裂缝，属于后期人工裂缝的范畴。注水诱导裂缝的成因机制与水力压裂缝相同，注水压力处于一种张应力状态，因而在注水压力作用下形成的注水诱导裂缝是一种典型的拉张裂缝。

天然裂缝是地质历史时期在古构造应力场作用下形成的。鄂尔多斯盆地上三叠统延长组中的天然裂缝主要是在燕山期和喜马拉雅期水平挤压应力场作用下形成的，形成天然裂缝的构造应力是一种压应力状态，因而形成的天然裂缝是以剪切裂缝为主，此外还有少数在压应力作用下与剪切裂缝伴生的扩张裂缝(曾联波等，2007b)。

注水诱导裂缝与天然裂缝除了在成因机制及其力学性质方面有本质区别以

外，它们的几何形态、平面和纵向规模、开启程度及主控因素等方面都存在明显的差异(表 5-3)。致密低渗透砂岩储层的天然裂缝和注水诱导裂缝虽然都是起渗流通道的作用，但天然裂缝的渗透率明显比注水诱导裂缝低。天然裂缝的渗透率通常比致密低渗透砂岩储层的基质渗透率高 1~2 数量级，而注水诱导裂缝由于呈张开状态，其渗透率又比天然裂缝的渗透率高 1 个数量级以上。在低渗透油藏开发中后期测试的动态渗透率一般为注水诱导裂缝的渗透率，而非天然裂缝的渗透率。

表 5-3　注水诱导裂缝与天然裂缝和大孔道的区别 (据曾联波等，2017)

内容	注水诱导裂缝	天然裂缝	大孔道
油藏类型	致密低渗透油藏	致密低渗透油藏	疏松高渗透砂岩油藏
力学性质	拉张裂缝	剪切裂缝为主，少数扩张裂缝	—
几何形态	主方向裂缝	多组裂缝	不规则高渗流带
平面规模	几个甚至数十个井距	小于一个井距(10m 级)	几个甚至数十个井距
纵向规模	不受单层控制	受单层控制	受层间非均质性控制
开启程度	裂缝张开，渗透率极高	裂缝闭合，渗透率相对低	孔隙连通好，渗透率极高
成因机理	注水压力过高	构造作用	冲刷作用
应力来源	注水造成的局部扰动应力	古构造应力	与应力无关
主控因素	天然裂缝、压裂缝、岩石力学性质差异、现今地应力、注水强度	储层岩性、层厚、沉积微相、岩石力学性质、古应力、构造部位	储层孔隙度、渗透率、胶结程度、非均质性、注水强度
对储层影响	对储层基质孔隙结构和物性影响小	改善储集和渗流性能	储层孔喉变大，储层孔隙度和渗透率提高

二、注水诱导裂缝与大孔道的区别

注水诱导裂缝和大孔道虽然都是一种由于油藏长期注水开发形成的高渗流条带，都是注入水快速流动的优势通道，但注水诱导裂缝与大孔道在成因机理及其分布规律上有明显区别。首先是形成的地质条件和成因机理明显不同，二者很容易区分。注水诱导裂缝主要在致密低渗透油藏注水开发的中后期形成；而大孔道主要是在疏松砂岩油藏的注水开发后期，由于注入水的长期冲刷作用和井下出砂，在油水井之间靠近注水井的周围地层中形成的高渗透性流动通道。一般在储层物性较好的水下分流河道中部与下部的中-粗粒砂岩中容易形成大孔道。

其次，大孔道与注水诱导裂缝发育的主控因素也完全不同。大孔道的形成受储层的渗透率、孔隙度、胶结程度、非均质性和注水强度等多种内外地质因素与油藏工程因素的影响，尤其与沉积储层的结构和构造密切相关，在疏松砂岩油藏中容易形成大孔道。而低渗透油藏由于成岩作用较强，岩石致密，在注水开发过程中储层结构、构造、物性等方面的变化相对较小，而后期的外力作用对注水诱导裂缝形成的影响较大。

　　疏松砂岩油藏一旦形成大孔道以后，储层的孔喉结构和物性就会发生很大的变化。例如，中原油田大孔道形成以后的储层平均孔喉半径提高了 3～10 倍，孔隙度增加了 5%左右，平均渗透率提高了 30～500 倍(张奇斌等，2009)。和大孔道相比，注水诱导裂缝还在其形成的油藏类型、几何形态、分布规模、成因机理、控制因素及其对储层基质孔喉结构与物性的影响等方面存在明显的差异(表 5-3)。

第六章　注水诱导裂缝的控制因素

注水诱导裂缝是低渗透油藏在长期的注水开发过程中形成并逐渐扩展的裂缝，在水驱低渗透油藏中具有普遍性和必然性。注水诱导裂缝的形成既受储层本身地质因素的控制，同时还受油藏注采关系的影响。分析这些地质因素和油藏工程因素对注水诱导裂缝形成的影响及其控制作用，对开展注水诱导裂缝的表征和预测、合理制定低渗透油藏的注水开发技术政策及进行开发中后期的注采方案调整等均具有重要的意义。

第一节　天然裂缝与人工裂缝的影响

在强烈的成岩作用和后期构造作用下,低渗透储层普遍发育成岩裂缝和构造裂缝等天然裂缝。在低渗透油藏开发过程中，绝大多数采油井和少部分注水井进行过压裂改造措施，产生了人工裂缝。这些天然裂缝和人工裂缝的存在，改变了低渗透储层的岩石力学特性，影响注水诱导裂缝的形成和分布。一方面，在低渗透油藏长期的注水开发过程中，随着注水压力的不断升高，这些天然裂缝和人工裂缝均有可能被激活成为有效的渗流通道，并逐步发展成为规模较大的注水诱导裂缝；另一方面，由于裂缝的存在，降低了低渗透储层的岩石强度，有利于注水诱导裂缝的产生。

一、天然裂缝

天然裂缝对低渗透油藏注水诱导裂缝形成的影响主要体现在以下两个方面。

(1)在纵向上，裂缝性岩层的分布决定了注水诱导裂缝产生的层段及其垂向高度，从而决定了水淹层的厚度和水淹级别。

当注入水从注水井向周边地层渗流时，起初井筒附近由于基质孔隙吸水，注水段各部位吸水较均匀。随着注水的持续进行，由于储层基质物性差，注入水在井底扩散缓慢，储层吸水能力较差，持续注水会造成井底憋压。当注水压力达到天然裂缝开启压力时，注入水将导致天然裂缝开启。随着注水压力的不断上升，注入水沿着裂缝突进，还会使裂缝发生扩展和进一步延伸。在长期的注水过程中，上述过程周期性地循环发展，最终形成连通性好的大裂缝和水窜通道。因此，纵向上裂缝岩层位置通常是注水诱导裂缝开始产生的部位，也是水淹层的部位；裂缝性岩层的厚度决定了注水诱导裂缝的垂向高度和水淹层的厚度。

但纵向上不同岩层因沉积环境不同造成的岩石成分、结构和构造等方面的差异及其导致的成岩作用的差异，使不同岩层的力学性质和天然裂缝的发育特征具有较大的差别。这种裂缝的发育程度的非均质性使不同层位注水诱导裂缝的发育程度和水淹程度明显不同,有些部位裂缝的发育程度高和裂缝规模较大,产生的注水诱导裂缝规模也大,裂缝导流能力强,注水后波及范围广,注水突进速度快,含水率较高,水淹级别可较快达到强水淹级别;而有些部位裂缝的发育程度相对较差且裂缝规模相对较小,则产生的注水诱导裂缝规模也较小,裂缝导流能力差,水驱效果影响范围较小,注水渗流速度缓慢,含水率相对较低,水淹级别一般为中度水淹或弱水淹。

例如,安塞油田某区块 A1 井和 A5 井为注水诱导裂缝上的两口水淹情况的检查井,通过对目的层的岩心进行分析,开展滴水试验和沉降试验以鉴别岩心含水或含油程度,分析其纵向上水淹层的规模及水淹级别。同时,通过岩心裂缝观察及利用测井资料对两口井目的层的裂缝进行识别和解释,对比研究了水淹特征与储层裂缝发育特征之间的关系。通过试验表明,A1 井油层厚度约为 22.0m,其中水洗厚度为 10.7m,水淹厚度占总厚度的 49%;A5 井油层厚度约为 30.0m,其中水洗厚度为 11.2m,水淹厚度占总厚度的 37%。两口井在纵向上的水淹层包含了若干个单砂层,且不同单砂层之间的水淹级别存在一定的差别。对比水淹层位置和裂缝段发育位置可以发现,在纵向上水淹层段的位置与天然裂缝发育层段的位置具有较好的一致性,表现出水淹层段储层裂缝的发育程度高,两种测井解释方法解释的裂缝指示指数值都较高,强水洗段与裂缝发育位置也一一对应,进一步验证了天然裂缝对水淹层段的纵向规模及水淹程度的控制作用(图 6-1、图 6-2)。

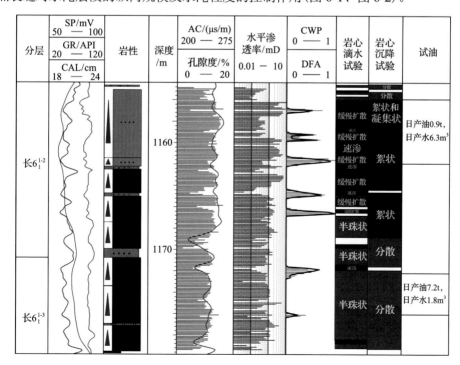

图 6-1 A1 井天然裂缝与滴水、沉降试验结果对比图(赵向原等,2017a)

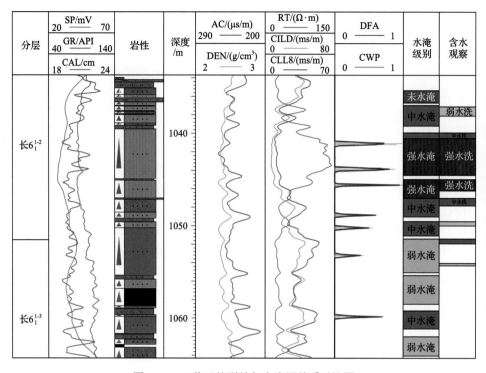

图 6-2　A5 井天然裂缝与水淹层关系对比图

(2)在平面上，天然裂缝发育的部位通常是注水诱导裂缝开始产生的位置，天然裂缝的发育程度、分布范围及天然裂缝的优势发育方位控制了注水诱导裂缝的平面展布特征及其延伸规模。

在燕山期和喜马拉雅期构造挤压作用下，鄂尔多斯盆地上三叠统延长组低渗透储层发育多组天然裂缝，裂缝的发育程度具有很强的非均质性。在现今地应力作用下，不同产状的裂缝开启压力明显不同(表 5-1)，表明不同方位裂缝的开启存在一定的序列。在注水开发过程中，通常与现今地应力场最大水平主应力方向之间的夹角最小的那组裂缝开启压力最小，注入水最易使其开启并发生扩展和延伸。因此，注水诱导裂缝一般在天然裂缝发育部位的注水井中开始产生，并沿着与地应力方向近一致的开启压力最小的天然裂缝不断发展。此外，由于天然裂缝发育的非均质性强，在平面上的分布具有一定的区域性，当注采井网部署在天然裂缝相对发育区时，裂缝的发育程度及发育范围控制了注水诱导裂缝产生的容易程度及其在平面上的延伸规模。在天然裂缝发育地区，通常更容易形成注水诱导裂缝，裂缝的发育程度越高，越容易产生裂缝性水窜通道。在天然裂缝非发育区，若要形成注水诱导裂缝则需要克服地层破裂压力，而地层破裂压力一般高于裂缝开启压力，因而在天然裂缝不发育地区，不容易形成注水诱导裂缝。即使后来注水达到了产生注水诱导裂缝的条件，注水诱导裂缝的产生时间也要晚于裂缝发育区，注水诱导裂缝发育规模也相对要小。

例如，安塞油田某区块长 6 储层中，主要发育北东东-南西西向和近东西向两组天然裂缝，而其他两组天然裂缝的发育程度较差，在北东东-南西西向现今地应力作用下，北东东-南西西向天然裂缝开启压力最小，其次是近东西向裂缝，而其他两组裂缝开启压力较大。在该区注水开发过程中，首先使北东东-南西西向裂缝开启并使其发生扩展延伸，其次使东西向裂缝开启。因此，该区注水诱导裂缝的展布主要为北东东-南西西向(图 6-3)。综合地质、分析测试及生产动态资料，在该区可识别出 7 条注水诱导裂缝。在纵向上，注水诱导裂缝和水淹层主要分布 6_1^{1-2-2} 层，该层位也是天然裂缝的发育程度最高的层位(图 6-4)。从基于储层地质力学方法预测的长 6_1^{1-2-2} 层构造裂缝平面分布图可以看出(图 6-3)，目前已识别的 7 条注水诱导裂缝主要分布在天然裂缝的发育程度较高的部位，天然裂缝发育区范围越大，注水诱导裂缝的延伸长度也相对越大，反映了天然裂缝在平面上对注水诱导裂缝的形成和扩展延伸的控制作用。

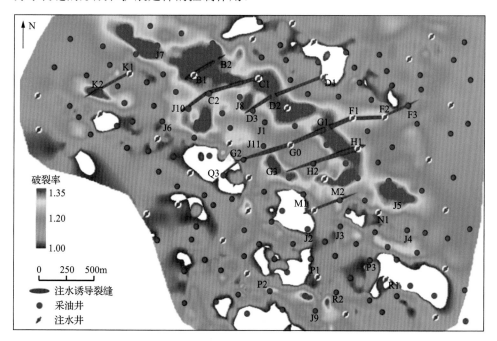

图 6-3 安塞油田某区块长 6_1^{1-2-2} 小层天然裂缝的发育程度与注水诱导裂缝分布图(赵向原，2015)

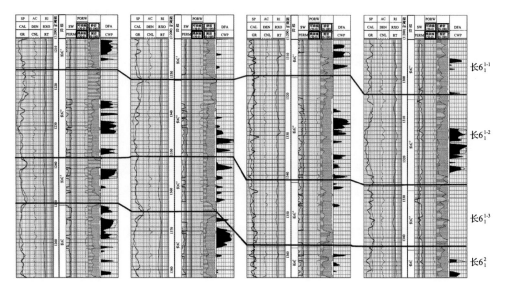

图 6-4　安塞油田某区块长 6 储层不同小层沿注水诱导裂缝方向天然裂缝的发育程度对比图

二、人工裂缝

　　低渗透油藏普遍需要进行水力压裂改造措施，在压裂改造以后，会在低渗透储层中产生人工压裂缝，改善储层基质的渗流能力，提高单井产能。人工裂缝形成以后，由于油藏条件的变化，人工裂缝会发生闭合，其导流能力逐渐下降，甚至在相当长一段时间内，主裂缝中的支撑剂会被压实，颗粒重新排列、破碎，产生微粒运移及嵌入等情况，进一步影响人工裂缝的导流能力。但即使是人工裂缝最终处于完全闭合的状态下，也会使储层的导流能力产生一定程度的提高，使其导流能力最终维持在一定的水平。井筒周围人工裂缝的分布，对低渗透油藏注水诱导裂缝的形成与扩展具有重要的影响。人工裂缝的存在对注水诱导裂缝的影响可分为以下 3 种情况。

　　第一种情况是注水井进行了压裂改造，在注水井周围形成了人工裂缝。人工裂缝的形成与分布受现今地应力和岩层力学性质的影响，因此，在油藏的注水开发过程中，随着注水压力的不断提高，当流体压力达到人工裂缝闭合压力和延伸压力时，可以引起这些人工裂缝重新张开和扩展延伸。此时，注水诱导裂缝的形成与分布受人工裂缝的控制，沿人工裂缝扩展和延伸。这种情况在鄂尔多斯盆地不多见。

　　第二种情况是一些压裂以后的采油井,由于油藏开发过程中的生产动态特征的变化,在开发方案调整时需要进行转注,使其成为注水井。这些转注的注水井,由于存在水力压裂措施产生的人工裂缝,同样影响注水诱导裂缝的形成和扩展。这种压裂后的采油井转注成为注水井以后,其人工裂缝对注水诱导裂缝的影响与第一种情况完全相同。

　　注水井两侧的人工裂缝为注水诱导裂缝的形成提供了基础,人工裂缝的展布特征控制着注水诱导裂缝的扩展规律。由于人工裂缝规模一般远大于天然裂缝规模,且人工裂缝本身导流能力较强,在注水过程中人工裂缝对注水的影响是主要的,注入水将沿着规模较大的人工裂缝突进,形成注水诱导裂缝,成为流体流动的快速通道。即使人工裂缝闭合,但仍存在比基质孔隙渗透性更好的导流能力,此时的人工裂缝与天然裂缝类似,当注水压力达到人工裂缝开启压力或延伸压力时,同样会造成闭合的人工裂缝开启和扩展延伸,形成比原有人工裂缝规模更大的注水诱导裂缝。

　　例如,安塞油田某区块 S1 井在 1996 年 7 月进行了压裂试油,压裂层段为长 6_1^{1-2} 小层,深度为 1246.0~1255.0m,微地震监测显示产生了一条北东东-南西西向的人工压裂缝,随后该井一直作为生产井投产采油。该井在 2010 年 10 月由于高含水而转注,日注水量保持在 13m^3 左右,在注水过程中注水压力不断上升,在 3 个多月时间内从起初的 4.5MPa 上升到了 6.5MPa,说明储层的吸水能力在逐渐下降,转注半年后测得的吸水剖面显示在压裂产生的人工裂缝处已经表现出指状吸水特征(图 6-5)。该井人工裂缝开启压力为 18.55MPa,折算到井口处压力为 6.05MPa,注水 3 个月后该井的实际注水压力已经超过了人工裂缝开启压力,说明注水使存在的人工裂缝发生张开和扩展形成了注水诱导裂缝,从而使该井在吸水剖面上表现为指状吸水特征。

　　第三种情况是采油井两侧压裂产生的人工裂缝对注水诱导裂缝的影响。由于人工裂缝规模有限,裂缝半长通常为井距的一半左右,而注水诱导裂缝从注水井中开始产生并向采油井方向扩展。因此,注水诱导裂缝形成的早期,采油井两侧的人工裂缝影响较小,且人工裂缝规模越小,对其影响越弱。但随着注水井两侧注水诱导裂缝的形成和向采油井方向的扩展,注水诱导裂缝容易和人工压裂缝沟通,形成统一的大裂缝,加快注水诱导裂缝的发育。一旦注水诱导裂缝和人工压裂缝沟通形成新的注水诱导裂缝,会直接造成采油井暴性水淹和注水诱导裂缝沿人工裂缝快速发展。

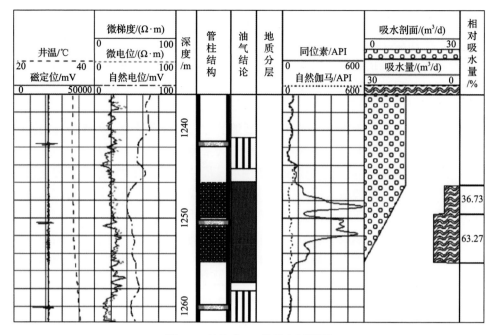

图 6-5　转注井 S1 井吸水剖面图

第二节　岩石力学性质的影响

注水诱导裂缝实际上是低渗透油藏在注水开发过程中由于受到外力作用产生脆性破裂而形成的一种新的裂缝类型,与天然裂缝相类似,只是其力源和机理与天然裂缝不同而已。根据岩石的破裂机制及其形成过程,岩石力学性质是控制注水诱导裂缝形成的基础。

在某一部位,岩层受到的应力基本相同。但由于受沉积和成岩作用等因素的控制,在纵向上不同岩层岩石力学特性表现出较强的非均质性,有的层位岩石强度小,而有些层位岩石强度大。因而在相同的应力作用下,在岩石强度小和脆性程度高的岩层容易产生破裂形成裂缝,在岩石强度大和脆性程度低的岩层不容易产生破裂。例如,图 6-6 和图 6-7 分别为安塞油田某区块同一注水井组的两口检查井,从图可以看出,在纵向上,水淹程度高的部位主要位于岩石杨氏模量相对较大、脆性指数相对较高和天然裂缝发育的层段。这些部位的岩石脆性大,在注水产生的应力诱导作用下,容易发生破裂形成裂缝。在平面上,岩石力学性质的非均质性,同样使得不同部位天然裂缝的发育程度不同,岩石强度小的部位和方向也是注水诱导裂缝开始形成并扩展的方向。岩石力学性质对注水诱导裂缝的控制作用主要表现在两个方面。

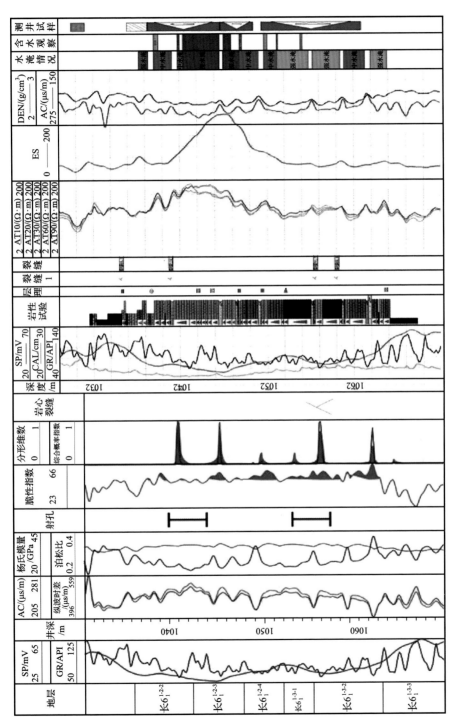

图 6-6　安塞油田某区块检查井1水淹层与岩石力学性质关系图

AT10~AT90为阵列感应电阻率

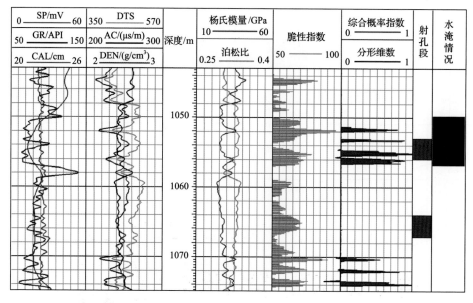

图 6-7　安塞油田某区块检查井 2 水淹层与岩石力学性质关系图

　　一方面,岩石力学性质影响注水诱导裂缝在垂向上的产生位置及延伸高度。岩石强度小和岩石脆性程度高的部位,在古构造应力作用下也是天然裂缝发育的有利部位(图 6-6、图 6-7)。根据大量岩石力学试验表明,当岩石中存在天然裂缝时,岩石的强度下降 45%~57%,在后期应力作用下,岩石沿早期破裂发生滑动所需的应力仅为无早期破裂岩石强度的 8%~17%,当应力达到无早期破裂岩石强度的 28%~41%时,无论是哪种破坏方式,都可以在岩石中形成张裂缝(Mclamore and Gray,1967;陈子光,1986;万天丰,1988)。注水诱导裂缝的形成过程实际上就是沿阻力最小的地方逐渐发生脆性破裂的过程,因此在纵向上,注水诱导裂缝主要在岩石强度小、岩石脆性指数高和天然裂缝发育的层位开始形成、扩展和延伸。同时,岩石力学性质在垂向上的差异是控制注水诱导裂缝垂向高度延伸的重要因素。由于注水诱导裂缝在岩石强度较小的部位形成,当岩石的杨氏模量和泊松比差值达到一定数值时,杨氏模量的低值层段控制了注水诱导裂缝的垂向延伸高度,注水诱导裂缝一般被限制在杨氏模量的高值层段,而难以穿越到邻近的低杨氏模量岩层中。

　　在纵向上,如果一套注水开发层系由多个不同的岩石力学性质的单砂层组成,每个单砂层中发育有相同组系的天然裂缝,那么由于地应力及地层流体压力条件相同,根据裂缝开启及延伸条件,裂缝开启压力及延伸压力大小由岩石泊松比及杨氏模量等岩石力学参数决定,泊松比越大的砂层中裂缝开启压力越大,而杨氏模量越大的砂层中裂缝延伸压力也越大。因此,在纵向上不同单砂层因其岩石力学性质的差异,必然会导致各砂岩层内天然裂缝开启能力和延伸能力存在较大差异。注水诱导裂缝总是沿着开启压力最小的天然裂缝产生，沿着延伸压力最小的裂缝发生扩展，进而会造成不同砂岩层内天然裂缝对形成注水诱导裂缝的贡献能力存在较大差别。

另一方面，当注水井周围的地层中天然裂缝不发育时，根据注水诱导裂缝的形成条件及机理，注水压力需要克服地层破裂压力，在地层中产生新的破裂，然后再进一步扩展和延伸，形成大规模的注水诱导裂缝。在注水诱导裂缝的形成过程中，同一口注水井的地应力及地层流体压力等条件基本相同，根据第五章所述的第二种注水诱导裂缝发育机理的形成条件可知，地层破裂压力的大小主要取决于储层岩石的力学性质(即岩石抗张强度)：抗张强度越大的地层，其破裂压力也越大；抗张强度越小的地层，其破裂压力相应越小。对注水井周围的某一套注水层系而言，在纵向上不同单砂层沉积、成岩等作用的差异性也会造成岩石抗张强度存在差异，随之各岩层破裂压力也会存在一定差异，随着低渗油藏注水井注水压力的不断增大，破裂压力最小的地层将会优先发生破裂，而破裂压力较大的地层很难发生破裂。因此，在纵向上注水诱导裂缝的分布不均匀，主要是在岩石强度较小的部位开始产生注水诱导裂缝。

因此，如果某一注水井储层在纵向上不同单砂体的岩石力学性质存在差异，必然会导致注水诱导裂缝的形成与扩展的非均质性，使剖面上不同单砂体的水驱效果产生非均质性，影响储层纵向动用程度。图 6-8 为安塞油田某区块注水井示意图，该注水井对目的层的 3 套单砂体都进行了射孔，由于这 3 套单砂体的岩石力学性质存在明显的差异，其中单砂体 2 的岩石强度小、岩石脆性指数大，在注水过程中，若其他条件相同时，岩石力学性质的差异性使注水诱导裂缝在单砂体 2 优先产生，吸水剖面也显示该层表现为尖峰状吸水，虽然吸水层厚度相对较小，但吸水量最大。主要原因是在单砂体 2 中形成了注水诱导裂缝，而岩石力学性质是控制注水诱导裂缝在单砂体 2 中发育的主要因素。

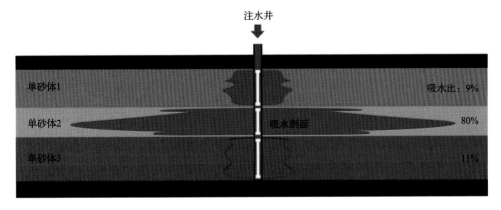

图 6-8 剖面上不同单砂体吸水差异示意图

第三节　现今地应力的影响

现今地应力不仅影响低渗透储层天然裂缝的地下开度、连通性及有效性，还影响人工裂缝的展布，从而控制低渗透油藏的流体渗流系统及其优势渗流方向的分布。现今地应力场对低渗透油藏注水诱导裂缝的形成和分布的控制作用主要体现在以下三个方面。

(1)在平面上，现今地应力方向控制了注水诱导裂缝的扩展和延伸方位，注水诱导裂缝的展布方位通常与现今地应力的最大水平主应力方向近一致。

注水诱导裂缝的成因机制与水力压裂过程中产生的人工裂缝相类似，在注水过程中，裂缝在垂直于最小水平主应力方向上扩展所需能量最小，阻力也最小，因此使注水诱导裂缝的扩展和延伸方向垂直于最小水平主应力，即平行于最大水平主应力方向。从安塞油田某区块长 6 储层高含水率条带的展布与现今地应力方向的对比图(图 6-9、图 6-10)可知，该区注水诱导裂缝的扩展延伸方向为北东东-南西西向，与现今地应力方向完全一致，反映了地应力方位对注水诱导裂缝扩展和延伸方向的控制作用，沿注水诱导裂缝表现出高渗流条带的特征。

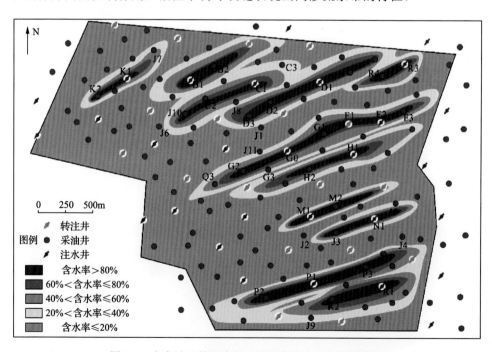

图 6-9　安塞油田某区块长 6 储层高含水率条带展布图

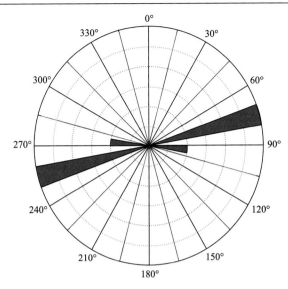

图 6-10 安塞油田某区块长 6 储层现今地应力分布图

(2)在纵向上，现今地应力低值层段往往是注水诱导裂缝开始产生的部位，地应力的纵向分布控制了注水诱导裂缝的垂向延伸高度。

地应力的大小也影响注水诱导裂缝的形成。从第五章第三节注水诱导裂缝的形成机制可知，裂缝开启压力、裂缝延伸压力和地层破裂压力均与现今地应力场最大水平主应力和最小水平主应力大小有关，在地应力相对较低的部位，裂缝开启压力、裂缝延伸压力和地层破裂压力相对较低。因此，在油藏注水开发过程中，这些部位最容易开始形成注水诱导裂缝，注入水沿裂缝快速突进，其水淹程度也最强(图 6-11)。

现今地应力低值层段不仅控制了纵向上注水诱导裂缝开始产生的部位，同时还控制了注水诱导裂缝的垂向延伸高度。裂缝延伸的形状取决于裂缝尖端处的应力强度因子，在剖面上，上下相邻地层的水平主应力差是控制裂缝延伸高度的最主要因素。注水诱导裂缝在剖面水平主应力的低应力段开始形成和扩展，裂缝高度随着主应力的变化而变化。当裂缝中的净压力值超过某层段的最小水平主应力值时，注水诱导裂缝将穿过该层段；反之，当裂缝中的净压力值小于某层段的最小水平主应力值时，该层段将遮挡注水诱导裂缝的扩展，使注水诱导裂缝在最小水平主应力的低应力段延伸和扩展。

(3)现今地应力和岩石力学性质的差异还共同影响注水诱导裂缝产生的难易程度及其形态特征。

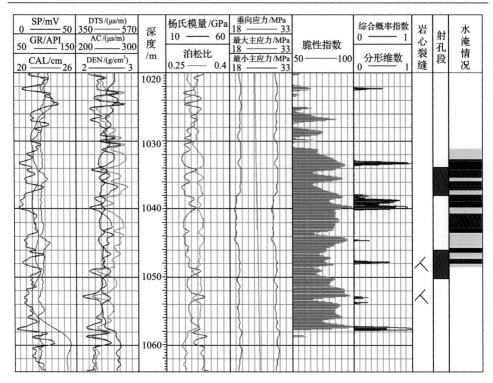

图 6-11　安塞油田某区块检查井水淹层与地应力、岩石力学性质、天然裂缝关系对比图

从前面的岩石力学性质和现今地应力对低渗透储层注水诱导裂缝的影响分析可知，注水诱导裂缝在岩石强度小和最小水平主应力低值层段开始产生并延伸扩展。如果在剖面上地应力差值小或者岩石力学性质变化小，那么注水诱导裂缝就难以产生，此时需要有更高的注水压力才可能产生注水诱导裂缝。即使后来的注水压力达到注水诱导裂缝形成的条件，由于注水诱导裂缝的延伸高度难以控制，裂缝在纵向上的扩展会消耗更多的能量，这样注水诱导裂缝在平面上的扩展和延伸缓慢，即注水诱导裂缝的生长速度慢。岩石力学性质和最小水平主地应力差值越小，注水诱导裂缝的生长速度越慢，注水诱导裂缝在生长过程中也容易终止于某一地质界面上或发生转向，使得裂缝的形态复杂。

相反，如果在剖面上地应力和岩石力学性质差异大，那么有利于注水诱导裂缝的产生和扩展。此时，受最小水平主应力和岩石力学性质差值的控制，注水诱导裂缝的延伸高度有限，注水压力会使注水诱导裂缝在平面上扩展和延伸，注水诱导裂缝的生长速度变快。且岩石力学性质和最小水平主地应力差值越大，注水诱导裂缝的生长速度越快，越容易沿着与地应力方向相一致的稳定生长方向向前延伸，并容易穿过地质界面，注水诱导裂缝的形态也越简单。

沉积作用和成岩作用的非均质性，造成储层在纵向上和平面上岩石力学性质存在较大的非均质性，而岩石力学性质的非均质性又进一步造成了不同部位现今地应力大小分布的非均质性。这种岩石力学性质和地应力分布的非均质性，有利于注水诱导裂缝的形成、扩展和延伸，这是注水诱导裂缝在低渗透油藏注水开发中后期普遍存在的重要原因。注水诱导裂缝在生长和延伸过程中会沿着阻力最小的路径不断推进，当岩石强度或地应力较大时，则会阻止注水诱导裂缝的扩展，使注水诱导裂缝的延伸速度变得缓慢；当岩石强度或地应力较小时，注水诱导裂缝扩展的阻力小，则注水诱导裂缝的生长速度快，形态也比较单一，表现为主裂缝的分布形式。

第四节　储层构型的影响

储层构型不仅影响低渗透储层天然裂缝的形成与分布，同时还影响注水诱导裂缝的形成与分布。和储层构型对天然裂缝的控制作用相类似，储层构型所表现出的不同级次储层单元形态、层次结构、砂体规模及其相互叠置关系，控制了储层中注水诱导裂缝的宏观展布特征。储层构型对注水诱导裂缝的控制作用可分为以下两个方面。

一是不同级次的构型单元控制了注水诱导裂缝在纵向上和平面上的延伸规模。由于 8 级构型单元(单一分流河道或河口坝及席状砂)及 9 级构型单元(分流河道内加积体或河口坝内增生体)发育的天然裂缝规模较大，它们在油藏注水开发过程中容易发生动态变化形成注水诱导裂缝，是注水诱导裂缝的一种主要形成方式。从第三章第五节的分析可知，天然裂缝的形成与分布受构型单元的控制，因此在注水开发过程中由此发展形成的注水诱导裂缝的分布也受构型单元的控制，构型单元控制了注水诱导裂缝在纵向和平面上的延伸范围，从而影响注水诱导裂缝规模的大小。

当储层天然裂缝不发育时，由于受沉积作用和成岩作用等因素控制，8 级和 9 级构型单元所对应的成因单砂体在岩性、厚度变化及储层质量等方面均具有一定的连续性，它们构成的岩石力学单元具有相似且统一的岩石力学性质，在注水过程中可以作为独立的力学单元发生破裂而形成注水诱导裂缝。因此，在纵向上，不同级次的构型单元可通过控制天然裂缝的级次及规模特征，或者通过各构型单元自身的岩石力学特征，控制注水诱导裂缝的垂向延伸及其规模大小。在平面上，当某一次构型单元内发生开始形成注水诱导裂缝，随着注水压力的不断提高，注水诱导裂缝在构型单元内扩展和延伸，因而该级次构型单元的规模特征便控制了注水诱导裂缝规模。各级次构型单元在平面展布上具有较好的连续性，地质体内部基本上不发育规模较大的力学界面，在持续的注水条件下会使注水诱导裂缝不断生长和扩展延伸，直至延伸到构型界面。

二是不同级次的构型界面对注水诱导裂缝的持续生长和延伸有重要影响。沉积构型界面是具有等级序列的岩层接触面，是不同级次沉积单元体之间的空间接触物理界面，通常也是一种岩石力学层界面。注水诱导裂缝在平面延伸过程中，当遇到岩石物理、力学性质等差异较大的构型界面时，受两侧岩石渗透性、弹性及界面几何、物理特性等影响，裂缝尖端在界面处的应力场会发生变化。由于构型界面分布的非均质性，在地应力和岩石力学性质等其他因素的影响下，注水诱导裂缝在构型界面处的行为可能出现以下 3 种情况：①注水诱导裂缝在构型界面处停止生长，构型界面起到阻碍注水诱导裂缝继续延伸的作用；②注水诱导裂缝沿构型界面发生拐弯或者转向扩展，此时构型界面为注水诱导裂缝的继续延伸生长提供了路径；③注水诱导裂缝穿透界面继续扩展。注水诱导裂缝在构型界面处的 3 种延伸方式与其具体的地质条件有关：第一种情况最常见，尤其是当一个地区现今地应力最大水平主应力和最小水平主应力的差值较小及注水压力不是很高时最容易出现；第二种情况比较复杂，与构型界面展布方向、构型界面附近地应力状态和构型界面两侧的岩石力学性质等因素有关；第三种情况需要有较大的注水压力，以及构型界面附近需要有较大的应力差。

在安塞油田某区块分析了长 6 储层构型对注水诱导裂缝发育的影响。在主渗流方向上和垂直于主渗流方向上的储层构型精细解剖的基础上，结合岩心测试分析和生产动态等资料，对不同方向上的砂体构型与注水诱导裂缝及水淹关系进行了分析。注水诱导裂缝通常在相同构型单砂体中容易形成，尤其是当相同单砂体同时发育天然裂缝时，更有利于注水诱导裂缝的形成。例如，如图 6-12 所示，C1 为注水井，C2 和 C3 为采油井，图 6-13 是 C1 井组北东向连井剖面砂体与天然裂缝关系图，其中 C1 井和 C2 井砂体的连通性好，且相同砂体中天然裂缝发育，因而在 C1 井和 C2 井之间形成了注水诱导裂缝；而 C1 井和 C3 井的砂体连通性差，因而 C1 井和 C3 井之间没有形成注水诱导裂缝。

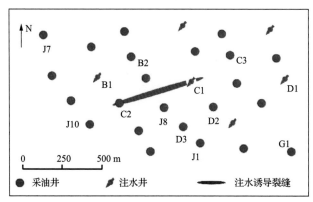

图 6-12　安塞油田某区块 C1 井组井位及注水诱导裂缝分布图

图 6-14 和图 6-15 为某区块典型井组北东向主渗流方向的砂体和水淹程度分布图，在北东向顺物源方向上，各井之间砂体的横向连续性好，分布稳定，虽然

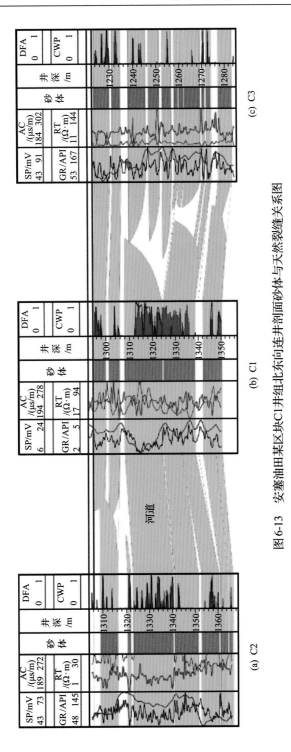

图6-13　安塞油田某区块C1井组北东向连井剖面砂体与天然裂缝关系图

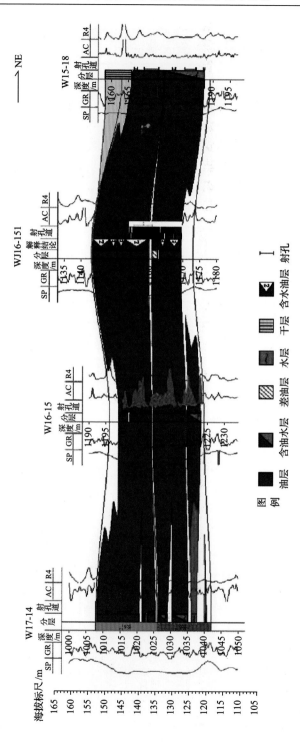

图6-14 安塞油田某区块典型井组北东向砂体分布图 (据长庆油田资料编制)

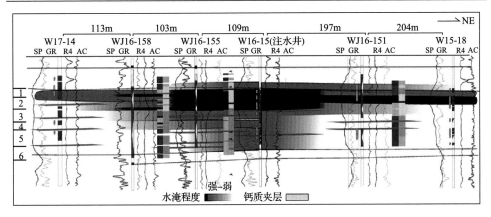

图 6-15　安塞油田某区块典型井组北东向水淹剖面图(据长庆油田资料编制)

注入水在纵向上各层之间突进很不平衡,具有较强的非均质性,但在横向上(尤其是上部的 1 号和 2 号砂体,图 6-15)注入水的突进速度快,含水饱和度最大,达到了强水淹级别,说明在上部的 1 号和 2 号砂体内存在明显的裂缝水窜通道,已形成了注水诱导裂缝。在垂直于主渗流方向的北西向剖面上(图 6-16、图 6-17),垂直于物源方向的大部分单一水下分流河道砂体呈透镜状分布,砂体平面规模分布在 1~2 个井距,不同单砂体之间呈拼合状样式组合在一起,砂体之间存在明显的构型界面。注水井与两侧生产井分别位于水下分流河道砂体的不同砂体中,重叠砂体之间存在构型界面,使砂体连通性相对较差。注水资料显示,在剖面上注入水向两侧推进同样具有明显的层间非均质性,注入水波及范围明显不如北东向主渗方向,各采油井整体的水淹级别较低,说明在注水井和采油井之间尚未形成注水诱导裂缝,同样证明了储层构型对注水诱导裂缝的形成和分布的控制作用。

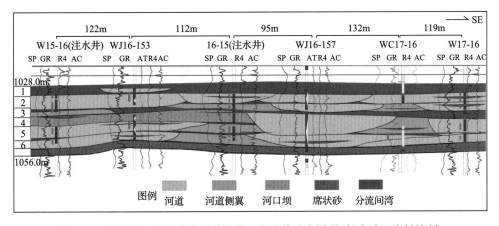

图 6-16　安塞油田某区块典型井组北西向砂体分布图(据长庆油田资料编制)

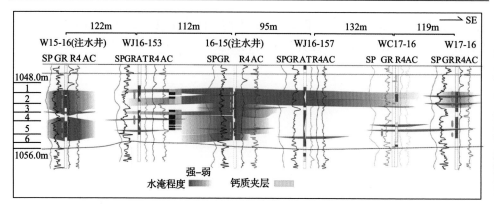

图 6-17　安塞油田某区块典型井组北西向水淹剖面图(据长庆油田资料编制)

第五节　注水参数与注水时间的影响

天然裂缝与人工裂缝、岩石力学性质、现今地应力及储层构型是影响注水诱导裂缝形成与分布的地质因素,是注水诱导裂缝形成的基础。而油藏工程因素是注水诱导裂缝形成的直接原因。低渗透油藏在注水开发过程中采取的工程措施较多,本节重点阐述注水参数(主要为注水量或注采比)和注水时间两方面因素对注水诱导裂缝形成和分布的影响。

在低渗透油藏的注水过程中,注水过程势必引起地层孔隙流体压力的变化,从而影响注水井周围地层原地应力特别是水平主应力状态发生变化。根据基于流-固耦合原理作为理论基础的有限元模拟,对低渗透油藏注水开发过程中地应力的变化规律进行了分析。从注水井周围地层地应力分布云图可以看出(图 6-18),原始地应力场由局部的基本均匀分布变为注水井眼附近明显增加、远离井眼地应力的增加幅度呈减小的变化趋势。从单井地应力与注水量的变化规律来看(图 6-19),随着注水量的增加,地应力呈增加的变化趋势,表现在最大水平主应力和最小水平主应力同步增加。而且,地应力的增加幅度和注水强度也呈明显的正相关关系,当注水强度增大时,地应力的增加幅度也相对增加,反之亦然。注水井周围地应力的这种变化,是注水诱导裂缝产生和扩展的直接原因。

根据油藏开发动态响应特征,安塞油田某区块长 6 油藏目前可识别出 11 条注水诱导裂缝。从已识别出的注水诱导裂缝的分布来看,这些注水诱导裂缝与初始井网关系密切,所有的注水诱导裂缝均经过初始井网的注水井,而加密以后转注井基本没有形成注水诱导裂缝(图 6-20)。通过对比分析初始井网的注水井和加密后转注井的历年注水数据可知,其原因主要是注水量和注水时间存在较大差别。初始井网的注水井均在 20 世纪 90 年代末开始注水,至 2013 年平均日注水量为

23.5m³，其中在 2003～2004 年部分井的平均日注水量甚至超过 50m³（如 C1 井、G0 井、P1 井、R1 井）；转注井一般为初始反九点井网中的角井，转注时间一般在 2010～2011 年，转注井日注水量平均为 10～15m³。无论是日注水量还是累计注水时长，初始井网的注水井都要大于转注井，因此在初始井网下较为普遍地发育了规模较大的注水诱导裂缝。

地应力/MPa

57.902　57.962　58.022　58.081　58.141　58.201　58.261　58.32　58.38　58.44

图 6-18　注水井周围地应力分布云图

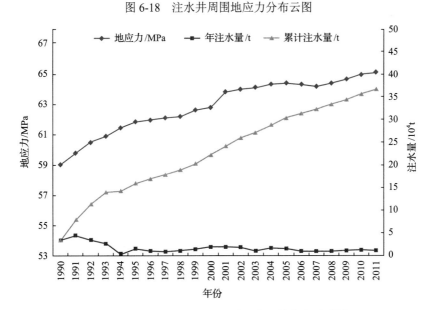

图 6-19　注水井周围地应力随注水量的变化关系图

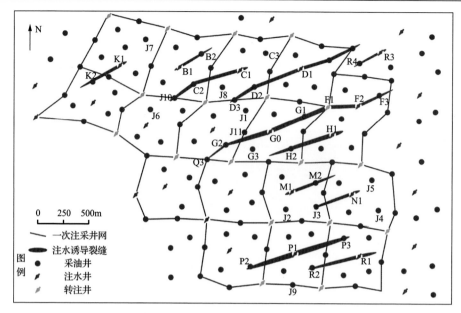

图 6-20　安塞油田某区块注水诱导裂缝与初始井网关系图(赵向原，2015)

利用油藏数值模拟技术分两种情况定量探讨注水参数和注水时间与注水诱导裂缝延伸速度的关系。第一类油藏数值模拟保持采出量不变，改变注采比，分析注水诱导裂缝延伸长度与注采比的关系；第二类油藏数值模拟保持注采比不变，改变注入量和采出量，分析注水诱导裂缝延伸长度与注采量的关系。根据油藏数值模拟结果，主要可以得到以下认识。

(1)保持某一注采参数不变，随着注水时间的增加，注水诱导裂缝延伸规模增大(图 6-21、图 6-22)。从模拟结果图中可以看出，任意曲线为某一注采参数下注水诱导裂缝延伸长度与注水时间之间的关系，注水时间越长，注水诱导裂缝规模越大，反映了注水诱导裂缝长期生长、扩展和延伸的发育特征。

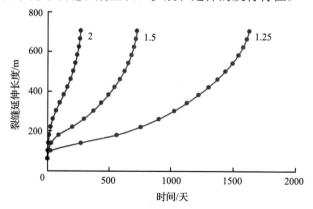

图 6-21　注水诱导裂缝延伸长度与注采比的关系(赵向原，2015)

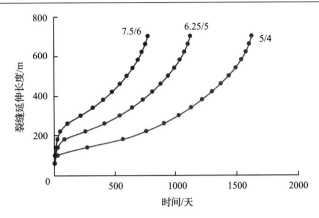

图 6-22 注水诱导裂缝延伸长度与注采量的关系(赵向原，2015)

(2)当采出量不变，注采比发生变化时，在一定时间范围内，注采比越大，注水诱导裂缝的延伸速度越快。在图 6-21 中注采比分别为 1.25 和 2 时，当注水诱导裂缝长度均为 700m 时，两者所需要的注水时间分别为 1500 余天和 300 天左右，说明低注采比条件下的注水诱导裂缝延伸速度慢。

(3)如果保持注采比不变，注入量和采出量发生变化，在一定的时间范围内，注入量/采出量(注采量)越大，裂缝延伸速度越快。在图 6-22 中保持注采比 1.25 不变，使注采量依次分别为 5/4、6.25/5 和 7.5/6，若使不同注采量下的注水诱导裂缝延伸长度均达到 700m 时，注采量越大则所需要的注水时间越短，注水诱导裂缝的延伸速度越快。

第七章　注水诱导裂缝的形成条件

注水诱导裂缝是低渗透油藏在长期注水开发过程中形成的一种新的裂缝类型。注水诱导裂缝有 3 种形成机理，其中，低渗透储层天然裂缝普遍发育，当注水压力达到或超过天然裂缝开启压力时，使天然裂缝张开、扩展和延伸形成开启的大裂缝，是鄂尔多斯盆地上三叠统延长组注水诱导裂缝的主要成因机理。在油藏注水开发过程中，注水压力不断提高是注水诱导裂缝形成的直接原因。因此，低渗透油藏注水开发过程中是否能够形成注水诱导裂缝，与注水强度及其能否导致天然裂缝张开和扩展密切相关。

第一节　裂缝开启压力

这里所指的裂缝开启压力是指在地层围压条件下，低渗透储层中天然裂缝由原始状态到张开所需要的最低压力。

低渗透储层中普遍发育天然裂缝，天然裂缝的存在改善了储层的孔渗性能，极大地提高了储层渗透率。天然裂缝对储层渗透率的影响与裂缝的开启状态密切相关，裂缝的开启程度对油藏注水和压裂改造措施的制定及开发方案的优选具有重要意义。目前对水力压裂缝扩展的研究较多，而对天然裂缝开启和扩展等方面的研究较少，对天然裂缝张开压力的确定有以下几种方法。

(1) Nolte 方法。其裂缝开启压力的计算公式为 (Nolte，1979)

$$P_i = \frac{\sigma_1 - \sigma_3}{1 - 2\nu} + P_c \tag{7-1}$$

式中，P_i 为裂缝开启压力，MPa；σ_1、σ_3 分别为最大水平主应力和最小水平主应力，MPa；ν 为泊松比，无因次；P_c 为裂缝闭合压力，MPa。

(2) 岩石力学法。该方法是根据地应力状态和天然裂缝产状之间的关系，并考虑孔隙压力作用下的力学平衡，通过计算裂缝面上的正应力来计算裂缝开启压力 (李玉喜和肖淑梅，2000)。设最大主应力与裂缝面法线之间的夹角为 γ，裂缝走向与最大主应力之间的夹角为 β，则

$$\beta = \frac{\pi}{2} + \gamma \tag{7-2}$$

作用在天然裂缝面上的正应力为 σ_n 为

$$\sigma_n = \frac{\sigma_1 + \sigma_3}{2} - \frac{\sigma_1 - \sigma_3}{2}\cos 2\gamma \qquad (7\text{-}3)$$

则天然裂缝开启压力 P_i 为

$$P_i = \sigma_n + \sigma_t - P_p \qquad (7\text{-}4)$$

式中，σ_t 为抗张强度，MPa；P_p 为孔隙压力，MPa。

(3)地应力方法。该方法认为裂缝的开启能力取决于裂缝走向与最大主应力之间的夹角，若二者之间的夹角越小且最小主应力越小，则裂缝开启压力越小；若二者之间的夹角越大且最小主应力越大，则裂缝开启压力越大。裂缝开启压力计算公式为(孙庆和等，2000)

$$P_i = H\left[(f_{\sigma_1} - f_{\sigma_3})\sin\beta + f_{\sigma_3}\right] \qquad (7\text{-}5)$$

式中，H 为裂缝埋藏深度，m；f_{σ_1}、f_{σ_3} 分别为现今应力场的最大水平主应力和最小水平主应力梯度，MPa/m。

(4)压降分析方法。该方法通过绘制以无因次时间函数 G 为横坐标，以井底压力 P_w 为纵坐标的压降曲线(图 7-1)，当 dP_w/dG 持续不变时，说明裂缝还处于闭合状态，并未开启，此时的滤失与压力无关；当 dP_w/dG 不是常数时，反映流体流动受天然裂缝的影响，此时滤失与压力相关(毛国扬等，2011)。为了判断方便，还可构建叠加函数 GdP_w/dG，同时绘制出 dP_w/dG 和 GdP_w/dG 与 G 的关系图。当 GdP_w/dG 出现直线段时，G 对应的压力即为裂缝闭合压力，也可近似认为是裂缝开启压力。

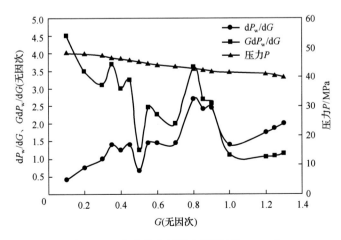

图 7-1　压降曲线分析图(毛国扬等，2011)

(5)本书方法：根据实践验证，Nolte 方法计算结果偏大(毛国扬等，2011)；

压降分析方法主要针对人工压裂缝，一般用于矿场；岩石力学法和地应力方法主要考虑构造应力的影响。针对人工压裂缝的闭合与天然裂缝的形成条件、开启机理及影响因素等方面的差异性，根据天然裂缝在地下的原始保存状态、开启机理及其影响因素，本书提出了计算地层中天然裂缝开启压力的新方法：

$$P_i = \frac{\nu}{1-\nu} H\rho_s g\sin\theta + H\rho_s g\cos\theta - \eta H\rho_w g + Hf_{\sigma_1}\sin\theta\sin\beta + Hf_{\sigma_3}\sin\theta\cos\beta \quad (7\text{-}6)$$

式中，θ 为裂缝的倾角；ρ_s 为岩石容重；η 为地层压力系数；ρ_w 为水的容重；f_{σ_1}、f_{σ_3} 分别为现今地应力的最大水平主应力和最小水平主应力梯度。在计算过程中，ν、ρ_s 可通过岩石力学试验或利用声波和密度资料进行求取；现今最大水平主应力和最小水平主应力方位及大小可通过水力致裂法、井径崩落法、岩石声发射法或声波各向异性法等方法得到。

按照上述方法，采用区域地应力方向及最大水平主应力和最小水平主应力梯度（0.0192MPa/m 和 0.0169MPa/m）、平均岩石容重和泊松比资料，计算得到了鄂尔多斯盆地姬塬油田某区块长 4+5 和长 6 油层顶面北东-南西向和近东西向两组主要天然裂缝在地层中的开启压力（表 7-1、图 7-2、图 7-3）。其结果表明，在相同层位，北东-南西向裂缝开启压力小于近东-西向裂缝，近东-西向裂缝开启压力与地层破裂压力相当（表 7-1、图 7-4～图 7-6），近东-西向裂缝开启压力和地层破裂压力要比北东-南西向裂缝开启压力大 3MPa 左右。说明在该油藏的注水开发过程中，北东-南西向裂缝最先开启，并容易形成北东-南西向注水诱导裂缝，引起该方向上的水淹水窜。

表 7-1　鄂尔多斯盆地姬塬油田某区块不同方向裂缝开启压力与地层破裂压力对比表

（单位：MPa）

井号	长 4+5₁顶面			长 4+5₂顶面			长 6₁顶面		
	裂缝开启压力		地层破裂压力	裂缝开启压力		地层破裂压力	裂缝开启压力		地层破裂压力
	北东-南西向	近东西向		北东-南西向	近东西向		北东-南西向	近东西向	
B103	46.69	49.74	49.75	47.48	50.59	50.63	48.41	51.57	51.65
G11	48.53	51.70	51.78	49.35	52.57	52.69	50.38	53.68	53.83
G12	47.52	50.63	50.67	48.27	51.43	51.50	49.26	52.49	52.59
G176	48.33	51.49	51.56	49.12	52.34	52.44	50.29	53.58	53.73
G177	42.95	45.76	45.62	43.83	46.70	46.59	44.84	47.77	47.70
G310	46.88	49.94	49.96	47.68	50.80	50.84	48.71	51.90	51.98
G318	46.68	49.73	49.74	47.47	50.57	50.61	48.51	51.68	51.76
G49	47.85	50.98	51.03	48.71	51.89	51.98	49.78	53.04	53.17
G61	46.61	49.66	49.66	47.47	50.58	50.61	48.33	51.49	51.56

续表

井号	长 4+5$_1$ 顶面			长 4+5$_2$ 顶面			长 6$_1$ 顶面		
	裂缝开启压力		地层破裂压力	裂缝开启压力		地层破裂压力	裂缝开启压力		地层破裂压力
	北东-南西向	近东西向		北东-南西向	近东西向		北东-南西向	近东西向	
G69	49.93	53.19	53.33	50.80	54.13	54.30	51.84	55.23	55.44
G70	46.06	49.08	48.94	46.81	49.87	49.77	47.70	50.82	50.75
G73	46.62	49.67	48.83	47.52	50.63	49.80	48.48	51.65	50.84
G88	49.91	53.17	53.30	50.77	54.09	54.26	51.80	55.19	55.40
G89	48.59	51.77	56.37	49.36	52.59	57.30	50.12	53.40	58.21
G95	50.01	53.28	53.42	50.86	54.19	54.36	51.78	55.16	55.37
G96	46.82	49.89	49.00	47.70	50.82	49.95	48.62	51.80	50.94
L204	46.62	49.67	49.67	47.34	50.43	50.46	48.32	51.48	51.55
L209	43.63	46.49	46.37	44.47	47.37	47.29	45.46	48.43	48.38
L21	42.05	44.81	44.62	42.82	45.62	45.47	43.94	46.82	46.71
L43	44.73	47.66	47.47	45.50	48.48	48.32	46.65	49.70	49.59
L46	49.49	52.73	52.85	50.28	53.56	53.71	51.31	54.67	54.86
L47	47.65	50.77	50.81	48.46	51.63	51.70	49.54	52.79	52.91
Y102	44.41	47.32	47.23	45.38	48.35	48.30	46.35	49.38	49.37

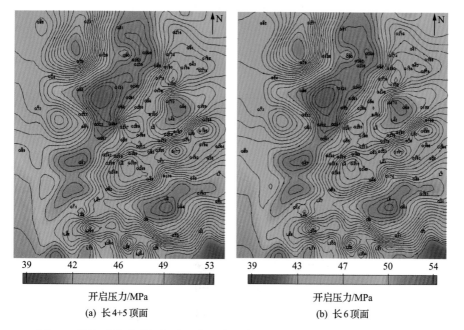

图 7-2　鄂尔多斯盆地姬塬油田某区块北东-南西向裂缝开启压力分布预测图

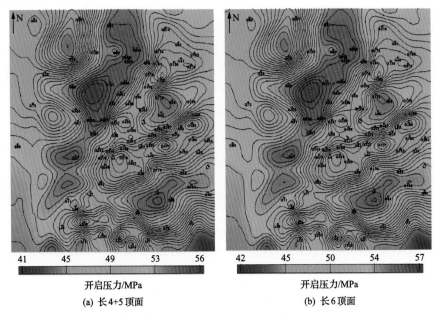

(a) 长4+5顶面　　　　　　　　　(b) 长6顶面

图 7-3　鄂尔多斯盆地姬塬油田某区块近东西向裂缝开启压力分布预测图

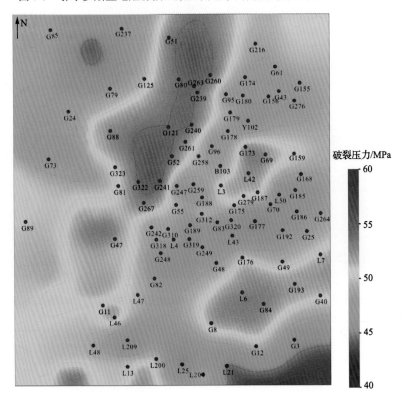

图 7-4　鄂尔多斯盆地姬塬油田某区块长 4+5$_1$ 顶面地层破裂压力分布预测图

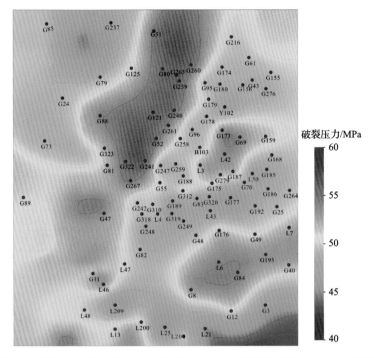

图 7-5 鄂尔多斯盆地姬塬油田某区块长 $4+5_2$ 顶面地层破裂压力分布预测图

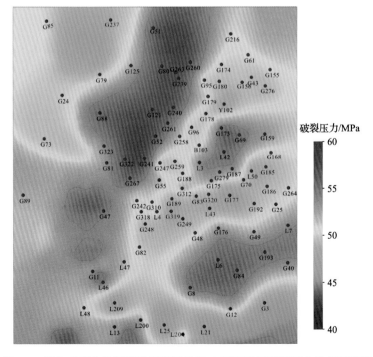

图 7-6 鄂尔多斯盆地姬塬油田某区块长 6_1 顶面地层破裂压力分布预测图

　　根据上述方法对鄂尔多斯盆地不同地区及不同层位天然裂缝开启压力进行计算和评价，在不同地区和不同层位，不同走向的天然裂缝开启压力有明显的差别，但不同方向裂缝的开启序列具有相似性。例如，华庆地区长 6 油层北东东-南西西向裂缝平均开启压力为 32.2～34.2MPa，近东西向裂缝平均开启压力为 37.6～39.9MPa，近南北向裂缝平均开启压力为 45.5～47.1MPa（表 7-2）。显示出该区不同方向裂缝开启压力明显低于姬塬油田，但不同方向裂缝的开启序列具有相似性，其中北东东-南西西向裂缝开启压力最小，在注水过程中最早被开启；其次是近东西向裂缝和近南北向裂缝。

表 7-2　华庆地区长 6 油层不同方向裂缝开启压力计算结果表

井号	深度/m	裂缝开启压力/MPa			裂缝渗透率比值	
		北东东-南西西向	近东西向	近南北向	$K_{近东西}/K_{近南北}$	$K_{北东东-南西西向}/K_{近东西}$
W76	1906～2032	30.6～32.6	35.7～38.1	42.2～45.0	2.95～3.01	1.87～1.89
B119	1858～1988	29.8～31.9	34.8～37.3	41.1～44.0	2.93～2.99	1.86～1.88
B171	1997～2115	32.0～33.9	37.4～39.6	44.2～46.8	3.00～3.05	1.88～1.90
B257	1888～2008	30.3～32.2	35.4～37.6	41.8～44.5	2.95～3.00	1.86～1.88
L41	2030～2140	32.6～34.3	38.1～40.1	44.9～47.4	3.01～3.06	1.89～1.90
L45	2191～2315	35.2～37.1	41.1～43.4	48.5～51.3	3.09～3.15	1.91～1.93
Y138	1923～2031	30.9～32.6	36.0～38.1	42.6～45.0	2.96～3.01	1.87～1.89
Y139	2120～2238	34.0～35.9	39.7～42.0	46.9～49.5	3.05～3.11	1.90～1.92
Y155	2016～2148	32.3～34.5	37.8～40.3	44.6～47.6	3.00～3.07	1.88～1.90
Y156	2036～2165	32.7～34.7	38.2～40.6	45.1～47.9	3.01～3.07	1.89～1.91
Y294	2084～2195	33.4～35.2	39.1～41.1	46.1～48.6	3.04～3.09	1.89～1.91
Y298	2066～2172	33.1～34.9	38.7～40.7	45.7～48.1	3.03～3.08	1.89～1.91
平均	—	32.2～34.2	37.6～39.9	44.5～47.1	3.00～3.06	1.88～1.90

　　天然裂缝的开启需要克服裂缝面上的正应力。因此，天然裂缝开启压力间接地反映了天然裂缝在地层围压条件下所受的应力状态，裂缝开启压力越小，说明裂缝在地下所受到的缝面正应力越小，裂缝不但容易开启，而且在相同的地层压力条件下，裂缝张开程度可能越大，其渗流能力越强；相反，如果裂缝开启压力越大，说明裂缝在地下所受到的缝面正应力越大，裂缝不但不容易开启，而且在相同的地层压力条件下，裂缝张开程度可能越小，其渗流能力越弱。利用天然裂缝开启压力，还可进一步对不同方向天然裂缝的渗透性进行评价。从华庆地区不同方向裂缝渗透率比值可以看出（表 7-2），近东西向裂缝渗透率约为近南北向裂缝的 3 倍，北东东-南西西向裂缝渗透率约为近东西向裂缝的 1.9 倍，该区北东东-南西西向天然裂缝的渗透性最好，是该区的主裂缝渗流方向，也是油藏开发方案制定和开发井网部署时需要考虑的主渗流裂缝方向。

第二节　裂缝开启压力的影响因素

根据天然裂缝开启压力的定义及其评价方法,在地层围压条件下天然裂缝的开启需要克服作用在裂缝面上的正应力,它们是上覆静岩应力、构造应力、流体压力等作用于裂缝面法向方向上的所有应力之和。如果天然裂缝产状、所处环境和地应力状态不同,那么天然裂缝开启压力不同。天然裂缝开启压力与天然裂缝产状、埋藏深度、孔隙流体压力、现今地应力及岩石力学性质等因素密切相关。

一、天然裂缝产状

在地层围压条件下天然裂缝的走向与倾角不同,裂缝开启压力不同。从不同裂缝的倾角-裂缝开启压力分布图可以看出(图7-7),在同一深度范围内,如果裂缝走向相同,那么裂缝的倾角越大,裂缝开启压力越小,说明高角度裂缝比中-低角度裂缝更容易开启。在裂缝埋藏深度和地层围压相同的条件下,相同倾角裂缝开启压力受裂缝走向与现今最大水平主应力方向之间的夹角的影响,若二者之间的夹角越小,裂缝开启压力越小,天然裂缝越容易开启;相反,若二者之间的夹角越大,裂缝开启压力越大,天然裂缝越难开启。因此,在一个地区如果存在多组天然裂缝,天然裂缝开启的容易程度和开启序列不仅与裂缝的倾角有关,还与裂缝的方位有关。一般高角度裂缝更容易开启,与现今地应力的最大水平主应力方向近平行的裂缝最早被开启,其次是与最大水平主应力方向斜交的裂缝,而与最大水平主应力方向近于垂直的裂缝最晚被开启。

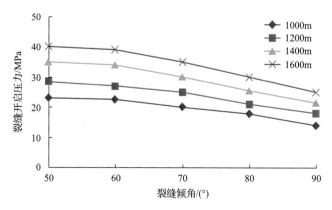

图7-7　不同倾角和埋藏深度下的东西向裂缝开启压力(朱圣举等,2016)

二、埋藏深度

天然裂缝的埋藏深度不同,在上覆地层围压作用下受到的静岩应力不同,则裂缝开启压力也不相同。裂缝产状相同时，其埋藏深度越大，裂缝开启压力也越大；天然裂缝的埋藏深度越小，裂缝开启压力也越小(图7-7)。说明随着储层埋藏深度的增加，相同产状裂缝的裂缝开启压力变大，天然裂缝开启难度增大。

三、孔隙流体压力

地层岩石中孔隙流体压力(也称之为地层压力)影响天然裂缝所受的应力状态，从而影响天然裂缝开启压力。孔隙流体压力是一种张应力，而上覆地层围压引起的静岩应力和构造应力是一种压应力，因而孔隙流体压力越大，天然裂缝开启压力越小；相反，孔隙流体压力越小，天然裂缝开启压力越大。

值得注意的是，根据前面埋藏深度对天然裂缝开启压力的影响分析，天然裂缝开启压力与埋藏深度呈正相关关系，埋藏深度越深，天然裂缝开启压力越大，似乎天然裂缝的作用会越来越小。但埋藏深度越深，孔隙流体压力也越大，当地层埋藏深度达到一定值时，泥页岩和膏盐层等封闭性较好的盖层的存在，使得孔隙与外界不连通，孔隙中的流体不能自由排出，造成异常孔隙流体高压。地层中异常孔隙流体高压的存在，大大抵消了上覆地层围压引起的静岩应力的作用，降低了天然裂缝受到的围压作用效应，因而降低了天然裂缝开启压力。因此，在深层和超深层储层中，由于孔隙流体异常流体高压的存在，天然裂缝开启压力并不会无限制地增大，天然裂缝仍然有较大的开度和较好的储集与渗流作用，可形成良好的裂缝性储集层。

四、现今地应力

现今地应力对裂缝开启压力的影响主要体现在地应力大小和方向两个方面。根据天然裂缝开启压力计算方法可知，当裂缝埋藏深度和产状相同时，裂缝开启压力的大小与现今地应力的最大水平主应力和最小水平主应力梯度有关。而现今地应力方向对裂缝开启压力的影响主要与天然裂缝的走向有关，在其他条件相同时，天然裂缝的走向与最大水平主应力方向之间的夹角越小，裂缝开启压力越小；相反，天然裂缝的走向与最大水平主应力方向之间的夹角越大，裂缝开启压力越大，这是存在多组天然裂缝地区，不同方向裂缝开启序列不同的一个主要原因。例如，在安塞油田某区块长6储层，现今最大水平主应力的平均方位为67°，该区天然裂缝的开启顺序为北东东-南西西向裂缝、近东西向裂缝、近南北向裂缝和北西-南东向裂缝。

五、岩石力学性质

岩石力学性质对裂缝开启压力的影响主要体现在上覆地层围压的泊松效应上，与岩石的泊松比 v 有关。当天然裂缝的产状、埋藏深度及地应力大小和方向均保持不变时，若上覆岩层泊松比越大，则天然裂缝开启压力相对越大；反之，上覆岩层泊松比越小，则天然裂缝开启压力相对越小。这主要是由于在地层围压条件下天然裂缝除了受到水平方向的构造应力作用以外，还受到上覆地层压力产生的垂直应力作用的影响。由于受到周围地层的约束，上覆地层压力造成的泊松效应会产生水平方向的应力分量并作用于裂缝面上，该水平挤压应力分量随着岩石泊松比的增加而增大，造成天然裂缝开启压力变大。

第三节　注水对裂缝动态变化的影响

在低渗透油藏的注水开发过程中，随着注水和采液的持续进行，油藏地层压力会发生改变，从而导致低渗透储层中天然裂缝的开度、渗透率和连通性等参数也发生动态变化。正是因为低渗透储层中天然裂缝的动态变化，所以在低渗透油藏注水开发的中后期必然要进行开发方案及井网的调整（曾联波，2008）。低渗透油藏中随注水开发而发生动态变化的裂缝参数称为裂缝动态参数，裂缝动态参数的预测和评价是低渗透油藏注水开发中后期进行开发方案调整的重要地质理论依据（曾联波等，2010）。

为了探讨低渗透油藏天然裂缝随注水开发的动态变化规律，以安塞油田某区块长 6 油藏为例，应用地质和油藏工程相结合的方法，对引起天然裂缝发生动态变化的条件进行了研究。在油藏的实际注水过程中，无论井口注水压力还是井底注水压力都难以控制和操作，因而在研究中采用容易操作的注水量来表示。

一、地层压力与注水量之间的关系

为了建立天然裂缝开启状态与注水压力之间的数学模型，首先需要建立复合油藏地层压力与注水量之间的定量关系，其次需要建立注水量与天然裂缝开启压力之间的数学模型，计算注水量与天然裂缝开启状态之间的定量关系。

在复合油藏单井平面径向稳定流条件下，井底地层压力满足以下关系式：

$$\frac{\mathrm{d}^2 P_1}{\mathrm{d}r^2} + \frac{1}{r}\frac{\mathrm{d}P_1}{\mathrm{d}r} = 0 \ (r_\mathrm{w} \leqslant r \leqslant r_\mathrm{f}) \tag{7-7}$$

$$\frac{\mathrm{d}^2 P_2}{\mathrm{d}r^2} + \frac{1}{r}\frac{\mathrm{d}P_2}{\mathrm{d}r} = 0 \ (r_\mathrm{f} \leqslant r \leqslant r_\mathrm{e}) \tag{7-8}$$

$$P_1(r = r_\mathrm{f}) = P_2(r = r_\mathrm{f}) \tag{7-9}$$

$$\left.\frac{\partial P_1}{\partial r}\right|_{r=r_\mathrm{f}} = M_{12} \left.\frac{\partial P_2}{\partial r}\right|_{r=r_\mathrm{f}} \tag{7-10}$$

$$P_2(r = r_\mathrm{e}) = P_\mathrm{e} \tag{7-11}$$

$$P_1(r=r_w) = P_{wf} \tag{7-12}$$

式中，P_1、P_2 均为地层压力（分别为 r 取不同范围时的地层压力）；$M_{12} = \dfrac{K_1}{K_1}$。

按照和均质油藏试井模型相同的原理，可以得到平均地层压力（$\overline{P}$）的表达式为

$$\overline{P} = P_{wf} + \frac{q\mu B}{172.8\pi K_1 h}\left(\frac{r_f^2}{r_e^2}\ln\frac{r_e}{r_w} + S - \frac{1}{2}\frac{r_f^2}{r_e^2}\right) + \frac{q\mu B}{172.8\pi K_2 h}\left[\ln\frac{r_e}{r_w} - \frac{1}{2}\left(1 - \frac{r_f^2}{r_e^2}\right)\right] \tag{7-13}$$

式中，$\overline{P}$ 为平均地层压力；P_{wf} 为井底流压。

在复合油藏单井平面径向不稳定流条件下，地层压力满足以下关系式：

$$\frac{\partial^2 P_1}{\partial r^2} + \frac{1}{r}\frac{\partial P_1}{\partial r} = \frac{3.6K_1}{\varphi\mu C_t}\frac{\partial P_1}{\partial t} \quad (r_w \leqslant r \leqslant r_f) \tag{7-14}$$

$$\frac{\partial^2 P_2}{\partial r^2} + \frac{1}{r}\frac{\partial P_2}{\partial r} = \frac{3.6K_2}{\varphi\mu C_t}\frac{\partial P_2}{\partial t} \quad (r_f \leqslant r \leqslant \infty) \tag{7-15}$$

$$P_1(r=\infty) = P_p \tag{7-16}$$

$$q = \frac{K_1 h r_w}{1.842\times 10^{-3} q\mu B}\frac{dP_1}{dr}\bigg|_{r=r_w} \tag{7-17}$$

$$P_1(r=r_f) = P_2(r=r_f) \tag{7-18}$$

$$\frac{\partial P_1}{\partial r}\bigg|_{r=r_f} = M_{12}\frac{\partial P_2}{\partial r}\bigg|_{r=r_f} \tag{7-19}$$

$$P_1(t=0) = P_2(t=0) = P_p \tag{7-20}$$

通过分离变量方法，按照和均质油藏试井模型相同的方法，可以得到开井 t_p 时刻的井底流压为

$$P_{wf} = P_p - \frac{q\mu B}{345.6\pi K_1 h}\left[\ln\frac{3.6K_1 t}{\varphi\mu C_t r_w^2} + 0.8091 + \left(\frac{2}{M_{12}} - 2\right)\ln\frac{r_f}{r_w}\right] \tag{7-21}$$

在试井测试时，考虑表皮效应的影响，对应生产时间 t_p 时刻，井底流压为

$$P_{wf} = P_p - \frac{q\mu B}{345.6\pi K_1 h}\left[\ln\frac{3.6K_1 t_p}{\varphi\mu C_t r_w^2} + 0.8091 + 2S + \left(\frac{2}{M_{12}} - 2\right)\ln\frac{r_f}{r_w}\right] \tag{7-22}$$

在试井测试时，在应生产时间 t_p 时刻，关井时间 Δt 时刻，井底压力为

$$P_{ws} = P_p - \frac{q\mu B}{345.6\pi K_1 h}\left(\ln\frac{t_p + \Delta t}{\Delta t}\right) \tag{7-23}$$

若 $t_p \gg \Delta t$，则 $t_p + \Delta t \approx t_p$。这个条件在实际测试时容易满足，因而有以下表达式：

$$P_{ws} = P_{wf} + \frac{q\mu B}{345.6\pi K_1 h}\left[\ln\frac{8.08524 K_1 \Delta t}{\varphi\mu C_t r_w^2} + 2S + \left(\frac{2}{M_{12}} - 2\right)\ln\frac{r_f}{r_w}\right] \tag{7-24}$$

在试井测试中，利用探测半径 r_i 代替供给半径 r_e，式(7-13)变为

$$\overline{P} = P_{wf} + \frac{q\mu B}{345.6\pi K_1 h}\left[\frac{r_f^2}{r_i^2}\ln\left(\frac{r_i}{r_w}\right)^2 + 2S - \frac{r_f^2}{r_i^2}\right] + \frac{q\mu B}{345.6\pi K_2 h}\left[\ln\left(\frac{r_i}{r_w}\right)^2 - \left(1 - \frac{r_f^2}{r_i^2}\right)\right] \tag{7-25}$$

由式(7-25)和式(7-24)可以得到

$$\overline{P} = P_{ws} + \frac{q\mu B}{345.6\pi K_1 h}\left[\frac{r_f^2}{r_i^2}\ln\left(\frac{r_i}{r_w}\right)^2 - \frac{r_f^2}{r_i^2} - \ln\frac{8.08524 K_1 \Delta t}{\varphi\mu C_t r_w^2} - \left(\frac{2}{M_{12}} - 2\right)\ln\frac{r_f}{r_w}\right]$$
$$+ \frac{q\mu B}{345.6\pi K_2 h}\left[\ln\left(\frac{r_i}{r_w}\right)^2 - \left(1 - \frac{r_f^2}{r_i^2}\right)\right] \tag{7-26}$$

式中，P_{ws} 为关井井底压力；μ 为黏度；B 为体积系数；K_1、K_2 为渗透率；h 为有效厚度；r_f 为内区半径；r_i 为外区半径；r_w 为完井半径；Δt 为关井恢复时间；φ 为孔隙度；C_t 为综合压缩系数；P_p 为初始地层压力；q 为产油量；S 为表皮系数；P_e 为排液内边界压力。

因此，通过测试资料的解释分析，在得到 K、P_p 和 r_i 以后，可由式(7-24)计算出 P_{ws}，再由式(7-26)计算出 $\overline{P}$，由此确定复合油藏的单井平均地层压力。

在确定了复合油藏单井平均地层压力以后，可以建立其与注水量之间的关系：

$$Q_w = \frac{0.5429 k k_{rw} h[(P_{wf} - \overline{P}) + \lambda(r_e - r_w)]}{B_w \mu_w\left(\ln\dfrac{r_e}{r_w} - \dfrac{3}{4}\right)} \tag{7-27}$$

式中，Q_w 为注水量；B_w、μ_w 为水的体积系数和黏度；λ 为启动压力梯度；r_e 为供给半径。

二、注水量与裂缝开启范围之间的关系

通过建立复杂地层条件下注水井井底周围地层平均压力与注水量的关系，可以进一步推导和计算复杂地层在不同注采条件下地层平均压力分布与井周半径关系图(图7-8～图7-13)。

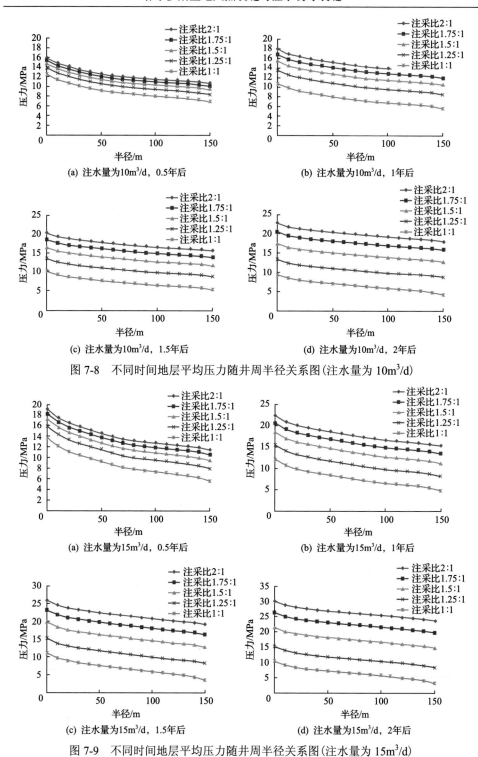

(a) 注水量为10m³/d, 0.5年后　　　　　　(b) 注水量为10m³/d, 1年后

(c) 注水量为10m³/d, 1.5年后　　　　　　(d) 注水量为10m³/d, 2年后

图 7-8　不同时间地层平均压力随井周半径关系图(注水量为 10m³/d)

(a) 注水量为15m³/d, 0.5年后　　　　　　(b) 注水量为15m³/d, 1年后

(c) 注水量为15m³/d, 1.5年后　　　　　　(d) 注水量为15m³/d, 2年后

图 7-9　不同时间地层平均压力随井周半径关系图(注水量为 15m³/d)

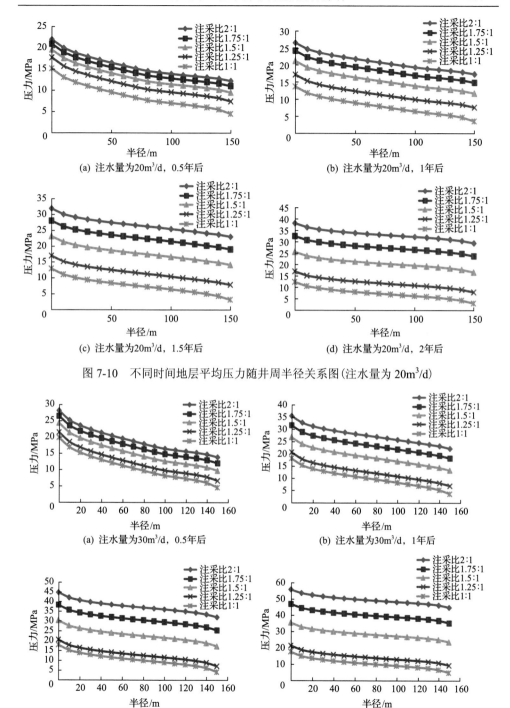

(a) 注水量为20m³/d，0.5年后

(b) 注水量为20m³/d，1年后

(c) 注水量为20m³/d，1.5年后

(d) 注水量为20m³/d，2年后

图 7-10 不同时间地层平均压力随井周半径关系图(注水量为 20m³/d)

(a) 注水量为30m³/d，0.5年后

(b) 注水量为30m³/d，1年后

(c) 注水量为30m³/d，1.5年后

(d) 注水量为30m³/d，2年后

图 7-11 不同时间地层平均压力随井周半径关系图(注水量为 30m³/d)

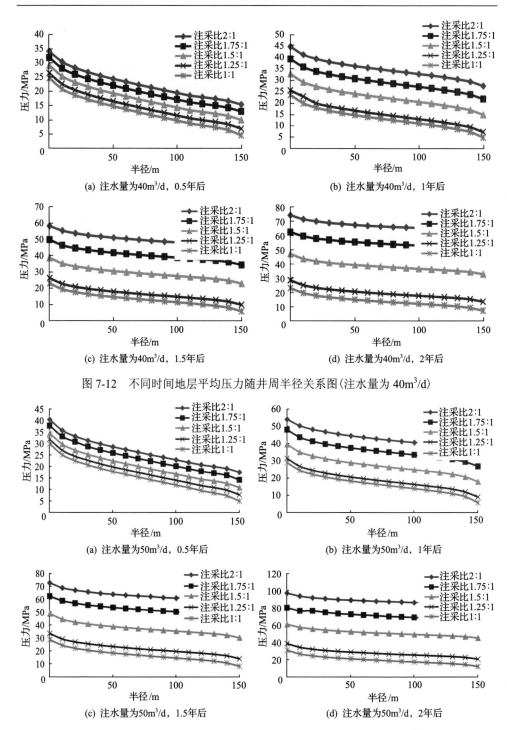

(a) 注水量为40m³/d, 0.5年后

(b) 注水量为40m³/d, 1年后

(c) 注水量为40m³/d, 1.5年后

(d) 注水量为40m³/d, 2年后

图 7-12　不同时间地层平均压力随井周半径关系图(注水量为 40m³/d)

(a) 注水量为50m³/d, 0.5年后

(b) 注水量为50m³/d, 1年后

(c) 注水量为50m³/d, 1.5年后

(d) 注水量为50m³/d, 2年后

图 7-13　不同时间地层平均压力随井周半径关系图(注水量为 50m³/d)

从不同注水量和不同注采比的地层平均压力与井周半径关系图中可以得出，整体上，地层平均压力随注水半径的增大而减小；在相同井周半径范围内，注采比越大，地层平均压力越高；开始井周地层平均压力随半径的变化相对较快，但随着时间的推移，地层平均压力随半径的变化越平缓，具体有如下规律。

(1)在任意一种注采比下，不论注水量多少，在注水一段时间以后，注水井周围的地层平均压力均表现出随着井周半径的增大而逐渐减小的趋势。例如，当注采比为2:1、注水量为10m³/d时，注水半年后，井底处的地层平均压力为15.9MPa，距离注水井50m处的平均地层压力下降为12.7MPa，距离注水井100m处的地层平均压力下降为11.6MPa，表明距离注水井越远，平均地层压力越小。

(2)在特定注水量和注采比时，随着注水开发的推进，最初一段时间内井周地层平均压力随半径的变化相对较快，但随着时间的推移，地层平均压力随半径的变化越来越平缓。例如，当注水量为10m³/d、注采比为2:1时，注水半年后注水井底的地层平均压力为15.9MPa，距离注水井50m处的地层平均压力为12.7MPa，地层平均压力下降了约3.2MPa，下降比例为20%；注水1年后，注水井底的地层平均压力为18.0MPa，距离注水井50m处的地层平均压力为15.2MPa，地层压力下降了约15.6%。同样，注水1.5年后地层平均压力下降了约10%，2年后下降了约9.7%。可见，随着注水开发时间的持续，地层平均压力下降的比例越来越小，随井周半径的变化越来越平缓。

(3)注水量一定时，在相同井周半径范围内，注采比越大，地层平均压力越高。例如，当注水量为10m³/d时，分别以注采比2:1、1.75:1、1.5:1、1.25:1、1:1注水开采，1年后，距离注水井50m处的地层平均压力分别为15.2MPa、14.0MPa、12.8MPa、11.0MPa、8.6MPa，表明地层压力与注采比呈正相关关系。

(4)当注采比相同，但采用不同注水量进行注水时，在相同的注采时间内，注水量越大，相同范围的地层平均压力就越高。例如，当注采比均为2:1、注水量分别为10m³/d、15m³/d、20m³/d、30m³/d、40m³/d、50m³/d时，在注水1年后，在距离注水井50m处的地层平均压力分别为15.2MPa、18.5MPa、22.0MPa、29.0MPa、36MPa、44MPa，表明地层压力与注水量呈正比关系。

(5)某一注采比和注水量下，在注水井周围相同距离的地层中，随着注采时间的增加，地层压力逐渐增大。例如，当注采比为2:1、注水量为10m³/d时，在距离注水井50m的地层中，注水0.5年后地层平均压力为12.7MPa，注水1年后地层平均压力升高至15.2MPa，1.5年后地层平均压力为16.2MPa，2年后地层平均压力为20.1MPa，反映了地层平均压力随注采时间呈逐渐增高的特征。

在建立地层平均压力与井周半径关系的基础上，根据天然裂缝开启压力的计算方法，可进一步建立注水量与天然裂缝开启范围关系图(图7-14)。根据不同开发时间内的注水量与天然裂缝开启范围关系可得到如下认识。

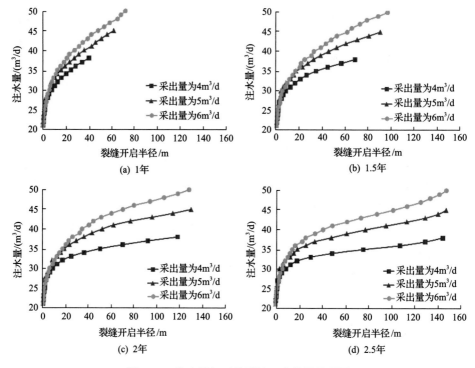

图 7-14　注水量与天然裂缝开启范围关系图

(1) 能够使安塞油田某区块长 6 储层中天然裂缝开启的临界注水量约为 21m³/d, 即当注水量超过 21m³/d 时, 可以使注水井周围地层的天然裂缝开启, 且随着注水量的不断增大, 天然裂缝开启半径范围随之不断增大。

(2) 当注水量小于 30m³/d 时, 随着注水量的增加, 天然裂缝开启半径增加缓慢(小于 10m); 但当注水量达到或超过 30m³/d 时, 随着注水量的增加, 裂缝开启半径快速增加, 即使注水量增加不多, 都可以使裂缝开启范围扩大。

(3) 当注水量相同时, 采出量越小, 天然裂缝开启范围越大; 当注水量和采出量均不相同时, 若要使相同范围内的天然裂缝开启, 则采出量越大时, 所需注水量也越大。尤其是当注水量大于 34m³/d 时, 天然裂缝开启范围与采出量之间的上述关系更加明显。

(4) 整体上, 注水量越大, 天然裂缝开启范围越大。但当注水量达到或超过 34m³/d 时, 即使注水量增加较少, 但随着注水开发时间的持续, 裂缝开启范围也将不断增大。

根据天然裂缝的上述动态变化规律, 在长 6 低渗透油藏注水开发过程中, 若要避免天然裂缝大规模开启形成注水诱导裂缝, 则需要控制注水量不超过 30m³/d, 这样在长期注水过程中就可以有效地避免大规模注水诱导裂缝的形成和采油井的爆性水淹、水窜。

　　将上述结果与该区实际的注水指示曲线进行比较,从注水指示曲线上的拐点可以看出,该区裂缝开启压力对应的注水井井口压力主要分布在 6.5～8MPa,对应的注水量为 30～35m^3/d(图5-9),与注水量和天然裂缝开启范围关系图(图7-14)中拐点位置的注水量(即 30～34m^3/d)相对应,表明上述分析结果与油藏实际注水结果完全一致,当注水量超过该拐点值时,天然裂缝开始张开并快速扩展形成注水诱导裂缝。

　　为了进一步验证注水诱导裂缝形成时对应的注水量与注水压力,选择该区一口典型注水井进行分析。从该典型注水井历年日注水量与井口注水压力对比图可以看出(图7-15),在2002年9月以前日注水量维持在30m^{3}左右(A阶段),所对应的井口注水压力维持在8MPa以下。2002年9月～2005年5月(B阶段),该井增大日注水量,达到50m^{3}左右,对应井口注水压力略有增加(略大于8MPa)。但在B阶段后期(2004年3月之后),虽然注水量在某段时间升高到50m^3,但井口注水压力却始终小于 8MPa。日注水量大幅度增加,而井口注水压力从缓慢增加到明显下降,说明在 A 阶段 30m^3 左右的日注水量时,天然裂缝开始开启,但没有明显地扩展和延伸;当日注水量增大,井口注水压力达到 8MPa 以上时,天然裂缝发生扩展和延伸,因而导致注水压力明显下降。根据该井周围采油井的含水率变化对比分析可知,在 B 阶段后期油井含水率出现了台阶式的快速上升,说明采油井的高含水是由裂缝引起的,也间接验证此时已形成了注水诱导裂缝。

　　在 B 阶段以后,日注水量减小至 20m^3 以下,井口注水压力也相应地下降到7MPa 以下。在 C 阶段不难看出,尽管日注水量保持基本不变,但井口注水压力总体上却逐渐升高,注水越来越困难,当井口注水压力上升到8MPa 时(2011年3月～2011 年 8 月),注水量维持不变,但井口注水压力有一段快速下降过程,说明此时注水诱导裂缝发生了进一步的扩展和延伸。之后,日注水量依然保持不变,但井口注水压力再次逐渐升高,在 2012 年 7 月左右一度达到近 10MPa 左右,随后立即转为下降,说明注水诱导裂缝发生了再次扩展和延伸,与第五章第三节油藏数值模拟得到的压力周期性变化规律完全一致(图5-15、图5-16)。上述分析可从该注水井 2010～2012 年的吸水剖面监测结果得到验证(图7-16),2010 年吸水剖面表现出厚层大段地层吸水,指状吸水特征并不明显;2011 年 3 月测得吸水剖面已表现出指状吸水特征;2012 年测得吸水剖面已完全表现出指状尖峰吸水特征。吸水层段从早期的大段吸水,变为后来的两段式吸水,吸水层厚减小,表现出典型的裂缝型吸水特征,说明注水诱导裂缝已形成。根据测井裂缝解释结果(图7-16 中结合概率指数和分形维数),吸水层段对应的天然裂缝发育,表明注水诱导裂缝是由天然裂缝的开启、扩展和延伸形成的。

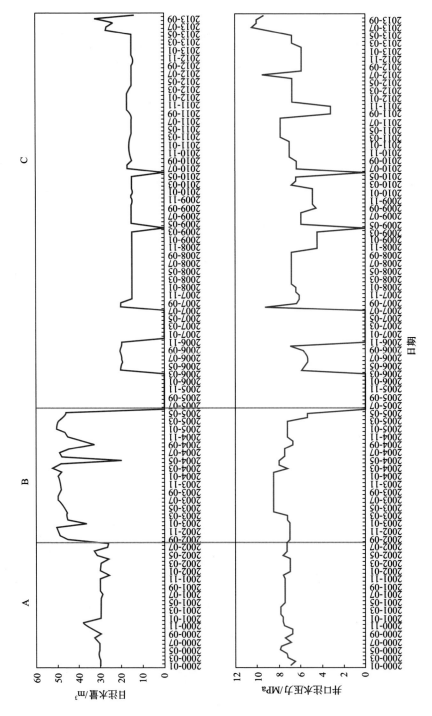

图 7-15 某典型注水井历年日注水量与井口注水压力变化曲线

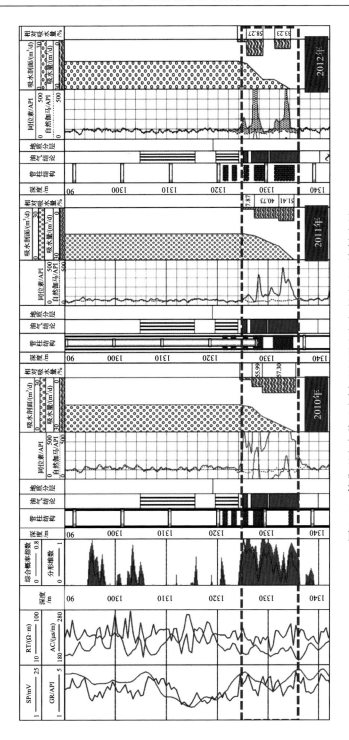

图7-16 某典型注水井吸水剖面监测图（根据长庆油田资料编制）

　　同时，根据该注水井的日注水量与井口注水压力交会图(图 7-17)可以看出，随着日注水量的逐渐增加，注水压力增大(A)；但当日注水量大于 30m³ 时，注水压力不再增大，且随着注水量的增大，注水压力保持平稳(B)。说明该注水井的日注水量大于 30m³ 时，天然裂缝开始开启、延伸及注水诱导裂缝开始形成，此时井口注水压力为 8MPa 左右，为井口的天然裂缝开启压力。

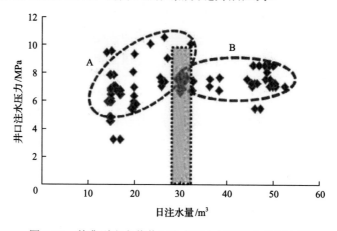

图 7-17　某典型注水井井口注水压力与日注水量交会图

第八章 注水诱导裂缝识别与预测

注水诱导裂缝是在油藏长期注水开发过程中形成的，具有漫长的形成演化时间。如何在油藏不同注水开发阶段识别和表征注水诱导裂缝，甚至提前预测注水诱导裂缝可能的分布特征，对指导油藏开发方案的调整具有重要意义。本章以安塞油田某典型区块长6低渗透油藏为例，总结注水诱导裂缝的识别和预测方法。

第一节 注水诱导裂缝响应特征

一、采油井见水类型

根据采油井生产动态资料，通过对单井产液量、产油量和含水率的变化曲线特征分析可知，安塞油田某典型区块长6低渗透油藏的采油井见水主要分为以下3种类型。

(一)孔隙型见水

注水井与采油井之间为孔隙型渗流，注入水向四周的推进较为均匀，前缘水线推进速度较慢，采油井见水周期长，受效后稳产期较长，含水率上升速度缓慢，开发效果最好。随着含水率的逐渐上升，产油量逐渐下降(图8-1)。

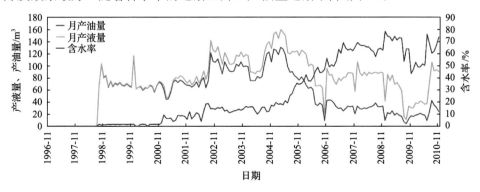

图 8-1 孔隙型见水采油井生产动态曲线图

(二)裂缝型见水

初始阶段采油井产量和含水稳定，含水率较低，但后期采油井含水率呈阶段性急剧上升，产油量急剧下降，如不采取措施产油量会受到很大影响(图8-2)。含水率出现上述特征的原因是早期为孔隙型见水，后来随着注水压力过大，天然裂缝张开形成了快速水窜通道，沟通了油水井，注入水沿裂缝通道推进迅速，导致采油井含水率呈台阶式快速上升，在短时间内发生水淹，水驱效率较低，产油量急剧下降。

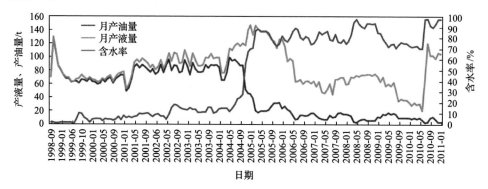

图 8-2　裂缝型见水采油井生产动态曲线图

（三）整个生产期含水率一直处于较高水平

采油井见水周期短，水线推进速度快，从初始阶段开始油井含水率就处于很高的水平，并且逐渐呈增高趋势（图 8-3）。这类采油井在投产初期即表现为高含水，其原因可能是高渗带的存在，致使注入水迅速见效，产液量较高，但产油量一直不高。

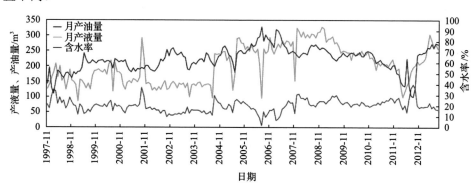

图 8-3　整个生产周期含水率一直处于较高水平采油井生产动态曲线图

在鄂尔多斯盆地上三叠统延长组致密低渗透油藏的注水开发过程中，以上 3 种采油井见水情况均呈不同程度的出现，而且分布复杂，说明油藏开发效果在平面上存在强烈的非均质性，使得这类油藏注水开发难度大。根据不同见水类型采油井分布规律的对比分析，能够为注水诱导裂缝的识别提供依据。

二、注水诱导裂缝的动态响应特征

注水诱导裂缝形成演化过程的时间跨度较长，在不同注水阶段由于资料不同，它们所表现出的响应特征也各不相同。根据不同时期油藏开发的动态响应特征，可以有效地对注水诱导裂缝进行识别(赵向原等，2017)。在油藏开发过程中，注水诱导裂缝的动态响应特征主要表现为以下几个方面。

(一)采油井表现出方向性高含水特征

采油井见水类型分为 3 种类型，其中含水率变化曲线呈阶梯式快速上升是裂缝型见水的主要表现。如果一个地区的采油井裂缝型见水逐渐增多，而且这些裂缝型见水采油井与注水井的连线方向表现出明显的优势方向性特征，那么说明在油水井之间已经形成了高渗流通道，这是形成注水诱导裂缝的主要响应特征。尤其当该地区的注水压力较高，基本上达到或超过最小裂缝开启压力，而且高含水采油井与注水井的连线方向和主渗流裂缝方向或现今地应力的最大水平主应力方向近一致时，更加可以确定高含水是由注水诱导裂缝引起的。

例如，在安塞油田某区块 G0 注水井组(图 8-4)，G1 井和 G2 井分别为 2010 年 9 月和 2010 年 10 月投产的两口加密调整井，投产时两口采油井全月高产水，含水率均在 90%以上，为典型的裂缝型见水特征(图 8-5)，说明投产时该井组已形成北东–南西向注水诱导裂缝，G1 井和 G2 井分别在高含水渗流带上。Q3 井也是位于 G0 注水井西南方向的采油井(属于另一个井组)，从该井含水率曲线图可以看出，其在 1998 年 11 月前后表现出台阶式裂缝型见水特征，与 G0 井注水量增加相对应，G0 井后来的注水量虽然下降，但 Q3 井一直处于含水状态，说明 Q3 井在 1998 年 11 月前后有一次天然裂缝的开启(由于没有另一井组的注水井资料，不能确定其裂缝开启是由 G0 井引起的还是由其他注水井引起的)。这也间接证明，该区的北东–南西向注水诱导裂缝早已开始形成。

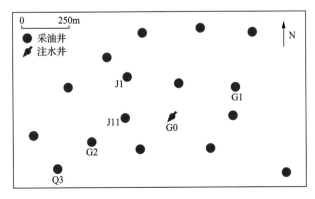

图 8-4　G0 注水井组井位图

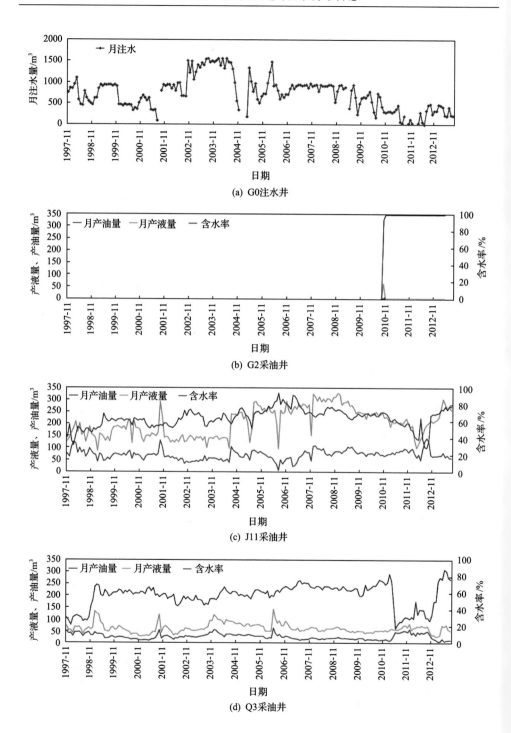

(a) G0注水井

(b) G2采油井

(c) J11采油井

(d) Q3采油井

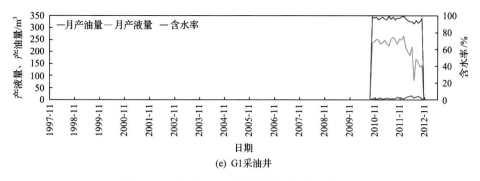

(e) G1采油井

图 8-5　注水井 G0 及相关油井生产动态曲线图

J11 井于 1997 年 9 月投产,在 2002 年 7 月以前采油井含水率始终保持在 60% 上下,平均月产油量为 70.4m^3,产油量和含水率相对保持平稳;之后 G0 注水井的月注水量增加,该井含水率和产液量均相应上升,平均含水率为 67%,平均月产油量为 56m^3,月产油量缓慢下降;随后注水井降低了注水量,该井的含水率和产液量也相应下降,平均含水率为 62%,平均月产油量为 80.5m^3,产油量上升,注水效果逐渐好转。J11 采油井的含水率和产液量呈随 G0 井注水量的改变而变化的规律,反映 J11 井与 G0 井之间有比基质孔隙更好的渗透性,使 J11 井受效较好,从动态响应特征可以看出,它们之间不存在高渗流通道,说明 G0 井与 J11 井之间的天然裂缝没有开启。根据天然裂缝研究结果可知,该区发育东西向天然裂缝,G0 井和 J11 井解释天然裂缝也较发育。这也验证 J11 井与 G0 井之间较好的渗透性是由于存在天然裂缝,只是注水还没有导致东西向裂缝的开启和延伸。

(二)采油井压力升高表现出明显的方向性特征

如果一个井组在注水过程中采油井压力同步快速升高,甚至出现采油井和注水井压力相当的情况,同样反映了在采油井和注水井之间形成了连通性较好的高渗流通道。如果采油井压力和注水井压力同步快速上升甚至相当,且对应的采油井与注水井的连线方向表现出明显的方向性特征,同样是注水诱导裂缝的一种重要的动态响应特征,其原因和高含水采油井表现出的方向性特征完全相同。

(三)注水井的吸水剖面逐渐表现出指状吸水特征,且在注水指示曲线上出现明显的拐点

随着注水时间不断持续,注水井在吸水剖面上逐渐表现出不均匀尖峰状(或指状)吸水的特征,吸水层厚度也逐渐减小,但吸水比不断增大,则说明在注水井附近逐渐出现了高渗流的注水诱导裂缝。同时,在注水井的注水指示曲线上还会出现拐点,在拐点之前,随着注水压力的不断增加,注水量逐渐增大,吸水指数为一个定值;但在拐点之后,即使注水压力增加不大,注水量也急剧增加,吸水指

数较拐点以前明显增大,表明在地层中已经形成了注水诱导裂缝。

例如,G0 注水井不同时间吸水剖面监测结果表明,在 2010 年 9 月 11 日和 2011 年 3 月 29 日两次测试中均表现出明显的尖峰状吸水特征,而且随着注水的持续,吸水比越来越集中(图 8-6)。说明 G0 注水井经过长时间注水以后,注水井周围地层裂缝已开启、扩展和延伸,形成了注水诱导裂缝,并成为快速水流通道,使大部分注入水沿裂缝突进,水驱非均质性严重。

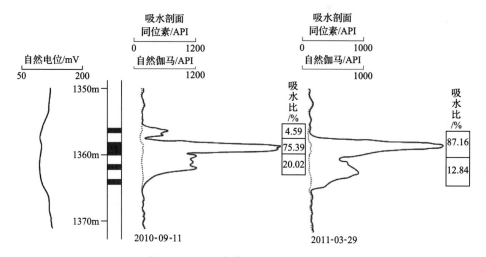

图 8-6　G0 注水井不同时间吸水剖面

从 G0 注水井的注水指示曲线可以看出,该注水指示曲线上的拐点明显(图 8-7)。在拐点之前,随着井口注水压力的增大,注水量逐渐增大,吸水指数为一个定值;在拐点之后,吸水指数较拐点以前明显增大,这也表明在地层中已经形成了注水诱导裂缝,使油层吸水能力急剧增强。

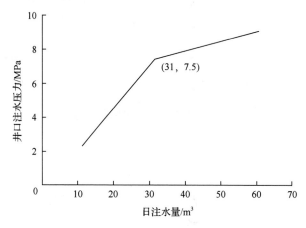

图 8-7　G0 井注水指示曲线

G0 注水井拐点处井口注水压力约为 7.5MPa，相对应的日注水量约为 31m^3。该井自 1997 年 11 月以来，有多次日注水量均超过了拐点注水量值，如 2002 年 10 月~2004 年 9 月平均日注水量达 46m^3。正是因为超高压力注水，该井组形成了北东–南西向注水诱导裂缝。

(四)示踪剂监测显示受效井方向性明显

示踪剂监测是确定井间连通性及连通程度的有效手段。注水井投入示踪剂以后，可监测周围采油井的受效情况，通过受效井示踪剂到达时间、示踪剂浓度变化、受效井与注水井之间的距离等资料，并通过示踪剂浓度采出曲线的拟合分析，可以反映采油井和注水井之间的连通情况及裂缝方向、裂缝体积、裂缝宽度、裂缝高度和裂缝渗透率等参数。如果在周围采油井检测到示踪剂，那么说明这些采油井与注水井之间是连通的；受效井中示踪剂浓度越大，说明采油井与注水井之间的连通性越好；受效井与注水井之间的距离大而受效时间短，则说明示踪剂在井间流动速度大，同样反映出井间连通性好和裂缝宽度大的分布特征。如果一个地区的示踪剂受效方向性明显，而且解释的渗透率远远大于天然裂缝的原始渗透率，说明在地层中已存在方向性明显的注水诱导裂缝。

例如，G0 井组于 2010 年 10 月 20 日投入示踪剂，随后 2 个多月内对周边 15 口采油井示踪剂产出情况进行跟踪监测，最终有 4 口采油井见到了示踪剂。根据各受效井与注水井之间的距离、各受效井方向上的前缘水线推进速度、各井的示踪剂相对回采率和注水分配率等可知(表 8-1)，位于 G0 注水井南西方向的 G2 井距离较远，前缘水线推进速度较快，且示踪剂相对回采率和注水分配率值最高，说明 G0 注水井与 G2 井之间已形成北东–南西向的高渗透带，连通性最好；位于 G0 注水井西侧的 J11 井距离最短，但前缘水线推进速度最慢，示踪剂相对回采率和注水分配率却相对较高，说明该井与 G0 注水井之间有较好的渗透性，但不存在连通性较好的东西向开启裂缝或高渗流带；同样，位于 G0 注水井北东方向的 G1 井的前缘水线推进速度大于东西向的推进速度，示踪剂相对回采率和注水分配率为 18.3%及 18%，说明该井与 G0 注水井之间存在北东–南西向的裂缝；位于 G0 注水井南西方向的 Q3 井距离最远，计算前缘水线推进速度最快，但示踪剂相对回采率和注水分配率最低，远小于以上 3 口井，且该井与 G2 井距离较近，分析该井示踪剂并非直接来自注水井，而是来自 G2 井，说明该井组的 G0 注水井与 G2、Q3、G1 井之间已形成了规模较大的北东–南西向注水诱导裂缝，而 G0 注水井与 J11 井之间的注水诱导裂缝尚未形成。

表 8-1　G0 注水井组示踪剂监测数据表

	J11	G1	G2	Q3
受效井与注水井之间的距离/m	254.0	337.0	468.0	680.0
示踪剂突破时间/d	17.0	20.0	16.0	19.0
前缘水线推进速度/(m/d)	14.9	16.9	29.3	35.8
示踪剂相对回采率/%	32.1	18.3	44.9	4.7
注水分配率/%	32.0	18.0	45.0	5.0
方向	东西向	南北向	南西向	南西向

(五)试井解释表现出明显的裂缝渗流特征

鄂尔多斯盆地上三叠统延长组低渗透储层主要为剪切裂缝，单条裂缝规模不大，延伸长度有限。因此，在一般情况下，当井筒周围不存在天然裂缝发育带而只存在单条裂缝时，其裂缝性渗流特征并不明显。但随着注水压力的不断提高，天然裂缝张开、扩展和延伸，裂缝的连通性逐渐变好，裂缝开度变大，其裂缝渗流特征越来越明显。在试井曲线上，测试的压力变化曲线和压力导数曲线均为开口状，呈现"1/2"斜率线上升，表明具有裂缝-无限传导的渗流特征。在试井曲线上表现出明显的裂缝渗流特征，也是该区注水诱导裂缝的动态响应特征之一。

例如，对 G0 注水井和 G2 采油井进行了试井测试及解释(图 8-8)，在试井双对数曲线拟合图上，两口井均具有明显的裂缝-无限传导的渗流特征。G0 注水井测试油层中部压力变化范围为 22.37～20.76MPa，解释油层静压为 20.53MPa，计算裂缝半长为 59.7m；位于 G0 注水井南西方向的 G2 采油井的油层中部测试压降范围为 19.94～17.15MPa，解释油层静压为 16.57MPa，计算裂缝半长为 70.0m，说明流体的高压渗流通道比较长，进一步验证了该区北东-南西向连通性和渗透性较好的注水诱导裂缝的存在。

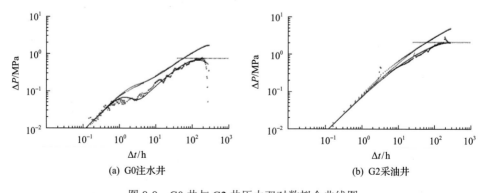

图 8-8　G0 井与 G2 井压力双对数拟合曲线图

(六)水驱前缘监测表现出明显的方向性水进和层间突进

水驱前缘监测是通过反演震源点追踪注入水的流动位置、方向和高度，指示注入水的驱动方向和层位。在均质地层中，由于各方向驱替压力相同，水驱前缘一般表现为圆形扩散；但在非均质地层中，尤其是注水诱导裂缝形成的地层中，在纵向上会表现出层间突进，在平面上会表现出明显的方向性水进。

例如，在 A0 注水井周围布置了 6 个检波器，对注入水的波及范围及优势渗流方向进行了监测。注水井在注水过程随着流体流动和扩散，流体前缘压力发生变化，使地层中裂缝张开或产生新的裂缝，产生一系列向四周传播的微震波，微震波可以被布置在注水井周围不同位置的检波器接收到。根据微震波到达不同检波器的时间差，可以确定微地震震源位置，进而绘制出水驱前缘位置、注入水的波及范围、优势注水方向及注水波及区和未波及区。

从 A0 注水井 1 小时正常注水、3 小时升压注水和 8 小时升压注水前缘拟合对比图可以看出(图 8-9)，在 1 小时正常注水时，注入水向四周扩散，注水见效区长度和宽度分别为 543.2m 和 514.8m，注水流动的优势方位不明显。在 3 小时升压注水以后，注水见效区长度和宽度分别为 534.0m 和 376.2m，注水前缘从 A0 注水

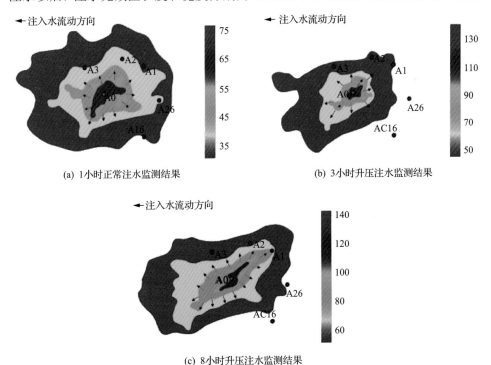

(a) 1小时正常注水监测结果　　　　　(b) 3小时升压注水监测结果

(c) 8小时升压注水监测结果

图 8-9　A0 注水井注水前缘拟合图(据长庆油田资料编制)

井向北东向和西南向扩展的速度开始大于其他方向的渗流速度，注水流动开始显示北东-南西向的优势方位（平均水流方向是北东 78.1°）。在 8 小时升压注水以后，注水见效区长度和宽度分别为 685.1m 和 496.8m，注水前缘从 A0 注水井向北东向和西南向呈条带状突进更加明显，北东-南西向渗流优势方向更明显（平均水流方向为北东 78.9°），在剖面上吸水强度较强，位置更集中。说明在正常注水情况下，由于注水压力较低，天然裂缝尚未开启，水驱前缘向四周扩散相对均匀。随着注水升压，注水压力先使北东-南西向天然裂缝开启，水驱前缘的扩散开始表现出方向性特征。随着高压注水不断进行，天然裂缝扩展和延伸，形成北东-南西向注水诱导裂缝，水驱前缘的优势方向更加显著。

　　根据前面采油井的方向性高含水、注水井的吸水剖面呈指状吸水和注水指示曲线上出现拐点的特征，结合示踪剂监测、试井解释及水驱前缘监测，说明在 G0 及 A0 井组均发育北东-南西向注水诱导裂缝（图 8-10）。

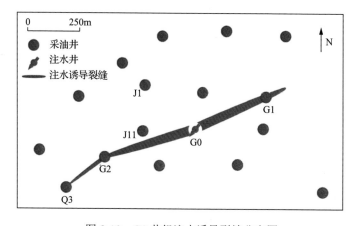

图 8-10　G0 井组注水诱导裂缝分布图

第二节　注水诱导裂缝识别方法

　　注水诱导裂缝的动态响应特征是注水诱导裂缝识别的基础。根据致密低渗透油藏注水诱导裂缝的动态响应特征及注水诱导裂缝发育的控制因素，可以应用静态识别方法、动态识别方法和综合识别方法来识别注水诱导裂缝。

一、静态识别方法

　　注水诱导裂缝静态识别方法是利用控制注水诱导裂缝形成的主要地质因素进行识别的方法。由于注水诱导裂缝的形成、扩展和延伸受天然裂缝、岩石力学性质及现今地应力等多种地质因素的控制，通过对控制注水诱导裂缝形成演化的关键地质因素及其分布规律进行综合分析，就可以有效地对注水诱导裂缝进行早期识别。

(一)地质识别方法

1. 基于天然裂缝分布的注水诱导裂缝识别方法

在利用古地磁或微层面等方法对注水井钻井岩心进行定向和归位的基础上，通过岩心的系统观察和描述，可以对天然裂缝的组系、方位、倾角、密度、高度等参数进行定量描述，并对单井裂缝的纵向分布规律进行评价(图 8-11)。结合现今地应力分布资料，可进一步对天然裂缝的有效性及渗透率各向异性进行定量分析，确定主渗流裂缝的分布规律。根据注水诱导裂缝的形成机理可知，天然裂缝的张开和扩展延伸是该区注水诱导裂缝的主要成因机理，注水诱导裂缝通常沿主渗流裂缝方向生长和延伸。因此，在确定主渗流裂缝在纵向上的分布规律的基础上，结合注水段或射孔段的分布位置，就可以对注水诱导裂缝在纵向上的分布进行识别。纵向上，注水段或射孔段范围内的主渗流裂缝发育的部位，通常是注水诱导裂缝的发育部位。在平面上，天然裂缝的发育程度和天然裂缝发育区范围控制了注水诱导裂缝的平面展布特征及其平面延伸规模。因此，利用主渗流裂缝的平面发育规律及其与注采井网的关系，结合油藏的注水情况，可以有效地识别注水诱导裂缝的平面展布方向及延伸长度。

2. 基于岩石力学性质的注水诱导裂缝识别方法

岩石力学性质与岩石破裂及天然裂缝和人工压裂缝形成密切相关，同时也是影响注水诱导裂缝产生的重要地质因素。通过岩石力学层的精细划分及岩石力学性质分析，可以识别注水诱导裂缝的纵向分布。

岩石力学层是指一套岩石力学性质相同或相近的岩层(曾联波，2008)。岩石力学层由岩石力学单元和岩石力学界面两部分组成，裂缝通常在岩石力学单元内部发育，在岩石力学界面上终止。脆性较高的岩石力学层通常是注水诱导裂缝的发育层位，岩石力学层的厚度一般与注水诱导裂缝的高度密切相关。

例如，图 8-12 是一口注水井的岩石力学层划分结果图，根据岩石力学性质的变化，在纵向上可将其划分为 6 套岩石力学层。岩石力学层受岩性的影响，与岩性层有一定的关系，但并非是一一对应的关系(如 4、5 岩石力学层)，岩性层一般但不总是岩石力学层，后者主要受岩石力学性质控制。目的层包括 3、4、5 三个岩石力学层，其中下部岩石力学层的脆性程度高于上部，结合该井的注水情况，推断注水诱导裂缝可能在 4、5 岩石力学层发育。

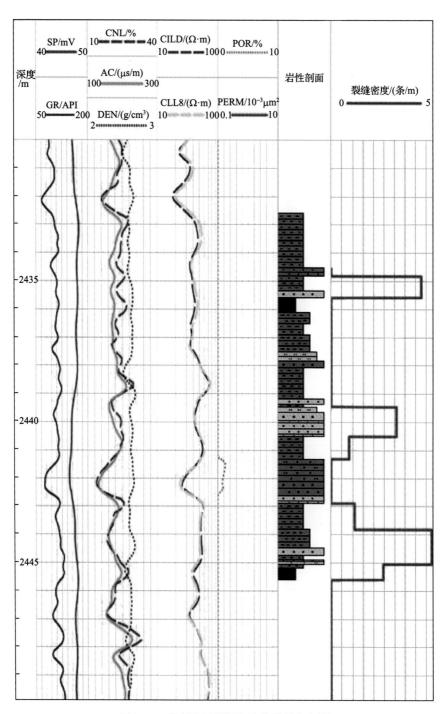

图 8-11　华庆油田某区块单井裂缝分布图

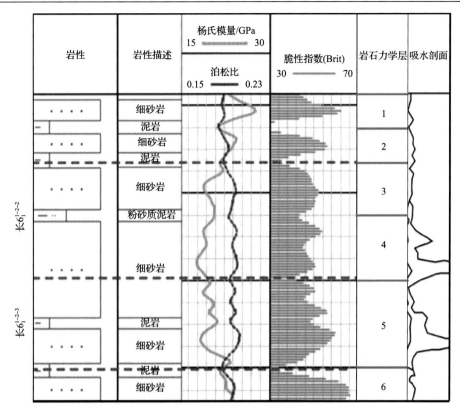

图 8-12 岩石力学层与注水诱导裂缝发育部位对应关系图

3. 基于地应力分布的注水诱导裂缝识别方法

现今地应力不仅影响天然裂缝的有效性、连通性、渗透性及人工压裂缝的展布，还影响注水诱导裂缝的产生部位、高度及平面扩展规律。通过对地应力分布进行分析，就能够识别注水诱导裂缝在纵向上的产生部位和延伸高度，并能分析注水诱导裂缝的扩展方向及延伸规模。

在纵向上，建立注水井的最小水平主应力剖面，在注水段或射孔段范围内的最小水平主应力低值区，通常是注水诱导裂缝开始形成的部位。在平面上，注水诱导裂缝的扩展方向和延伸规模受最大水平主应力和最小水平主应力差值的控制。在地应力差值较大(地应力差值大于 4MPa)的区域，注水诱导裂缝在注水压力作用下的扩展延伸相对简单，其扩展方向主要受现今最大水平主应力方向的控制。当注水压力达到或超过地层破裂压力时，注水诱导裂缝一般沿最大水平主应力方向扩展延伸。在地应力差值较小(地应力差值小于 4MPa)的区域，天然裂缝和岩石力学性质非均质性对注水诱导裂缝的影响比地应力更大,此时地应力对注水诱导裂缝的控制作用较弱,可以通过天然裂缝和岩石力学性质进行注水诱导裂缝识别。

(二)测井识别方法

测井识别方法是根据控制注水诱导裂缝形成的主要地质因素,利用注水井的测井资料解释天然裂缝、岩石力学参数和地应力的纵向分布,进而识别注水诱导裂缝,是识别注水诱导裂缝的有效手段。

利用注水井测井资料,按照第四章第一节介绍的方法,可以对天然裂缝进行识别和评价;按照第三章第四节介绍的方法,可以对岩石杨氏模量、泊松比和脆性指数进行解释及评价。在岩石杨氏模量和泊松比计算的基础上,采用基于三维弹性理论的多孔弹性水平应变模型可对井筒三维地应力大小进行计算:

$$\sigma_{\mathrm{H}} = \frac{v}{1-v}\left(\sigma_v - \alpha P_{\mathrm{p}}\right) + \alpha P_{\mathrm{p}} + \frac{E}{1-v^2}\varepsilon_{\mathrm{H}} + \frac{Ev}{1-v^2}\varepsilon_{\mathrm{h}} \tag{8-1}$$

$$\sigma_{\mathrm{h}} = \frac{v}{1-v}\left(\sigma_v - \alpha P_{\mathrm{p}}\right) + \alpha P_{\mathrm{p}} + \frac{E}{1-v^2}\varepsilon_{\mathrm{h}} + \frac{Ev}{1-v^2}\varepsilon_{\mathrm{H}} \tag{8-2}$$

$$\sigma_v = \int_0^z \rho_{\mathrm{b}} g \mathrm{d}z \tag{8-3}$$

式中,σ_{H} 和 σ_{h} 分别为最大水平主应力和最小水平主应力,MPa;σ_v 为垂向应力,MPa;P_{p} 为地层孔隙压力,MPa;α 为 Biot 系数;ε_{H} 和 ε_{h} 分别为水平方向最大构造应变和水平方向最小构造应变。

例如,图 8-13 是安塞油田某区块某井的常规测井资料综合解释成果图,根据前面介绍的方法,对单井杨氏模量、泊松比、垂向应力、最大水平主应力、最小水平主应力、脆性指数和天然裂缝(用综合概率指数和分形维数表示)的纵向分布进行了综合解释。在此基础上,根据注水诱导裂缝形成机理及其控制因素,结合射孔段或注水段的分布范围,可以对该井的注水诱导裂缝进行识别和评价。综合考虑各因素,在该井的上部射孔段附近可以产生注水诱导裂缝,而在下部射孔段附近难以产生注水诱导裂缝。根据各参数的纵向分布规律,推断在上部射孔段附近产生的注水诱导裂缝的垂向高度为 2.6m 左右。

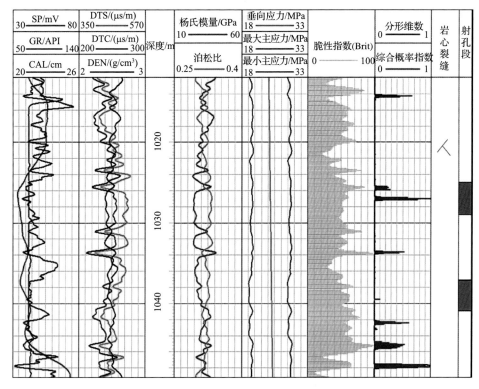

图 8-13　安塞油田某区块某井的常规测井综合解释成果图

二、动态识别方法

注水诱导裂缝动态识别方法是利用油藏注水开发过程中的裂缝动态变化及其响应特征进行识别的方法，主要有吸水剖面测试法、动态分析法、示踪剂监测法、试井分析法和动态反演法等方法。

(一)吸水剖面测井法

油水井生产过程中的生产测井或开发测井(包括注入剖面测井、产出剖面测井、储层评价测井及工程技术测井等)是获取生产井和注入井剖面流体流动信息的重要手段。利用吸水剖面测井法可以确定吸水部位和水淹状况，可为注水诱导裂缝分布的识别和评价提供有效方法。

同位素吸水剖面测井是常用的一种吸水剖面测井，在注水油藏动态监测中应用广泛，对了解地层注水状况和分层配注后的注水效果，以及掌握其吸水能力具有重要作用。同位素吸水剖面测井在向地层注入示踪剂之前需要测地层的自然放射性值并将其作为之后的对比基线，由于自然伽马值很稳定，如果自然伽马出现正异常，那么一般为放射性高的泥岩层；如果自然伽马出现负异常，那么为放射性低的砂岩层。当放射性示踪剂随着注入水进入注水层，会沉淀在注水层的地层表面，导致自然伽马值大幅度增强。在吸水能力越强的地层，其表面沉淀的放射性示踪剂就越多，在同位素曲线上表现的异常幅度越大。如果注入水中的同位素浓度一致，则地层吸水量（用吸水比表示）与同位素曲线上的异常幅度值成正比（图 8-14）。通过计算同位素曲线异常幅度值及对比基线的各部分包络面面积与全部包络面积的比值，可得到不同层位的相对吸水量比例（路繁荣等，2017）。

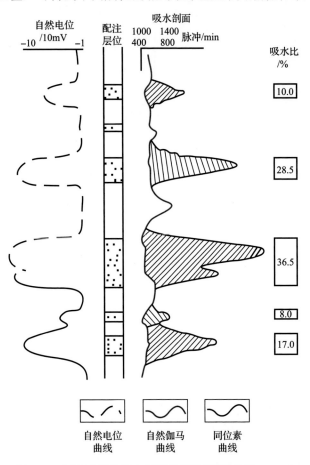

图 8-14　同位素示踪吸水剖面示意图（路繁荣等，2017）

例如，图 8-15 是安塞油田某区块同一口注水井在 2010 年[图 8-15（a）]和 2012 年[图 8-15（b）]的同位素示踪吸水剖面测井对比结果。2010 年吸水剖面呈现出较强的非均质吸水特征，吸水段包括 3 段，从上到下分别为 1325～1327.5m、1327.5～1332m 和 1332～1335m，吸水比分别为 7.87%、40.73%和 51.41%，在剖面上出现了两段指状吸水特征，反映出井筒附近注水诱导裂缝已经产生。到 2012 年，该井的吸水情况发生了明显变化，虽然仍然有 3 段吸水层，但吸水段位置及吸水比例

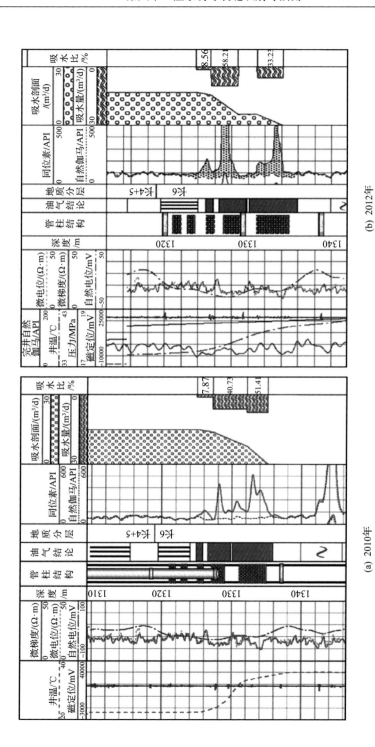

图8-15　安塞油田某区块同一注水井在2010年和2012年吸水剖面测井对比图(据长庆油田资料编制)

均与 2010 年有所不同,吸水段分别为 1323.8～1325.8m、1325.8～1329m 和 1331～1334m,吸水比分别为 8.56%、58.21% 和 33.23%,中下部两段的吸水层厚度越来越小,且吸水量不断增大,反映出注水诱导裂缝发生了扩展和延伸。根据吸水剖面测井资料,该井在 1325.8～1329m 和 1331～1334m 已经产生了注水诱导裂缝,注水诱导裂缝的高度分别为 3.2m 和 3m。

(二)动态分析法

油水井动态分析也称之为生产动态分析,包括采油井动态分析和注水井动态分析,是利用油藏开发过程中的大量生产数据和各种监测资料,分析和认识油水运动规律的一种基本方法。通过采油井的压力、产量、含水率及注水井压力、注水量、吸水能力的变化,分析注水能力、见水层位、来水方向、油水井连通情况及注水见效状况等,了解各注水井组及整个油藏的生产状况及其变化特点,为油藏开发调整提供基础。

利用油水井动态分析反映的油水运动规律,同样也反映了注水诱导裂缝的形成和延伸过程。以注水井组为基本单元,通过对注水井的注水量、注水压力和分层吸水量变化,以及周围采油井产液量、产油量、含水率、压力变化等资料的综合分析,判断采油井对注水的响应程度,确定地下流体的优势流动方向。如果裂缝型见水采油井具有明显的方向性,或者与注水压力同步快速升高,那么说明在采油井与注水井之间已经形成了高渗流通道,可以进一步识别注水诱导裂缝产生的层位、垂向高度、延伸方向和延伸规模。

(三)示踪剂监测法

示踪剂监测法是指在注入井中注入示踪剂,然后按一定的取样规定在周围采油井取样分析,监测注入示踪剂的产出情况,并对示踪剂产出曲线进行拟合,以此来反映注水开发过程中油水井的连通情况、流动速度、流动方向等信息的重要油藏工程分析方法。通过示踪剂监测,可以判断采油井与注水井之间是否存在裂缝和高渗流条带,了解注水波及面积和储层非均质性程度,为油藏开发后期的方案调整提供依据。

注水诱导裂缝是致密低渗透油藏在长期注水开发过程中形成的高渗透性开启大裂缝或渗流通道,具有很好的连通性和渗流性,应用井间示踪剂监测方法能对其进行有效地识别,包括注水诱导裂缝的发育方向、高度、形态特征及渗透率等。如果示踪剂受效采油井具有明显的方向性,那么说明在地层中已产生注水诱导裂缝。受效采油井与注水井之间的连线方向为注水诱导裂缝的延伸方向,示踪剂的产出曲线形态反映了注水诱导裂缝的几何形态特征。如果示踪剂持续产出的时间长,浓度相对不是太高,那么说明注水诱导裂缝为开度相对较小的窄长型;如果示踪剂持续产出的时间短，浓度高，那么说明注水诱导裂缝为开度大的宽大型；如果在多层位发育注水诱导裂缝，那么示踪剂产出曲线形态呈双峰或多峰形态。

（四）试井分析法

试井分析法是基于地下渗流力学理论确定井的生产能力、储层参数及储层连通性而进行的一种测试方法，包括稳定试井和不稳定试井。单井的试井分析可以用来解释井筒周围储层的平均特性，多井的试井分析可以解释井间的储层非均质信息，包括储层连续性、方向渗透率、裂缝走向等。根据注水诱导裂缝高渗透性特征，利用试井资料可以识别储层中是否发育注水诱导裂缝。发育注水诱导裂缝的采油井由于受到裂缝的高渗流特征影响，在试井压力双对数曲线上表现出明显的裂缝-无限传导渗流特征，可将其作为判断该采油井是否和对应注水井间之间发育注水诱导裂缝的证据。此外，应用试井分析法还可确定注水诱导裂缝的渗透率。通过试井资料可以获得地层渗透率，但当多个层位发育注水诱导裂缝时，地层渗透率是各层的平均渗透率，此时还需要结合吸水产液剖面对每个层位的注水诱导裂缝的渗透率进行分别计算。

根据径向流动方程，可以得出各井的产液流量为

$$Q = \frac{2\pi Kh(P_e - P_o)}{\mu \ln\left(\dfrac{r_f}{r_i}\right)} \tag{8-4}$$

$$K = \frac{Q}{h} \frac{\mu \ln\left(\dfrac{r_f}{r_i}\right)}{2\pi Kh(P_{fe} - P_w)} \tag{8-5}$$

式中，Q 为原油（水）流量，cm³/s；K 为储层渗透率，mD；h 为储层有效厚度，cm；P_{fe}、P_o 分别为排液内外边界压力，atm[①]；r_f、r_i 分别为油藏内外边界半径，cm；μ 为液体黏度，cP[②]。

如果一口井有 n 个产油层，则第 i 层的采油强度 J_i 为

$$J_i = \frac{Q_i}{h_i} \tag{8-6}$$

式中，Q_i 为第 i 层的原油流量；h_i 为第 i 层的有效厚度。

第 i 层渗透率对总渗透率的贡献 a_i 可表示为

---

① 1atm = 1.01325×10⁵Pa。
② 1cP = 10⁻³Pa·s。

$$a_i = \frac{\dfrac{Q_i}{h_i}}{\sum\left(\dfrac{Q_i}{h_i}\right)} \tag{8-7}$$

第 i 层渗透率 K_i 可表示为

$$K_i = a_i K = K\frac{\dfrac{Q_i}{h_i}}{\sum\left(\dfrac{Q_i}{h_i}\right)} \tag{8-8}$$

由于总地层系数等于各分层地层系数之和，即

$$\sum_{i=1}^{n} K_i h_i = K'h \tag{8-9}$$

由式(8-8)和式(8-9)可得

$$K_i = \frac{K'h\sum\left(\dfrac{Q_i}{h_i}\right)}{\sum Q_i} \tag{8-10}$$

则第 i 层渗透率 K_i 为

$$K_i = \frac{K'h\left(\dfrac{Q_i}{h_i}\right)}{\sum Q_i} \tag{8-11}$$

例如，安塞油田某区块 G0 井组应用试井分析法对注水诱导裂缝进行了识别和评价。根据注水井 G0 和采油井 G2 的压力双对数曲线表现出的裂缝-无限传导渗流特征(图 8-8)，可以判断 G0 注水井和 G2 采油井之间形成了注水诱导裂缝。G0 注水井试井资料解释的地层系数为 $K'h=73.7\times10^{-3}\mu m^2\cdot m$，储层有效渗透率 $K=384\times10^{-3}\mu m^2$。该井有两段吸水层，分别位于长 6_1^{1-2-2} 和长 6_1^{1-2-3} 单砂体内，按照上述方法可计算两个吸水层的渗透率分别为 $K_1=435\times10^{-3}\mu m^2$ 和 $K_2=316\times10^{-3}\mu m^2$。G2 采油井试井资料解释的地层系数 $K'h=87.8\times10^{-3}\mu m^2\cdot m$，储层有效渗透率 $K=304\times10^{-3}\mu m^2$。从产液剖面资料上判断 G2 采油井在目的层只有一个产液层，则试井所测渗透率即注水诱导裂缝渗透率。根据试井分析得到的储层有效渗透率，远远大于储层基质孔隙的平均渗透率($0.56\times10^{-3}\mu m^2$)，也远大于天然裂缝渗透率(主要为 $20\times10^{-3}\sim60\times10^{-3}\mu m^2$)，说明试井分析得到的储层渗透率是注水导致裂缝开启和扩展延伸以后的动态渗透率，也进一步证明在 G0 注水井和 G2 采油井之间形成了开启的注水诱导裂缝。

(五)动态反演法

油藏井间动态连通性反演是将油藏的注水井、采油井及井间孔道看作一个完整的系统，通过建立注采动态模型，利用大量的注水量和产液量数据，反演油层井间动态连通性的一种方法。目前，国内外一些学者主要采用多元线性回归和Spearman 秩相关分析等方法，利用大量注采动态生产数据，在建立一注一采模型、多口注入井叠加效应模型、注采井间井底流压模型、多元线性回归模型等反演模型的基础上，进行井间动态连通性分析(Albertoni and Lake, 2003; Anh and Djebbar, 2007; Yousef et al., 2006, 2009; 金志勇等, 2009; 张明安, 2011)。

油藏注水开发是一个流体动力学平衡系统，油藏中形成注水诱导裂缝以后，会改变油藏的物性和渗透率非均质性，影响井间连通状况，在生产动态上造成局部或区域油水井的注采特征发生明显变化。利用油藏注水和开采动态数据，就能够对井间连通性进行分析，进而对注水诱导裂缝的发育情况进行识别和评价。

利用油藏动态反演方法不仅可以有效识别注水诱导裂缝的分布，还可对裂缝渗透率参数进行定量表征。在进行井间动态连通性反演时，首先需要建立静态地质模型，即通过地质和地球物理相结合的方法建立能够表征储层非均质性和复杂裂缝网络系统的三维地质模型；其次采用地质统计方法，如多元线性回归分析、灰色关联法、Spearman 秩相关分析等方法，分析注水井和周围生产井的动态数据。对于同一个注采系统，油井的采液量可表示为(张明安, 2011):

$$\hat{q}_j(t) = \beta_{0j} + \sum_{i=1}^{N_I} \beta_{ij} R_i(t)$$

$$i = 1, 2, \cdots, N_I \qquad\qquad (8\text{-}12)$$

$$j = 1, 2, \cdots, N_P$$

式中，$\hat{q}_j$ 为第 j 口生产井产液量估计值，m^3/s；t 为注采动态数据采样时间序号；β_{0j} 为表征注采不平衡的常数；N_I 为注水井数，口；β_{ij} 为第 i 口注水井和第 j 口采油井间的多元线性回归权重值，定义为井间动态连通系数，用来表征注水井 i 和采油井 j 的动态连通程度；R_i 为第 i 口注水井的注水量，m^3；N_P 为生产井数，口。

该模型定量描述了注采井间动态连通性的多元线性回归关系。在此基础上，进行井间动态反演，能够对注水诱导裂缝进行识别，判断注水诱导裂缝的延伸方向，并对其渗透率进行定量计算。动态数据的输入除了要考虑注采数据外，还要考虑压力、油藏条件、时滞性及衰减性等油藏因素。

三、综合识别方法

综合识别方法是综合利用油藏开发过程中的各种静态和动态资料,包括地质、地球物理、油水井生产数据及生产测试资料,判别注水诱导裂缝产生部位、延伸方向和延伸规模的一种方法。前面所述的静态和动态识别方法主要是利用影响注水诱导裂缝形成的主要地质因素、注采井的生产动态资料及生产测试资料进行的单因素识别。由于注水诱导裂缝形成演化的复杂性,需要应用静态和动态等多种信息参数来进行综合识别。

进行注水诱导裂缝综合识别,需要先建立知识数据库,包括影响注水诱导裂缝形成的静态数据库和动态数据库。其中,静态数据库包括用于识别注水诱导裂缝形成的地质和地球物理资料及相关知识数据库,主要有储层构型、储层物性、岩心描述与分析、成像测井与常规测井解释、天然裂缝、岩石力学参数和地应力等信息。动态数据库包括影响注水诱导裂缝形成的开发因素及相关知识数据库,主要有水力压裂、注水井(注水时间、注水层位、注水量、注水压力)、采油井(射孔层位、采液量、产油量、含水率、油井压力)及吸水剖面测试、示踪剂监测、试井分析等生产测试信息。

在建立知识数据库以后,根据注水诱导裂缝形成的主控因素,需要进行参数指标的优选,构建判别标准,建立判别模型。已知控制注水诱导裂缝形成的静态因素和动态因素,如天然裂缝、人工裂缝、岩石力学性质、地应力、注水量、注水压力、产液量、含水率、生产测试结果等相关参数,将其定义为 $x_1, x_2, \cdots, x_m$(m 为参数的数量)。同时,根据判别标准,每个参数对应的临界值为 $x_1', x_2', \cdots, x_m'$,根据 $x_i < x_i'$ 或 $x_i > x_i'$($i = 1, 2, \cdots, m$),来判别是否可以形成注水诱导裂缝。建立判别模型的流程如下所述。

第一,计算数据最大值及最小值。$\max_i = \max(x_i)$、$\min_i = \min(x_i)$ 分别为第 i 个参数的最大值和最小值。

第二,进行数据归一化。若没有达到注水诱导裂缝形成时的条件 $x_i < x_i'$,则 $y_i = (x_i - \min_i) / (\max_i - \min_i)$,临界值为 $y_i' = (x_i' - \min_i) / (\max_i - \min_i)$,令 sgn $= 1$;若达到产生注水诱导裂缝形成时的条件 $x_i > x_i'$,则 $y_i = (x_i - \min_i) / (\min_i - \max_i)$,临界值变为 $y_i' = (x_i' - \max_i) / (\min_i - \max_i)$,令 sgn $= 0$。

第三,计算聚类中心。若 sgn $= 1$,则没有达到注水诱导裂缝形成条件时的聚类中心为 $y_i^{No} = 0$,达到注水诱导裂缝形成条件时的聚类中心为 $y_i^{Yes} = 2y_i'$;若 sgn $= 0$,则达到注水诱导裂缝形成条件时的聚类中心为 $y_i^{Yes} = 1$,没有达到注水诱导裂缝形成条件时的聚类中心为 $y_i^{No} = 1 - 2(1 - y_i')$。则聚类中心为 $\boldsymbol{y}^{Yes} = \left(y_1^{Yes}, y_2^{Yes}, \cdots, y_m^{Yes} \right)$ 和 $\boldsymbol{y}^{No} = \left(y_1^{No}, y_2^{No}, \cdots, y_m^{No} \right)$。

第四,建立判别指数。

$$F = \frac{\left| \boldsymbol{y} - \boldsymbol{y}^{\text{Yes}} \right|}{\left| \boldsymbol{y} - \boldsymbol{y}^{\text{No}} \right|} = \frac{\sqrt{\sum_{i=1}^{m} (y_i - y_i^{\text{Yes}})^2}}{\sqrt{\sum_{i=1}^{m} (y_i - y_i^{\text{No}})^2}} \tag{8-13}$$

式中，$\boldsymbol{y}$ 为待识别井的参数向量。

第五，根据识别井的相关地质和开发因素，得到相应参数参量 $\boldsymbol{x} = (x_1, x_2, \cdots, x_m)$，按照上述方法得到判别指数 F。若 $F \geqslant 1$，则表明该井周围已形成了注水诱导裂缝；若 $F < 1$，则表明该井周围没有产生注水诱导裂缝。

利用各种静态和动态资料，根据上述思路对安塞油田某区块进行了综合识别，共识别出 11 条注水诱导裂缝(图 6-20)。其中 B1 井组、M1 井组、R1 井组、H1 井组、R3 井组形成的注水诱导裂缝规模较小，没有超出井组范围。而 G0-F1-F2 井组和 D1 井组形成的注水诱导裂缝已经相互扩展和连通，形成了一条规模较大的注水诱导裂缝和水流通道，该裂缝带上的采油井已经全部发生水淹，严重影响了开发效果。

从注水诱导裂缝的走向分布来看，绝大部分的注水诱导裂缝走向为北东–南西向，与该区现今地应力的最大水平主应力方向和天然裂缝主渗流方位近一致，局部为近东西向。在注水诱导裂缝的平面延伸规模上，目前在单一井组内扩展的注水诱导裂缝的平面延伸长度一般为 170~550m，而在 G0-F1-F2 井组形成的注水诱导裂缝在平面延伸规模可达 1600m 以上，它们在油藏的持续注水作用下还将进一步生长，注水诱导裂缝规模将不断延伸和扩大。在剖面上，注水诱导裂缝产生部位受射孔段的影响，并受地层纵向非均质性的控制，因而注水诱导裂缝在纵向上的延伸高度有限。注水诱导裂缝纵向延伸高度与平面延伸长度呈负相关关系，其纵向延伸高度越大，则越不利于其在平面上的扩展和延伸；相反，其纵向延伸高度越小，越有利于其在平面上的扩展和延伸。

第三节　注水诱导裂缝预测方法

在致密低渗透油藏注水开发过程中，由于裂缝参数的动态变化及其对渗流场和压力场造成的重要影响，通常在开发中后期需要进行井网及方案的调整。注水诱导裂缝作为致密低渗透油藏注水开发中后期产生的新的地质属性及主要的非均质性，其分布预测是油藏中晚期开发井网及方案调整的主要地质依据。

一、地质预测方法

地质预测方法是基于注水诱导裂缝形成的主要地质因素和形成条件，根据各地质因素的展布规律，定性预测油藏各注采井组在不同注采条件下注水诱导裂缝的可能产生部位、延伸方向和延伸规模的一种方法。注水诱导裂缝地质预测需要的资料包括岩心、测井、水力压裂及岩石力学性质和地应力等相关资料。

首先，利用岩心、测井和样品测试资料，分析预测区的地应力方向和天然裂缝的分布特征，评价不同组系天然裂缝的渗透率各向异性及其开启序列，确定主渗流裂缝方向。其次，以注水井组为单元，应用储层构型分析方法，分析平行地应力方向和垂直地应力方向的单砂体叠置关系及连通性，建立注水井与采油井之间的储层结构模型，这是注水诱导裂缝地质预测的基础。

在纵向上，利用地质和测井相结合的方法，识别和评价注水井与采油井天然裂缝、岩石力学参数、岩石脆性、地应力的纵向分布规律，结合水力压裂资料、基于储层构型分析的注水井和采油井之间成因单砂体的剖面展布资料及射孔层段分布资料，依据不同地质因素对注水诱导裂缝的控制作用，预测注水诱导裂缝在注水井中的可能产生部位、纵向延伸高度及扩展规模。

在平面上，注水诱导裂缝预测需要与剖面预测结合起来。在剖面预测的基础上，根据天然裂缝的平面发育规律和注采井网的分布，结合地应力分布、水力压裂资料和注水井资料，首先预测在不同注水开发时期可能产生注水诱导裂缝的注水井组，其次分注水井组预测注水诱导裂缝的延伸方向和可能的延伸规模。

二、数值模拟预测方法

数值模拟预测方法是以流体渗流力学理论为基础，在建立储层三维地质模型的基础上，根据注水诱导裂缝的形成机理，利用某一时期油藏的实际注采参数，通过模拟计算来判断是否达到注水诱导裂缝的形成条件及其可能的分布范围的一种注水诱导裂缝预测方法。

(一)基本原理

注水诱导裂缝是由高注水压力导致裂缝张开或地层发生破裂，并扩展和延伸形成的大规模裂缝，地层流体压力、裂缝开启压力和地层破裂压力是控制注水诱导裂缝是否形成的关键因素。因此，根据注水诱导裂缝的形成机理及其关键控制因素，在裂缝开启压力和地层破裂压力预测的基础上，应用油藏数值模拟方法，通过不同注水开发阶段和不同注采条件下的地层压力预测，就可实现对油藏不同开发时期的注水诱导裂缝的预测。

按照注水诱导裂缝的形成机理，在油藏注水开发过程中，随着注水井注入量的持续增加和注水压力的不断提高，注水诱导裂缝的形成和生长演化过程大致可以分为以下几个阶段。

(1)裂缝开启阶段：随着注水压力逐渐升高，当注水压力达到储层中天然裂缝开启压力或人工压裂缝开启压力(相当于人工裂缝的闭合压力)时,裂缝开始张开,裂缝中的流体压力缓慢上升。这个阶段裂缝是一个从静态到动态变化的发展过程,主要表现为裂缝开度变大,而裂缝规模基本没有发生变化。

(2)裂缝稳定阶段:随着注水的持续进行,裂缝开启后达到稳定的渗流状态,但注水压力还没有达到裂缝延伸压力或地层破裂压力(通常比裂缝开启压力大3~5MPa),裂缝没有发生进一步扩展和延伸。这个阶段裂缝开度逐渐增加,裂缝中的流体压力继续缓慢上升,裂缝规模保持相对稳定。

(3)裂缝扩展和延伸阶段:随着注水的持续进行和注水压力的不断提高,裂缝中的流体压力继续上升,当裂缝中的流体压力达到裂缝延伸压力或地层破裂压力时,裂缝的前缘会发生扩展,并与其侧列的另一条雁列式裂缝沟通。如果注水井周围地层不存在裂缝,那么持续增加的注水压力会使井筒周围的地层中产生破裂,形成新的裂缝。这个阶段的裂缝有一个快速生长延伸的过程,裂缝规模快速增加,但裂缝中的流体压力迅速降低。

(4)裂缝再次张开和生长阶段:随着裂缝的扩展延伸和裂缝中的流体压力的下降,裂缝开度会发生暂时性的小幅度降低,但持续注水不断地补充裂缝中的流体压力,使裂缝中的流体压力持续稳定的增加。这个阶段裂缝表现为再次张开直至再一次扩展生长,裂缝规模随着其生长而不断增大。

(5)注水诱导裂缝形成阶段:随着油藏注水的持续进行,上述过程循环往复,使裂缝周期性地张开、扩展和延伸,形成大的注水诱导裂缝。

从上述注水诱导裂缝的形成阶段和演化过程可以看出,如何准确地预测注水过程中地层流体压力的变化规律,并建立合理的裂缝开启、扩展和延伸模型至关重要。由于致密低渗透储层存在天然裂缝和人工压裂缝,储层的非均质性强,注水诱导裂缝的扩展和延伸行为既受地层中应力分布的控制,还受这些先存裂缝的影响。因此,需要在建立合理的储层三维地质模型(包括砂体结构模型和天然裂缝和人工裂缝缝网模型)的基础上,结合注水过程中地应力和流体压力的变化进行判别和预测。应用数值模拟方法预测注水诱导裂缝的大致步骤如下所述。

第一步:在油藏地质研究的基础上,建立储层三维地质模型,包括影响注水诱导裂缝形成的主要地质因素的相关参数,如成因单砂体结构模型、天然裂缝网络模型、人工裂缝模型、地应力分布模型、储层岩石力学参数或脆性模型等。

第二步:在注水诱导裂缝形成条件研究的基础上,建立天然裂缝或人工压裂缝的开启模型、裂缝扩展延伸模型和地层破裂模型。

第三步:在储层三维地质模型粗化和油藏数值模型的基础上,通过油藏数值模拟方法,预测不同开发时期的渗流场、压力场的分布规律。

第四步:判别在不同开发时期和不同压力场下是否形成注水诱导裂缝及注水

诱导裂缝的延伸范围。

　　注水诱导裂缝的形成和压力场的分布与注采井网的关系密切。由于致密低渗透油藏在不同开发阶段需要进行注采井网的调整，可以将注水诱导裂缝预测分为以下不同的情况进行。

　　(1)现有井网和注采参数条件下的预测，主要适用于老区的注水诱导裂缝的形成和预测。

　　(2)现有井网条件及注采参数调整后条件下的预测，主要适用于老区在调整注采参数后的注水诱导裂缝预测。

　　(3)调整后井网和调整注采参数后条件下的预测，主要适用于老区井网调整后和新区注水诱导裂缝的预测。

(二)注水诱导裂缝预测

　　按照前面的方法和步骤，对安塞油田某区块的注水诱导裂缝进行了预测。在储层三维地质模型的基础上，预测了注水诱导裂缝形成的临界压力场分布(图 8-16)，它与天然裂缝的密度与产状、地应力方位与大小、岩石力学参数、埋藏深度和地层压力等因素有关。通过与区内 9 口资料井的实测结果对比(图 8-17)，注水诱导裂缝形成的临界压力预测值与实测值的相对误差分布在 1.5%～5.5%之间，平均为3.3%，说明预测结果具有较高的可信度。从预测结果可以看出，在天然裂缝发育区域，注水诱导裂缝形成的临界压力主要受裂缝开启压力的影响；在天然裂缝不发育区域，注水诱导裂缝形成的临界压力主要受地层破裂压力的控制。

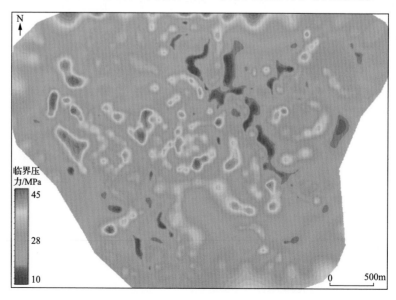

图 8-16　预测区块注水诱导裂缝形成的临界压力场分布图

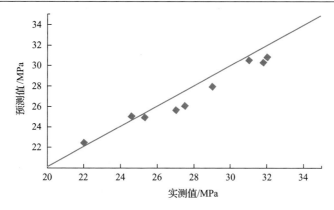

图 8-17　注水诱导裂缝形成的临界压力预测值与实测值对比图

在油藏数值模拟得到不同注采时期渗流场和压力场的基础上，分别对 2012 年、2017 年和 2022 年不同开发时期的注水诱导裂缝的分布进行了预测(图 8-18～图 8-20)。注水诱导裂缝用预测的流体压力与临界压力之差表示，压差越大，说明注水诱导裂缝越发育。从 2012 年的注水诱导裂缝预测图(图 8-18)与同年的含水率分布图(图 8-21)的对比可以看出，两者具有较好的一致性，证明该数值模拟方法预测注水诱导裂缝是可行的。在图 8-18 中，模拟区中部的注水诱导裂缝在 2012 年尚未连通，分为 3 段，而含水率分布图中它们已连通成一个整体，主要原因是图 8-21 含水率分布图是根据单井数据插值绘制而成的，缺少其他井间的可靠性验证资料，而图 8-18 预测结果中断开的部位正好是井间位置，比较符合实际情况。

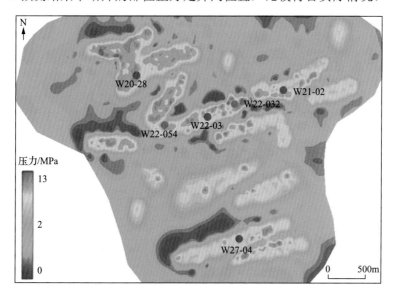

图 8-18　2012 年长 6_1^{1-2-3} 小层注水诱导裂缝预测图(单位：MPa)

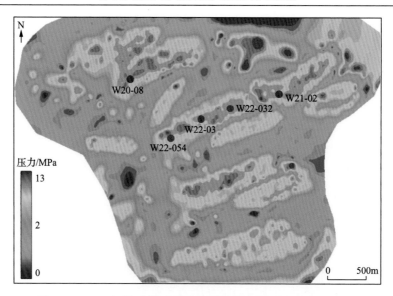

图 8-19 2017 年长 $6_1^{1\text{-}2\text{-}3}$ 小层注水诱导裂缝预测图(单位:MPa)

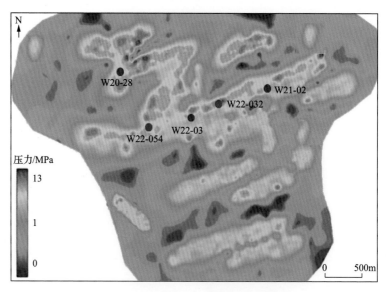

图 8-20 2022 年长 $6_1^{1\text{-}2\text{-}3}$ 小层注水诱导裂缝预测图(单位:MPa)

通过对比长 $6_1^{1\text{-}2\text{-}3}$ 小层 2012 年、2017 年和 2022 年的注水诱导裂缝预测结果可知,注水诱导裂缝的主要延伸方向为北东-南西向,与该区的识别结果和前面的分析结果完全相同。注水诱导裂缝形成并不均匀,有些井组注水诱导裂缝的生长延伸较快,有些井组规模延伸较慢,而有些井组产生了新的注水诱导裂缝。在已形成注水诱导裂缝的井组,由于受井下压力传导递减和已经形成的注水诱导裂缝导致的渗流非均质性的影响，注水诱导裂缝规模通常扩展延伸缓慢。此外，受储层非均质性影响，如果某一井组形成了注水诱导裂缝，随着注水的不断增加和井下压力的持续上升，在某一时刻，注水诱导裂缝容易沿注水井处最大水平主应力方向的其中一个方向发生扩展和延伸。随着时间的推移，除了在地应力最大水平主应力方向或主渗流方向产生注水诱导裂缝以外，还会在其他方向产生注水诱导裂缝(图 8-20)，说明该时期的注水压力已导致了其他方向的天然裂缝发生开启甚至扩展、延伸。

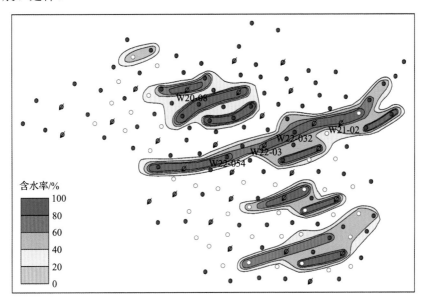

图 8-21 模拟区 2012 年含水率分布图

值得注意的是，随着注水的持续及注水诱导裂缝规模的动态变化，油藏渗流模型和参数都发生了改变，影响油藏压力场的分布。因此，如果要做更长时间的注水诱导裂缝预测，那么需要对油藏模型和参数作相应的调整，才能得到较好的预测效果。

第九章　裂缝动态变化对致密低渗透油藏开发的影响

致密低渗透油藏普遍发育天然裂缝，其在注水开发过程中发生动态变化，使不同开发阶段的裂缝规模、开度和渗透性明显不同，从而对致密低渗透油藏的作用也不相同。尤其是在开发中后期形成注水诱导裂缝之后，使致密低渗透油藏表现出新的非均质性，这在长期水驱的低渗透油藏中具有普遍性和必然性。深入认识、预测和评价裂缝的这种动态变化规律，对指导致密低渗透油藏的合理开发具有重要的理论和实际意义。

第一节　天然裂缝对致密低渗透储层的贡献

致密低渗透储层中天然裂缝的存在，既可以起储集空间的作用，也可以起渗流通道的作用，还可以使储层渗透率产生强烈的非均质性，它与储层中天然裂缝的分布特征、发育程度及储层基质特性密切相关。天然裂缝的这种作用，直接影响油藏单井产量、注水开发方式及开发效果。

为了定量评价天然裂缝对致密低渗透储层的作用大小，以鄂尔多斯盆地姬塬油田某区块 4 个开发井组长 4+5 储层为例，利用油藏数值模拟方法进行分析。选取的模拟区块面积为 1.95km²，在纵向上分为 3 个油层，3 个油层的有效厚度自上而下分别为 5m、18m 和 18m，储层孔隙度分布在 9%～13%，平均为 11.54%，储层渗透率小于 $0.5 \times 10^{-3} \mu m^2$，平均为 $0.39 \times 10^{-3} \mu m^2$。根据天然裂缝研究，该区主要发育近东西向和北东-南西向两组高角度构造剪切裂缝，其中北东-南西向为主渗流裂缝方向，与现今地应力的最大水平主应力方向一致。裂缝密度分布在 0.2～3.6 条/m，平均为 0.7 条/m；裂缝的平均孔隙度小于 0.2%，裂缝的渗透率为 20×10^{-3}～$100 \times 10^{-3} \mu m^2$，天然裂缝的储集作用较小，主要起提高致密低渗透储层渗透率的作用。从岩心分析资料可以看出，当样品中无裂缝时，岩心渗透率与孔隙度呈较好的线性关系；但当样品中存在裂缝时，岩心渗透率明显增大(图 9-1)。根据天然裂缝特征及其所起的渗流作用，该区采用菱形反九点开发井网，注水井和角井、采油井连线平行于北东向主渗流裂缝方向。采用的井距为 260m，排距为 130m，模拟区块内共有油水井 25 口，其中采油井 21 口，注水井 4 口，油水井数比 5.25：1，井网密度为 12.84 口/km²。在数值模拟计算中，天然裂缝的密度分别取 0.5 条/m、1.0 条/m、2.0 条/m 和 3.0 条/m 进行计算和对比。

定义天然裂缝对致密低渗透储层的贡献为(用孔隙和裂缝模型计算的总产量–孔隙模型计算的产量)/总产量。根据油藏数值模拟结果，天然裂缝对致密低渗透储层的贡献率与裂缝的发育程度及储层基质物性情况密切相关：①随着天然

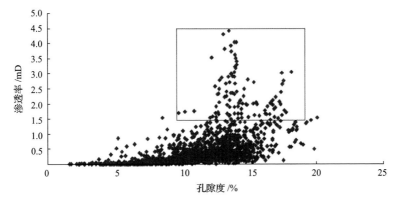

图 9-1　姬塬油田某区块长 4+5 岩心渗透率与孔隙度关系图

裂缝密度的增大，天然裂缝对致密低渗透储层的贡献率明显增加(图 9-2)；②储层基质物性越差，其渗透率越低，天然裂缝对储层所起的作用越大，天然裂缝对致密低渗透储层的贡献率与储层基质渗透率之间呈较明显的负指数函数递减规律(图 9-3)。天然裂缝对致密超低渗透储层(基质孔隙的渗透率小于 $1\times10^{-3}\mu m^2$)的贡献率通常在 20%以上，而天然裂缝对常规低渗透储层的贡献率大多低于 10%。模拟区块长 4+5 储层为典型的超低渗透储层，其基质渗透率一般小于 $1\times10^{-3}\mu m^2$，储层中高角度裂缝的平均密度为 0.7 条/m。根据该区实际地质条件，估算天然裂缝对该区超低渗透储层的贡献率为 20%~36%。

为了对比不同井网下天然裂缝对致密低渗透储层贡献率的大小，利用相同区块的地质模型，采用矩形井网进行油藏数值模拟分析。矩形井网的井排方向与天然裂缝平行，采用与菱形反九点井网相同的井网密度(12.84 口/km²)，井距为 260m，

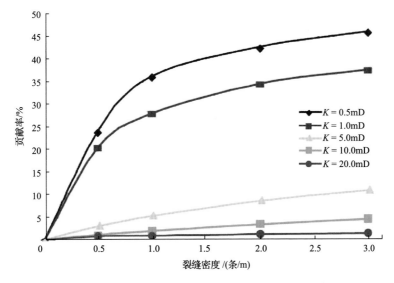

图 9-2　不同基质渗透率条件下裂缝密度的贡献率对比图(菱形井网)

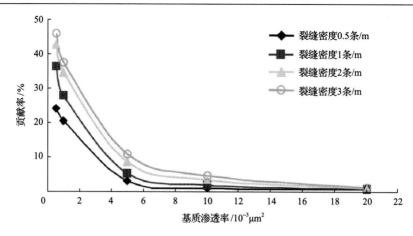

图 9-3　不同裂缝密度条件下基质渗透率的贡献率对比图(菱形反九点井网)

排距为 185m,共有油水井 44 口,其中采油井 32 口,注水井 12 口,油水井数比为 2.67∶1。模型中天然裂缝的分布及其模拟参数与菱形反九点井网模型完全一致。

对油藏数值模拟的计算结果进行分析可知,如果采用矩形井网,天然裂缝对致密低渗透储层的贡献率同样与天然裂缝的发育程度及储层基质物性的大小密切相关,具有与菱形反九点井网相同的规律。随着天然裂缝密度的增大,天然裂缝对致密低渗透储层的贡献率明显增加(图 9-4)。随着储层基质物性越差,渗透率越低,天然裂缝对储层所起的作用越大。天然裂缝对致密超低渗透储层(基质孔隙的渗透率小于 $1\times10^{-3}\mu m^2$)的贡献率通常大于 23%。根据模拟区块储层基质物性和天然裂缝的实际地质条件,如果采用矩形井网,估算出的天然裂缝对该区储层的贡献率为 23%~40%。

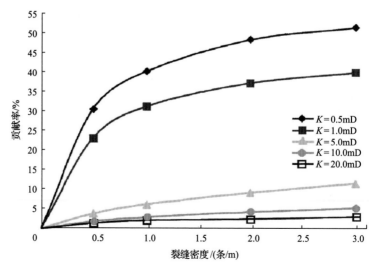

图 9-4　不同基质渗透率条件下裂缝密度的贡献率对比图(矩形井网)

根据模拟区块不同的裂缝发育程度及储层基质物性，对菱形反九点井网和矩形井网进行油藏数值模拟结果对比分析(图 9-5)，天然裂缝对储层的贡献率在矩形井网中要高于菱形反九点井网，采用矩形井网的天然裂缝对储层的贡献率比菱形反九点井网高 0.6%～6.4%，而且储层基质渗透率越低，采用矩形井网下天然裂缝对储层的贡献率比菱形反九点井网中天然裂缝对储层的贡献率要大，反映在致密超低渗透储层中，矩形井网对天然裂缝的适应性比菱形反九点井网更好。

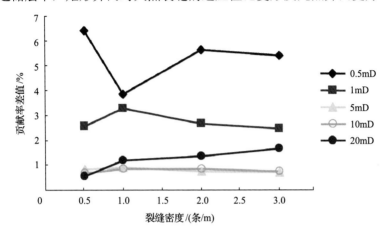

图 9-5　不同基质渗透率条件下矩形井网和菱形反九点井网裂缝贡献率差值

第二节　天然裂缝与砂体匹配关系对注水的影响

在致密低渗透油藏注水开发过程中，天然裂缝对注水的影响不仅取决于储层中天然裂缝规模及发育程度，还与注水井与采油井之间成因单砂体的叠置关系和连通性关系密切。其中，成因单砂体的叠置关系和连通性是影响致密低渗透油藏注水效果的基础，成因单砂体与天然裂缝的匹配关系是影响致密低渗透油藏注水效果的关键因素。如果采油井和注水井之间的砂体连通性好，且相同砂体中天然裂缝发育，则容易造成采油井的裂缝见水甚至水淹。

姬塬油田某区块典型注水井组的单砂体、天然裂缝分布及其采油井含水特征分析表明，如果在同一井组同一单砂体的采油井和注水井中都发育天然裂缝，则采油井的含水率上升快；如果同一井组同一单砂体的采油井和注水井中有一方天然裂缝不发育，则采油井的含水率上升慢。从高含水井的分布位置来看，高含水采油井主要位于注水井的北东-南西向，少数为近东西向和北西-南东向。

例如，图 9-6 为姬塬油田某区块 C2 注水井组北东-南西向连井剖面砂体和天然裂缝对比图，其中，C2 为注水井，C1 和 C3 为采油井。由于 C2 井和 C3 井在长 6_1 储层和长 $4+5_2$ 储层的砂体连通且天然裂缝发育，C3 井在注水开发过程中含水率上升速度较快，并很快发生水淹；C1 和 C2 井在长 6_1 储层的砂体连通，但 C2

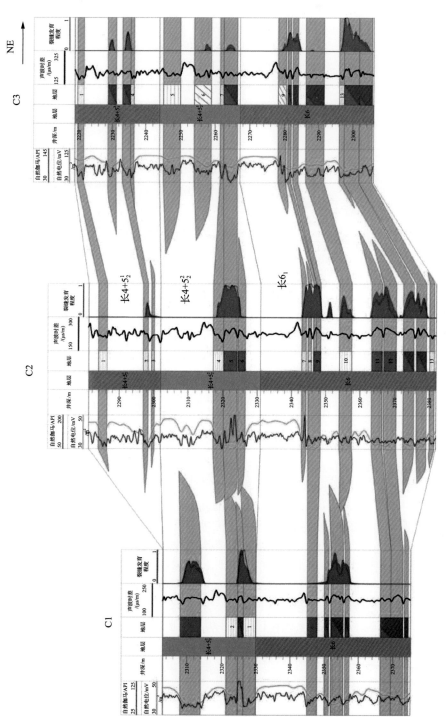

图9-6　姬塬油田某区块C2注水井C2注水井组北东-南西向连井剖面砂体和天然裂缝对比图

井天然裂缝发育而 C1 井天然裂缝不发育，而在长 $4+5_2^2$ 储层，虽然 C1 和 C2 井天然裂缝都发育，但这两口井属于不同成因的单砂体，砂体的连通性差，因此在注水开发过程中，C1 井含水率上升速度较缓慢。

　　对该区块采油井和注水井测井解释天然裂缝结果进行统计表明，无论是长 4+5 储层还是长 6 储层，高含水油井天然裂缝明显发育，同时注水井天然裂缝也发育，而低含水油井天然裂缝发育程度较差(图 9-7、图 9-8)。该统计结果间接地说明天然裂缝发育程度对含水率有较大的影响，在平面上，高含水油井的位置通常分布在天然裂缝较为发育的部位。

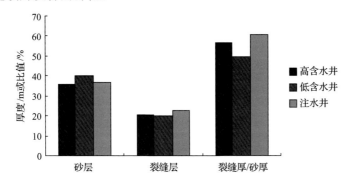

图 9-7　姬塬油田某区块不同井砂层厚度与裂缝发育程度对比图(长 4+5 储层和长 6 储层)

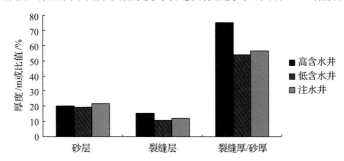

图 9-8　姬塬油田某区块不同井砂层厚度与裂缝发育程度对比图(长 6 储层)

　　根据不同砂体与天然裂缝匹配关系的油藏数值模拟结果(图 9-9)，主要存在 3 种情形：①当采油井和注水井位于同一成因单砂体，且天然裂缝发育时，注水井井底流压明显较小；②当采油井和注水井位于不同成因单砂体，但单砂体连通性好，且都发育天然裂缝的情况时，注水井井底流压略大于上一种情况；③当采油井和注水井位于不同成因单砂体，且天然裂缝不发育，或者天然裂缝只在注水井或采油井发育，而对应的采油井或注水井天然裂缝不发育时，其注水井井底流压明显较大。说明单砂体和天然裂缝的相互匹配关系共同影响注水开发效果，即当采油井和注水井的单砂体连通性好，天然裂缝发育时，注入水流动速度快，在合适的井网条件和注水压力下，能够增加水驱波及范围，提高注水开发效果，这是有利的一面；但同时，如果井网不适应或注水压力控制不合理，容易使天然裂缝张开，甚至形成注水诱导裂缝，成为注入水快速水窜的通道，会造成采油井过早地水淹和油水井水窜，降低水驱效果，这是不利的一面。

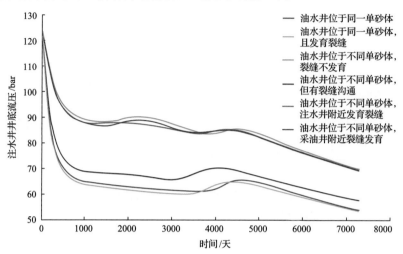

图 9-9　油水井位置及裂缝的发育程度不同时的注水井压力随时间变化关系图
1bar=10⁵Pa

　　当采油井和注水井的单砂体与天然裂缝不匹配时，虽然不会造成采油井过早水淹和油水井水窜，但由于注入水影响不到采油井的位置，采油井受效差，水驱效率和采收率低，此时需要采取特殊的油藏工艺措施，来改善注水效果。因此，在致密低渗透油藏的注水开发过程中，精细刻画成因单砂体结构和天然裂缝的分布规律及其相互匹配关系，是油藏合理部署开发方案和改善开发效果的关键地质基础及地质理论依据。

第三节　裂缝动态变化对渗流场与压力场的影响

　　在油藏注水开发过程中，裂缝的动态变化使裂缝在不同开发阶段的渗流作用不同。尤其是在注水诱导裂缝形成以后，注水诱导裂缝的地下开度和渗透性将远远高于天然裂缝，对油藏渗流场和压力场有显著的影响。
　　为了分析在注水开发过程中裂缝动态变化对油藏渗流场和压力场的影响，选择安塞油田某区块的典型井组，在建立实际的储层三维地质模型的基础上，应用油藏数值模拟方法，对注水前期、中期和后期裂缝控制下的渗流规律和压力场的变化情况进行了对比。根据天然裂缝的开启与注水的关系可知，随着油藏注水开发过程中注水压力的不断提高，走向与现今最大水平主应力方位一致的天然裂缝优先开启并延伸形成注水诱导裂缝，而走向与现今最大水平主应力方位垂直的天然裂缝最晚开启。因此，在数值模拟时重点探讨随着注水量或注水压力的增大，与最大水平主应力方向平行的天然裂缝及与最小水平主应力方向平行的天然裂缝的开启、扩展及延伸下的平面和纵向渗流场、压力场的变化情况。

根据油藏数值模拟结果，在平面上，前期注水开发阶段随着注水量的逐渐增加和注水压力的上升，走向与最大水平主应力方向一致的天然裂缝最先开启。但由于注水压力相对较低，注水诱导裂缝的延伸规模较小（仅一个井距），为注水诱导裂缝形成的雏形（图9-10）。此时，裂缝带内的含油饱和度较低但压力较高，但含油饱和度的变化宽度较窄，而压力场影响范围要明显大于渗流场。距裂缝带距离越远的部位，压力值逐渐降低，说明了压力场的变化要快于渗流场。

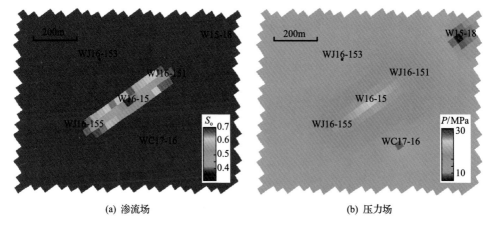

(a) 渗流场　　　　　　　　　　　　(b) 压力场

图9-10　典型井组前期注水开发阶段平面渗流场及压力场变化图

在中期注水开发阶段，随着注水量的增大，注水压力不断升高，在北东-南西向裂缝扩展和延伸的同时，北西-南东向天然裂缝逐渐张开，但尚未发生明显的扩展和延伸，因而裂缝规模较小，含油饱和度的变化范围不大。注入水主要沿北东-南西向裂缝发生渗流，其次是沿北西-南东向裂缝。沿裂缝渗流的同时，相应的压力场也发生了变化，北东-南西向主渗流裂缝方向压力持续增大，影响范围也变宽；新张开的北西-南东向裂缝带内压力值也相应增大，使裂缝附近范围的压力场值逐渐增大，但北西-南东向裂缝带的压力场影响范围远不如北东-南西向主渗流裂缝方向的压力场影响范围（图9-11）。

在后期注水开发阶段，注水量保持不变但注水压力逐渐增大，当裂缝内流体压力超过北西-南东向裂缝延伸压力时，除了造成北东-南西向主渗流裂缝快速扩展和延伸的同时，还使北西-南东向裂缝发生扩展和延伸，这两个方向的注水诱导裂缝规模不断扩大。由于北东-南西向裂缝延伸压力小于北西-南东向裂缝，北东-南西向裂缝扩展和延伸的速度比北西-南东向裂缝更快，其裂缝延伸长度达到两个井距以上。注入水进一步沿着这两个方向的裂缝发生渗流，裂缝带上的油井发生暴性水淹，裂缝动态变化所引起的压力场的变化范围进一步扩大且变得更加复杂（图9-12）。

在剖面上，从北东-南西向优势裂缝的方位剖面及垂直于裂缝优势方位剖面在

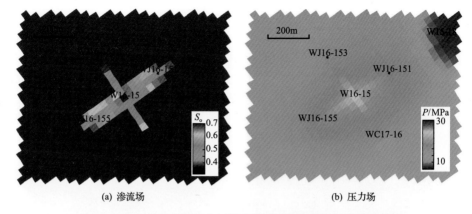

图 9-11　典型井组中期注水开发阶段平面渗流场及压力场变化图

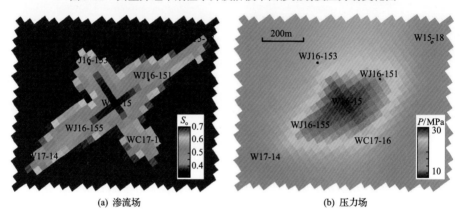

图 9-12　典型井组后期注水开发阶段平面渗流场及压力场变化图

不同注水阶段裂缝开启、扩展及延伸下的纵向渗流场和压力场的变化来看，具有如下分布规律。

(1)在北东-南西向优势裂缝的方位剖面上，在天然裂缝发育、岩石脆性较大和地应力值较低的层位，随着注水压力的不断增大，天然裂缝开启、扩展和延伸，最终形成规模较大的注水诱导裂缝。注入水沿着注水诱导裂缝带快速流动，油井相应井段随着注水诱导裂缝的延伸发生水淹。注水诱导裂缝影响的渗流场和压力场范围随着注水诱导裂缝规模的扩展不断变大，注水诱导裂缝对压力场的影响范围要大于渗流场，在中后期注水开发阶段表现得尤为明显(图 9-13～图 9-15)。

(2)在与优势裂缝的方位垂直的北西-南东向剖面上，在前期注水开发阶段，即使发育北西向天然裂缝，但由于注水压力较小，北西向裂缝并未开启，裂缝的渗流能力差，对渗流场和压力场的影响较小；在中后期注水开发阶段，注水压力变大，在造成北东-南西向主渗流裂缝快速扩展延伸的同时，还使北西-南东向裂缝发生开启和延伸，渗流场和压力场的影响范围随着裂缝规模的不断扩大而逐渐

变大(图 9-16～图 9-18)。但由于北西-南东向裂缝规模要明显小于同期北东-南西

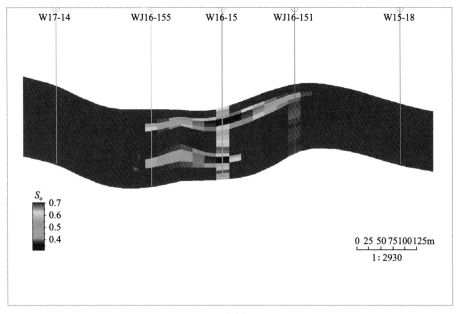

(a) 渗流场

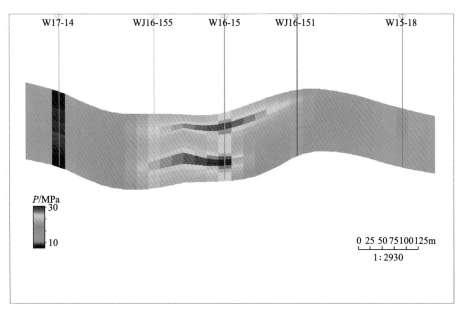

(b) 压力场

图 9-13　典型井组最大主应力方向剖面前期注水开发阶段渗流场及压力场变化图

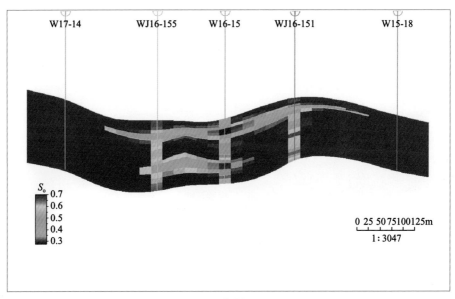

(a) 渗流场

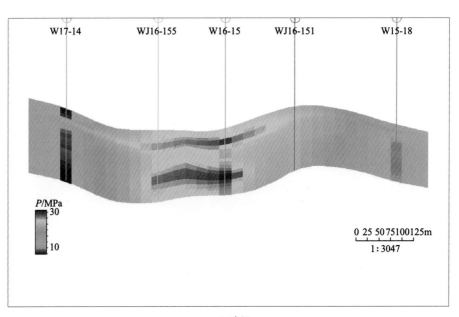

(b) 压力场

图 9-14　典型井组最大主应力方向剖面中期注水开发阶段渗流场及压力场变化图

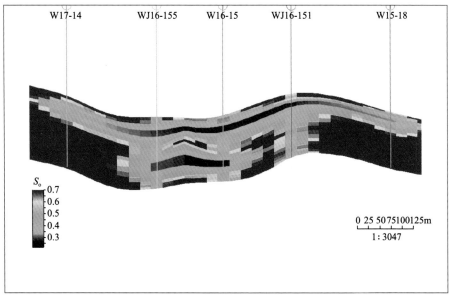

(a) 渗流场

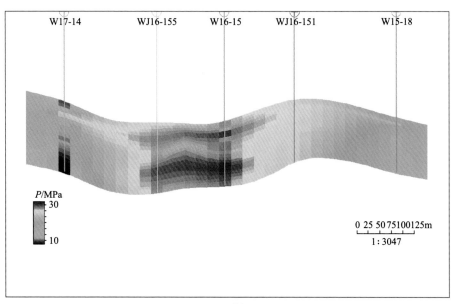

(b) 压力场

图 9-15　典型井组最大主应力方向剖面后期注水开发阶段渗流场及压力场变化图

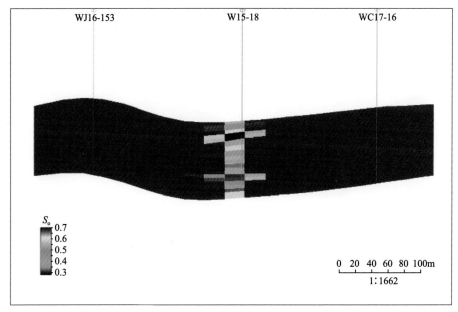

(a) 渗流场

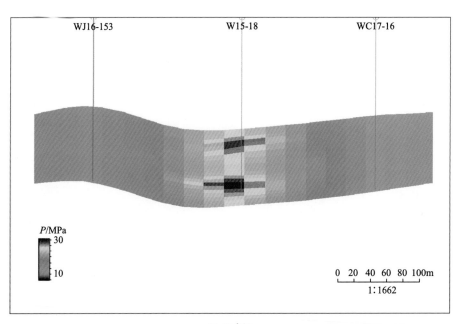

(b) 压力场

图 9-16　典型井组最小主应力方向剖面前期注水阶段渗流场及压力场变化图

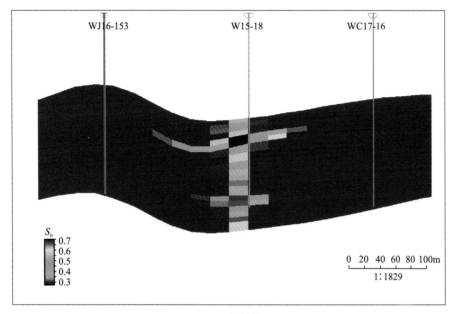

(a) 渗流场

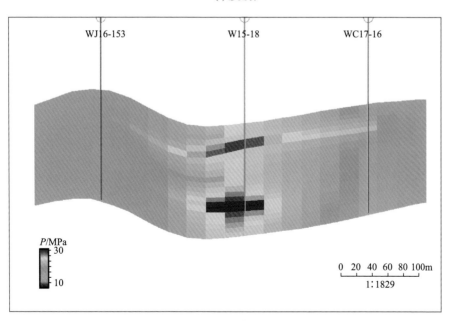

(b) 压力场

图 9-17　典型井组最小主应力方向剖面中期注水阶段渗流场及压力场变化图

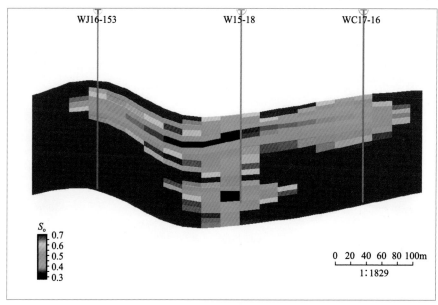

(a) 渗流场

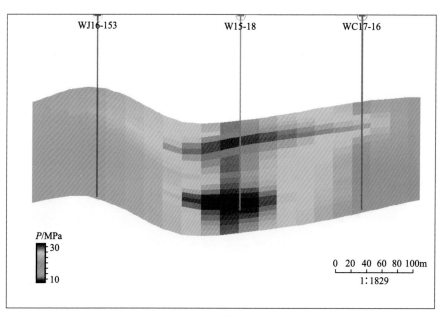

(b) 压力场

图 9-18　典型井组最小主应力方向剖面后期注水阶段渗流场及压力场变化图

裂缝规模,因而北西-南东向的渗流场和压力场的影响范围要明显小于北东-南西向的剖面。

第四节　注水诱导裂缝对开发效果的影响评价

根据鄂尔多斯盆地上三叠统延长组致密低渗透油藏的实际地质条件和注采条件，在油藏注水开发的中后期形成注水诱导裂缝是必然的。注水诱导裂缝形成以后，通过影响渗流场和压力场来影响油藏的注水开发效果。

为了评价注水诱导裂缝对油藏开发效果的影响，以安塞油田某区块长 6 油藏典型井组为例，根据其实际地质特征建立的储层三维地质模型及不同注水开发阶段的井网条件，应用油藏数值模拟方法，分析了注水过程中裂缝动态变化对注水开发效果的影响。

一、初始井网条件下的影响

模拟区块初始井网中的多数井为 1996~1998 年投产投注，原井网为 300m×300m 的正方形反九点井网，井网密度为 11.5 口/km^2，井排方向为近东西向。依据上述井网条件建立初始注采井网条件下的数值模拟模型，模型中注水井发育一组北东东-南西西向近直立的雁列式排列的构造裂缝，根据天然裂缝特征，设置单条裂缝长度为 20m 左右，高度为 2.1m 左右。在其他条件不变的情况下，注水诱导裂缝的生长速度主要由注采参数控制，模拟过程中通过注采量来调节注水诱导裂缝的生长速度，并分析注水诱导裂缝规模不断变化过程对注水波及面积及采出程度的影响。模型所采用的储层和流体等参数见表 9-1。

表 9-1　理论模型采用的参数一览表

模拟地层顶深/m	储层基质孔隙度	储层基质渗透率/10^{-3}μm^2	原始含油饱和度	原始地层压力/MPa	原油黏度/(mPa·s)	原油密度/(g/cm^3)	网格大小/m
1200	0.12	3	0.617	9.1	1.96	0.84	4×4×2.1

在初始井网条件下，分别模拟了注水诱导裂缝慢速延伸和快速延伸对注水波及面积及采出程度的影响(图 9-19、图 9-20)。模拟结果表明，在注水诱导裂缝慢速延伸情况下，随着裂缝缓慢扩展和延伸，注入水从裂缝向四周缓慢推进，注水诱导裂缝延伸方向上的注水波及宽度要明显大于裂缝两侧，呈近似椭圆状。在注水波及范围内，裂缝带上含水饱和度最高，从裂缝向四周含水饱和度逐渐减小。当注水诱导裂缝即将延伸超出井组范围时，注水波及面积增加速度减小。

在注水诱导裂缝快速延伸情况下，注水量过大，导致注水诱导裂缝生长速度快，注入水主要沿着裂缝延伸方向快速突进，没有形成较大的注水波及面积。在垂直裂缝带的侧向上，注水波及范围较小，形成了一条带状"水线"，"水线"上含水饱和度高，向裂缝两侧的驱油效果明显变差。

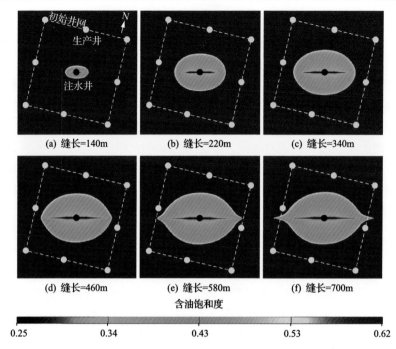

图 9-19 初始井网条件下注水诱导裂缝慢速延伸渗流场的分布

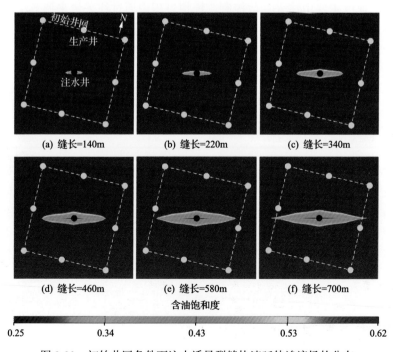

图 9-20 初始井网条件下注水诱导裂缝快速延伸渗流场的分布

在前面数值模拟的基础上，对初始井网条件下注水诱导裂缝慢速延伸和快速延伸对注水波及系数和采出程度的影响进行了对比。在初始井网条件下，注水诱导裂缝慢速延伸与快速延伸相比，前者能够形成更大的注水波及面积。例如，当注水诱导裂缝延伸长度均为 700m 时，注水诱导裂缝慢速延伸所形成的注水波及面积比快速延伸时高出 71.8%(图 9-21)。根据注水诱导裂缝在不同延伸速度下的采出程度对比(图 9-22)，在最初的 250 天左右，不论注水诱导裂缝是慢速延伸还是快速延伸，对采出程度的影响都不大，主要是由初始井网油水井井距过大，储层基质渗透率低，注水井受效缓慢所导致。但随着注水的持续，注水诱导裂缝慢速延伸过程中的注水波及面积也随之增大，采油井开始受效，采出程度随时间稳定增加。而对于快速延伸的注水诱导裂缝而言，持续注水使裂缝不断延伸并超出井组范围，与相邻井组裂缝延伸路径上的采油井相连通，形成注水无效循环，注水面积增加缓慢，驱油效果越来越差，导致采出程度增加越来越不明显。

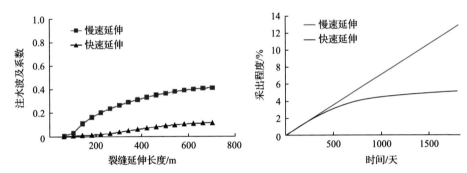

图 9-21 初始井网内注水诱导裂缝不同延伸速度时注水波及系数对比(赵向原，2015)

图 9-22 初始井网内注水诱导裂缝不同延伸速度时采出程度对比(曾联波等，2017)

二、加密井网条件下的影响

模拟区块在后期注水开发中进行了井网加密调整，在原注水井排与采油井排之间加密了一排采油井，原井网的角井转注，井网形式转换为井距 240~260m、排距 160~190m 的近似反九点井网，井网密度增加到 20.0 口/km²，裂缝的方位不变。在加密井网条件下，分别模拟了注水诱导裂缝慢速延伸和快速延伸对注水波及面积及采出程度的影响(图 9-23、图 9-24)。

对比在加密井网条件下注水诱导裂缝慢速延伸和快速延伸对注水波及系数和采出程度的影响表明，在加密井网条件下，注水诱导裂缝慢速延伸也能够形成更大的注水波及面积，与初始井网相似。但由于加密井网井距变小，注入水更易波及采油井，注水效率明显高于初始井网。

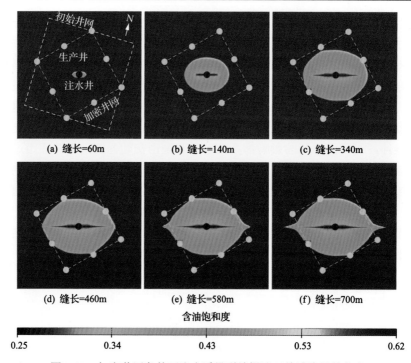

图 9-23　加密井网条件下注水诱导裂缝慢速延伸渗流场的分布

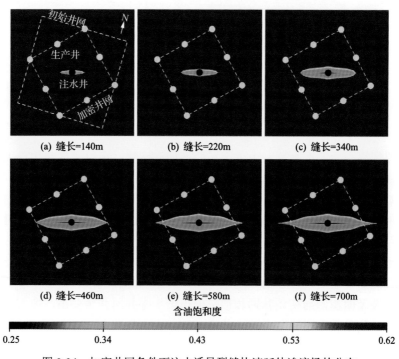

图 9-24　加密井网条件下注水诱导裂缝快速延伸渗流场的分布

注水诱导裂缝快速延伸同样不能形成较大的注水波及面积,这是由于注水诱导裂缝的扩展生长速度快,很容易超出井组范围与相邻井组的采油井相连通,形成注水无效循环,注水波及面积增加缓慢,驱油效果差。例如,当注水诱导裂缝慢速及快速延伸长度均为700m时,慢速延伸所形成的注水波及面积比快速延伸相比高出69.7%(图9-25)。对比注水诱导裂缝不同延伸速度下的采出程度(图9-26),在初始阶段由于注入水还没有波及采油井,注水诱导裂缝延伸速度对采出程度影响不大。但当注入水波及采油井以后,注水诱导裂缝慢速延伸采出程度明显要好于快速延伸的情况。随着注水的持续,若注水诱导裂缝快速延伸连通了采油井形成无效水循环,同样会大大降低采出程度。

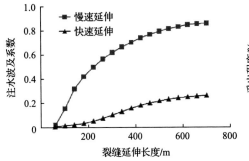

图9-25 加密井网内注水诱导裂缝不同延伸速度时注水波及系数对比   图9-26 加密井网内注水诱导裂缝不同延伸速度时采出程度对比(赵向原,2015)

通过上述分析可知,无论是在初始井网条件下还是在加密井网条件下,注水诱导裂缝慢速延伸对扩大注水波及面积、提高采出程度均是有利的。进一步对比在加密井网条件和初始井网条件下的注水诱导裂缝慢速延伸对注水开发效果的影响发现(图9-27、图9-28),当两种条件下注水诱导裂缝均延伸至700m时,加密井网条件与初始井网条件相比,无论是注水波及系数还是采出程度均提高了1倍左右,说明加密井网条件下的注水诱导裂缝慢速延伸更能够有效地扩大注水波及系数,提高采出程度。

综上所述,注水诱导裂缝的形成对油藏注水开发效果的影响主要取决于注水诱导裂缝的生长延伸速度、井距、裂缝的方位与井排的夹角等因素。在相似井组内,注水诱导裂缝的生长延伸速度是关键。注水诱导裂缝较慢的生长延伸速度有利于提高油藏注水开发效果,尤其是在小井距井网内,注水诱导裂缝的慢速延伸比大井距井网更能够提高采出程度。油藏数值模拟结果还表明,排距在120~170m井网内,注水诱导裂缝慢速延伸开发效果较好。此外,增大生产井与注水诱导裂缝方向的夹角可延缓采油井高含水时间,同样有利于提高注水波及面积,提高油藏的注水开发效果。

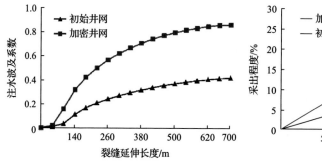

图9-27　初始井网与加密井网内注水诱导裂缝
慢速延伸时注水波及系数对比(赵向原，2015)

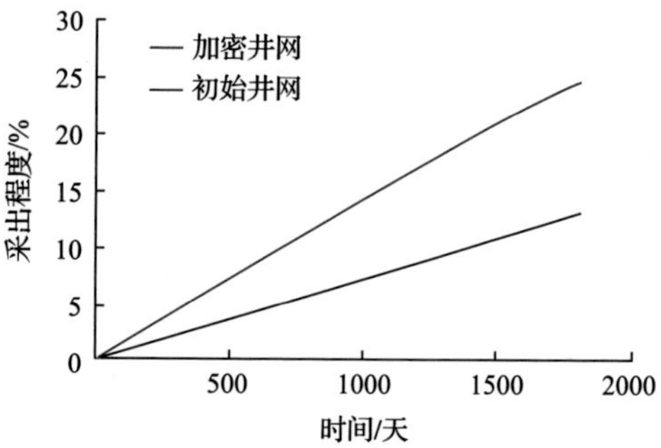

图9-28　初始井网与加密井网内注水诱导
裂缝慢速延伸时采出程度对比

三、几种调整方式对比

　　注水诱导裂缝是致密低渗透油藏在长期注水开发中所表现出的一种新的地质属性和非均质性，具有普遍性和必然性。注水诱导裂缝形成以后，不仅改变油藏的渗流场和压力场，还影响油藏的注水开发效果。根据注水诱导裂缝对油藏开发效果影响的评价，在中晚期注水开发中需要有针对性地采取相应的调整对策，以提高油藏中后期的注水开发效果。下面列举两种常见的调整方式，说明采用不同调整对策的开发效果是完全不同的，以此来说明针对注水诱导裂缝进行调整的重要性。

　　鄂尔多斯盆地安塞油田某区块的长期注水开发实践表明，初始井网为近似300m×300m 的正方形反九点井网，井排方向为近东西向，与现今最大水平主应力方向及优势渗流裂缝方向存在一定的夹角，有一定的不适应性。在该井网条件下长期注水以后，在注水井排两侧加密一排采油井进行调整，容易在原井网注水井及跨井组加密井之间形成注水诱导裂缝，注水诱导裂缝方向与现今地应力的最大水平主应力方向和优势渗流裂缝方向近一致(图9-29)。在这种井网及加密方式的初期开发效果较好，能够有效延缓注水井两侧的见水时间；但在中后期注水开发中，实施加密以后，注水诱导裂缝的形成和延伸容易导致跨井组加密井发生水淹，很难再进行进一步调整和改善。

　　根据上述分析，考虑到油藏的裂缝渗流特征及在长期注水开发过程中形成注水诱导裂缝的不可避免性，同时为了方便后期的方案调整，可以使初始井网的井排方向与优势渗流裂缝方位及现今地应力最大水平主应力方位一致。待注水井两侧采油井高含水以后，再进行进一步调整。有两种调整方式：第一种调整方式是在原注水井排与采油井排之间各加密一排采油井，原井网角井转注，形成近似反九点[图 9-30(a)]；第二种调整方式是将注水井两侧高含水采油井转注形成排状注水，并在原注水井排与采油井排之间加密一排采油井[图 9-30(b)]。

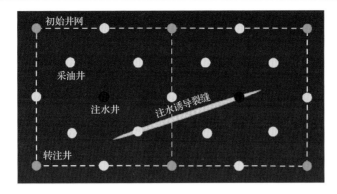

图 9-29　初始井网加密后容易形成的注水诱导裂缝的分布形式

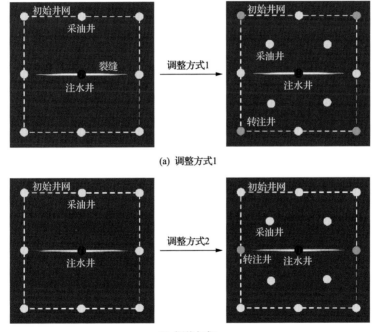

(a)　调整方式1

(b)　调整方式2

图 9-30　两种不同的开发调整方式

　　应用油藏数值模拟方法,对初始井网条件下注水诱导裂缝慢速延伸情况的上述两种不同调整方式的开发效果进行了分析。

　　初始井网条件下,注水诱导裂缝方向与井排方向夹角为 0°,随着注水的持续和注水诱导裂缝的缓慢延伸,逐渐形成了近椭圆状的注水波及面,当注水诱导裂缝延伸到注水井两侧的采油井时,采油井高含水,此时按照第一种方式对井网进行调整[图 9-31(a)]。调整前后的注采比保持不变,调整后继续对该方式下的注水开发效果进行数值模拟,得到不同阶段的平面含水率变化情况[图 9-31(b)～(f)]。

从图中可以看出，由于加密井的存在，初始井网角井转注后的波及面积和原始井网的波及面积越来越不均衡，井组内剩余油的分布较为分散。

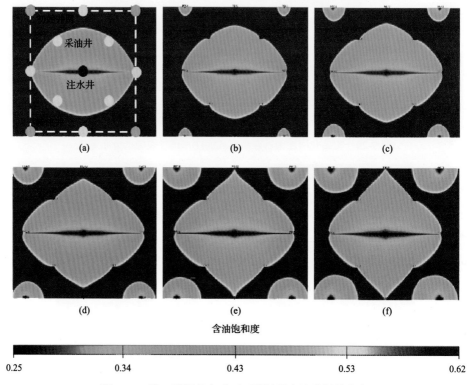

图 9-31　第一种调整方式下开发过程中渗流场的分布

同样，当初始井网条件下注水诱导裂缝缓慢延伸到注水井两侧的采油井以后 [图 9-32(a)]，对第二种调整方式的注水开发效果进行数值模拟，得到了不同阶段平面含水率变化情况 [图 9-32(b)～(f)]。从图中可以看出，同样由于加密井的存在，水淹井转注后的波及面积和原始井网的波及面积也越来越不规则，但与第一种调整方式相比，井组内剩余油的分布较为连续，水驱效果相对较好。

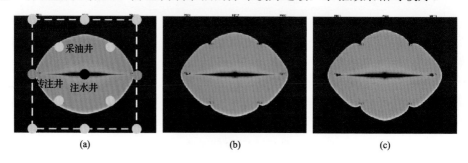

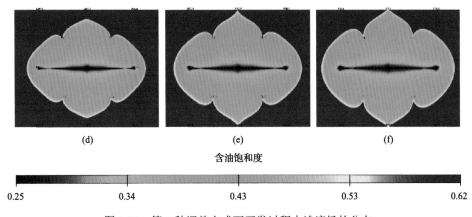

图 9-32　第二种调整方式下开发过程中渗流场的分布

　　根据上述两种调整方式的对比采出程度增加量(图 9-33)，可见第二种调整方式下的采出程度要好于第一种调整方式。同时，第二种调整方式的井组含水率也明显要低。例如，调整后开采至 4.5 年时，第二种调整方式的采油井平均含水率比第一种调整方式要低近 10%。

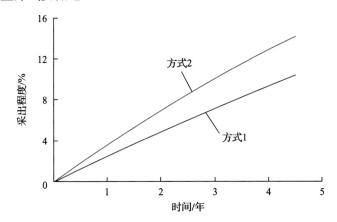

图 9-33　实施两种调整方式后采出程度增加量对比(赵向原，2015)

　　由此可见，初始井网布井应在充分考虑天然裂缝发育特征及现今应力场特征的基础上，采取初始井网井排与现今地应力方向及天然裂缝方向基本一致的方式布井，待注水诱导裂缝形成及注水井排的采油井水淹以后，沿注水诱导裂缝延伸方向转注形成排状注水，辅以注水井排两侧加密采油井，开采效果明显优于加密后的近似反九点井网。

参 考 文 献

白斌, 邹才能, 朱如凯, 等. 2012. 川西南部须二段致密砂岩储层构造裂缝特征及其形成期次. 地质学报, 86(11): 1841-1846.

白蕤, 张金功, 李渭. 2012. 鄂尔多斯盆地合水地区延长组长 6-3 岩性油藏储层地质建模. 吉林大学学报(地球科学版), 42(6): 1601-1609.

曹青, 高俊梅, 范立勇, 等. 2015. 鄂尔多斯盆地西南部上古生界流体包裹体特征及其意义. 天然气地球科学, 26(12): 2245-2253.

陈飞, 胡光义, 孙立春, 等. 2012. 鄂尔多斯盆地富县地区上三叠统延长组砂质碎屑流沉积特征及其油气勘探意义. 沉积学报, 30(6): 1042-1052.

陈国文, 李正中, 李洪革, 等. 2014. 宽方位角地震资料在裂缝性储层预测中的应用. 石油天然气学报, 36(3): 60-64.

陈继峰, 冷丹凤, 李杰, 等. 2011. 上三叠统长 6 油层组储层成岩作用及物性影响因素. 石油化工应用, 30(3): 38-42.

陈杰, 周鼎武. 2010. 鄂尔多斯盆地合水地区长 8 储层微观非均质性的试验分析. 中国石油大学学报(自然科学版), 34(4): 13-18.

陈全红, 李文厚, 高永祥, 等. 2007. 鄂尔多斯盆地上三叠统延长组深湖沉积与油气聚集意义. 中国科学(D 辑: 地球科学), 37(S1): 39-48.

陈淑利, 孙庆和, 宋正江. 2008. 特低渗透裂缝型储层注水开发中后期地应力场变化及开发对策. 现代地质, 22(4): 647-654.

陈子光. 1986. 岩石力学性质与构造应力场. 北京: 地质出版社.

程启贵, 张磊, 郑海妮, 等. 2010. 基于成岩作用定量表征的成岩储集相分类及意义——以鄂尔多斯盆地王窑杏河侯市地区延长组长 6 油层组特低渗储层为例. 石油天然气学报, 32(5): 60-65.

程远方, 时贤, 李蕾, 等. 2013. 考虑裂隙发育的碳酸盐岩地层孔隙压力预测新模型. 中国石油大学学报(自然科学版), 37(3): 83-87.

程远方, 常鑫, 孙元伟, 等. 2014. 基于断裂力学的页岩储层缝网延伸形态研究. 天然气地球科学, 25(4): 603-611.

戴俊生, 刘敬寿, 杨海盟, 等. 2016. 铜城断裂带阜二段储层应力场数值模拟及开发建议. 中国石油大学学报(自然科学版), 40(1): 1-9.

戴亚权, 赵俊英, 罗静兰, 等. 2010. 安塞油田坪桥地区长 2 段储层非均质性研究. 西北大学学报(自然科学版), 40(2): 287-292, 298.

董少群, 曾联波, Xu C S, 等. 2018. 储层裂缝随机建模方法研究进展. 石油地球物理勘探, 53(3): 625-641.

董双波, 柯式镇, 张红静, 等. 2013. 利用常规测井资料识别裂缝方法研究. 测井技术, 37(4): 380-384.

段宏亮, 王红伟. 2012. 苏南地区下三叠统青龙组灰岩有效裂缝的厘定. 西南石油大学学报(自然科学版), 34(1): 59-63.

耳闯, 赵靖舟, 姚泾利, 等. 2016. 鄂尔多斯盆地延长组长 7 油层组页岩-致密砂岩储层孔缝特征. 石油与天然气地质, 37(3): 341-353.

凡睿. 2015. 川东北 YB 气田灰岩储层裂缝识别与有效性评价. 测井技术, 39(6): 729-732.

樊建明, 屈雪峰, 王冲, 等. 2016. 鄂尔多斯盆地致密储集层天然裂缝分布特征及有效裂缝预测新方法. 石油勘探与开发, 43(5): 740-748.

范存辉, 周坤, 秦启荣, 等. 2014. 基底潜山型火山岩储层裂缝综合评价——以克拉玛依油田四 2 区火山岩为例. 天然气地球科学, 25(12): 1925-1932.

范泓澈, 黄志龙, 高岗, 等. 2011. 鄂尔多斯盆地胡尖山地区长4+5～长6油层组裂缝发育特征及对原油运聚的控制作用. 石油天然气学报, 33(1): 11-16.

冯建伟, 昌伦杰, 孙致学, 等. 2016. 多因素约束下的致密砂岩气藏离散裂缝特征及地质模型研究. 中国石油大学学报(自然科学版), 40(1): 18-26.

冯涛, 谢学斌, 王文星, 等. 2000. 岩石脆性及描述岩爆倾向的脆性系数. 矿冶工程, 20(4): 18-19.

付金华, 邓秀芹, 楚美娟, 等. 2013. 鄂尔多斯盆地延长组深水岩相发育特征及其石油地质意义. 沉积学报, 31(5): 928-938.

付金华, 邓秀芹, 王琪, 等. 2017. 鄂尔多斯盆地三叠系长 8 储集层致密与成藏耦合关系——来自地球化学和流体包裹体的证据. 石油勘探与开发, 44(1): 48-57.

付晶, 吴胜和, 王哲, 等. 2015. 湖盆浅水三角洲分流河道储层构型模式: 以鄂尔多斯盆地东缘延长组野外露头为例. 中南大学学报《自然科学版》: 46(11): 4174-4182.

付晓飞, 徐萌, 柳少波, 等. 2016. 塔里木盆地库车坳陷致密砂岩-膏泥岩储盖组合断裂带内部结构及与天然气成藏关系. 地质学报, 90(3): 521-533.

傅强, 李益. 2010. 鄂尔多斯盆地晚三叠世延长组长 6 期湖盆坡折带特征及其地质意义. 沉积学报, 28(2): 294-298.

高辉, 孙卫. 2010. 特低渗透砂岩储层可动流体变化特征与差异性成因——以鄂尔多斯盆地延长组为例. 地质学报, 84(8): 1223-1231.

高剑波, 吴景富, 张功成, 等. 2012. 低渗致密砂岩油气输导系统类型及其运聚特征——以鄂尔多斯盆地姬塬地区中生界长 6 油层组-侏罗系为例. 石油天然气学报, 34(7): 22-26.

高杰, 刘传奇, 万金彬. 2012. 裂缝性储层双侧向测井响应临界角影响因素分析. 测井技术, 36(5): 456-459.

高帅, 曾联波, 马世忠, 等. 2015. 致密砂岩储层不同方向构造裂缝定量预测. 天然气地球科学, 26(3): 427-434.

高志勇, 朱如凯, 冯佳睿, 等. 中国前陆盆地构造–沉积充填响应与深层储层特征. 北京: 地质出版社.

龚丹, 章成广. 2013. 裂缝性致密砂岩储层声波测井数值模拟响应特性研究. 石油天然气学报, 26(7): 82-86.

巩磊, 曾联波, 李娟, 等. 2012a. 南襄盆地安棚浅、中层系特低渗储层裂缝特征及其与深层裂缝对比. 石油与天然气地质, 33(5): 778-784.

巩磊, 曾联波, 苗凤彬, 等. 2012b. 分形几何方法在复杂裂缝系统描述中的应用. 湖南科技大学学报(自然科学版), 27(4): 6-10.

巩磊, 曾联波, 张本健, 等. 2012c. 九龙山构造致密砾岩储层裂缝发育的控制因素. 中国石油大学学报(自然科学版), 36(6): 6-12.

巩磊, 曾联波, 裴森奇, 等. 2013. 九龙山构造须二段致密砂岩储层裂缝特征及成因. 地质科学, 48(1): 217-226.

巩磊, 曾联波, 杜宜静, 等. 2015. 构造成岩作用对裂缝有效性的影响——以库车前陆盆地白垩系致密砂岩储层为例. 中国矿业大学学报, 44(3): 540-545.

巩磊, 曾联波, 陈树民, 等. 2016. 致密砾岩储层微观裂缝特征及对储层的贡献. 大地构造与成矿学, 40(1): 38-46.

巩磊, 高铭泽, 曾联波, 等. 2017. 影响致密砂岩储层裂缝分布的主控因素分析——以库车前陆盆地侏罗系—新近系为例. 天然气地球科学, 28(2): 199-208.

顾雯, 王铎翰, 阎建国. 2013. 基于地震多属性的裂缝检测技术. 天然气勘探与开发, 36(3): 17-22.

郭恩昌, 胡靖邦. 1988a. 在注水过程中地层温度、压力的改变对井底周围地应力的影响. 大庆石油学院学报, 12(4): 25-29.

郭恩昌, 胡靖邦. 1988b. 注水井周围压力梯度对地应力的影响. 石油钻采工艺, 10(3): 79-86.

郭凯, 曾溅辉, 李元昊, 等. 2013. 陇东地区延长组构造裂缝方解石脉特征及其与烃类流体活动的关系. 中国石油大学学报(自然科学版), 37(2): 36-42.

郭伦文, 李洪建, 蔡树行, 等. 2010. 注水对诱导裂缝的影响因素研究. 化学工程与装备, 6: 8-10.

韩杰, 江杰, 张敏, 等. 2015. 断裂及其裂缝发育带在塔中油气勘探中的意义. 西南石油大学学报(自然科学版), 37(2): 11-20.

韩忠英, 程远方, 王京印. 2011. 裂缝扩展注水技术中的裂缝扩展规律研究. 石油钻探技术, 39(6): 82-85.

何江, 付永雷, 沈桂川, 等. 2012. 低渗砂岩储层岩石学特征与应力敏感性耦合关系——以鄂尔多斯盆地苏里格-吉尔地区下石盒子组八段下亚段为例. 石油与天然气地质, 33(6): 923-931.

何文祥, 高春宁, 马超亚, 等. 2011. 储层裂缝的地球化学判识方法及动态验证. 石油天然气学报, 33(4): 7-10.

何岩峰, 成景烨, 窦祥骥, 等. 2017. 页岩天然裂缝网络渗透率模型研究. 天然气地球科学, 28(2): 280-286.

何自新. 2003. 鄂尔多斯盆地演化与油气. 北京: 石油工业出版社.

贺振建, 刘宝军, 王朴. 2011. 准噶尔盆地永进地区侏罗系层理缝成因及其对储层的影响. 油气地质与采收率, 18(1): 15-17.

侯冰, 陈勉, 谭鹏, 等. 2015. 页岩气藏缝网压裂物理模拟的声发射监测初探. 中国石油大学学报(自然科学版), 39(1): 66-71.

侯贵廷, 潘文庆. 2013. 裂缝地质建模及力学机制. 北京: 科学出版社.

胡勇, 李熙喆, 万玉金, 等. 2016. 裂缝气藏水侵机理及对开发影响实验研究. 天然气地球科学, 27(5): 910-917.

黄志刚, 任战利, 陈玉林. 2015. 鄂尔多斯盆地东南缘延长组地层热演化史——来自镜质组反射率和磷灰石裂变径迹证据. 地质学报, 89(5): 909-916.

黄志龙, 刘国恒, 马剑, 等. 2015. 陆相页岩非晶态二氧化硅半定量分析新方法——以鄂尔多斯盆地延长组样品为例. 天然气地球科学, 26(11): 2017-2028.

汲生珍, 邬兴威, 夏东领, 等. 2012. 地震相裂缝分级技术在储层预测中的应用. 西南石油大学学报(自然科学版), 34(3): 71-77.

季宗镇, 戴俊生, 汪必峰, 等. 2010. 构造裂缝多参数定量计算模型. 中国石油大学学报(自然科学版), 34(1): 24-28.

姜瑞忠, 汪洋, 贾俊飞, 等. 2014. 页岩储层基质和裂缝渗透率新模型研究. 天然气地球科学, 25(6): 934-939.

姜涛, 朱玉双, 杨克文, 等. 2011. 姬塬油田罗1井区长8₁储层特征及影响因素分析. 西北大学学报(自然科学版), 41(6): 1031-1036.

金强, 毛晶晶, 杜玉山, 等. 2015. 渤海湾盆地富台油田碳酸盐岩潜山裂缝充填机制. 石油勘探与开发, 42(4): 454-462.

金志勇, 刘启鹏, 韩东, 等. 2009. 非线性时间序列井间连通性分析方法. 油气地质与采收率, 16(1): 75-77.

景成, 蒲春生, 何延龙, 等. 2016. 单一裂缝条带示踪剂产出模型及其参数敏感性分析. 测井技术, 40(4): 408-412.

久凯, 丁文龙, 李玉喜, 等. 2012. 黔北地区构造特征与下寒武统页岩气储层裂缝研究. 天然气地球科学, 23(4): 797-803.

鞠玮, 侯贵廷, 冯胜斌, 等. 2014. 鄂尔多斯盆地庆城—合水地区延长组长6₃储层构造裂缝定量预测. 地学前缘, 21(6): 310-320.

康红兵, 李娜, 刘培亮. 2012. 裂缝性油藏渗透率张量计算及影响因素研究. 石油天然气学报, 34(2): 118-123.

赖锦, 王贵文, 陈敏, 等. 2013. 基于岩石物理相的储集层孔隙结构分类评价——以鄂尔多斯盆地姬塬地区长8油层组为例. 石油勘探与开发, 40(5): 566-573.

赖锦, 王贵文, 柴毓, 等. 2014. 致密砂岩储层孔隙结构成因机理分析及定量评价——以鄂尔多斯盆地姬塬地区长8油层组为例. 地质学报, 88(11): 2119-2130.

赖锦, 王贵文, 范卓颖, 等. 2016. 非常规油气储层脆性指数测井评价方法研究进展. 石油科学通报, 1(3): 330-341.

郎晓玲, 郭召杰, 刘红岐. 2014. 井震结合在缝洞识别和预测中的应用研究. 西南石油大学学报(自然科学版), 36(4): 12-20.

雷启鸿, 成良丙, 王冲, 等. 2017. 鄂尔多斯盆地长7致密储层可动流体分布特征. 天然气地球科学, 28(1): 26-31.

李成成, 周世新, 李靖, 等. 2017. 鄂尔多斯盆地南部延长组泥页岩孔隙特征及其控制因素. 沉积学报, 35(2): 315-329.

李大奇, 康毅力, 张浩. 2011. 基于可视缝宽测量的储层应力敏感性评价新方法. 天然气地球科学, 22(3): 494-500.

李海波, 郭和坤, 杨正明, 等. 2015. 鄂尔多斯盆地陕北地区三叠系长 7 致密油赋存空间. 石油勘探与开发, 42(3): 396-400.

李军, 陈勉, 柳贡慧. 2006. 岩石力学性质正交各向异性实验研究. 西南石油学院学报(自然科学版), 28 (5): 50-52.

李庆辉, 陈勉, 金衍, 等. 2012. 页岩脆性的室内评价方法及改进. 岩石力学与工程学报, 31(8): 1681-1685.

李士祥, 邓秀芹, 庞锦莲, 等. 2010. 鄂尔多斯盆地中生界油气成藏与构造运动的关系. 沉积学报, 28(4): 798-807.

李士祥, 施泽进, 刘显阳, 等. 2013. 鄂尔多斯盆地中生界异常低压成因定量分析. 石油勘探与开发, 40(5): 528-533.

李松, 康毅力, 李大奇, 等. 2011. 缝洞型储层井壁裂缝宽度变化 ANSYS 模拟研究. 天然气地球科学, 22(2): 340-346.

李卫成, 牛小兵, 梁晓伟, 等. 2014. 鄂尔多斯盆地马岭地区长 8 油层组储层成岩作用及其对物性的影响. 石油天然气学报, 36(8): 6-11.

李艳琴, 李文厚. 2016. 鄂尔多斯盆地三叠系延长组致密储层特征及油藏富集规律. 北京: 石油工业出版社.

李阳, 吴胜和, 侯加根, 等. 2017. 油气藏开发地质研究进展与展望. 石油勘探与开发, 44(4): 569-579.

李阳兵, 张筠, 徐炳高, 等. 2010. 川西地区须家河组裂缝成因类型及形成期次的成像测井分析. 测井技术, 34(4): 348-351.

李玉喜, 肖淑梅. 2000. 储层天然裂缝与压裂裂缝关系分析. 特种油气藏, 7(3): 26-28.

李跃纲, 巩磊, 曾联波, 等. 2012. 四川盆地九龙山构造致密砾岩储层裂缝特征及其贡献. 天然气工业, 22(1): 22-26.

李智强, 邓少贵, 范宜仁, 等. 2010. 裂缝性储层阵列侧向测井响应反演研究. 测井技术, 34(2): 138-142.

李中林, 张建利. 1997. 低渗透砂岩油藏注水井吸水特征及吸水能力变化规律认识. 吐哈油气, 2(4): 33-42.

梁宇, 任战利, 王彦龙, 等. 2011. 鄂尔多斯盆地子长地区延长组流体包裹体特征与油气成藏期次. 石油与天然气地质, 32(2): 182-191.

廖新维, 沈平平. 2002. 现代试井分析. 北京: 石油工业出版社.

刘春, 张荣虎, 张惠良, 等. 2017. 塔里木盆地库车前陆冲断带不同构造样式裂缝发育规律: 证据来自野外构造裂缝露头观测. 天然气地球科学, 28(1): 52-61.

刘恩龙, 沈珠江. 2005. 岩土材料的脆性研究. 岩石力学与工程学报, 24(19): 3449-3453.

刘格云, 黄臣军, 周新桂, 等. 2015. 鄂尔多斯盆地三叠系延长组裂缝发育程度定量评价. 石油勘探与开发, 42(4): 444-453.

刘国平, 曾联波, 雷茂盛, 等. 2016. 徐家围子断陷火山岩储层裂缝发育特征及主控因素. 中国地质, 43(1): 329-337.

刘红磊, 陈建, 靳秀菊, 等. 2013. 普光气田礁滩相储层裂缝测井识别方法与应用. 石油天然气学报, 35(3): 106-109.

刘红岐, 邱春宁, 唐洪, 等. 2011. 塔河油田 12 区块奥陶系裂缝分布规律研究. 沉积学报, 29(6): 1079-1085.

刘洪, 张仕强, 钟水清, 等. 2006. 裂缝性油藏注水开发水淹力学机理研究. 钻采工艺, 29(4): 57-60.

刘洪涛, 曾联波, 房宝才, 等. 2005. 裂缝对大庆台肇地区低渗透砂岩储层注水的影响. 石油大学学报(自然科学版), 29(4): 74-78.

刘华, 蒋有录, 叶涛, 等. 2015. 沾化凹陷渤南洼陷超压裂缝的测井响应特征与预测. 中国石油大学学报(自然科学版), 39(6): 50-56.

刘雷颂, 高军, 代双河, 等. 2013. "蚂蚁追踪"裂缝预测技术在中东 AD 油田开发中的应用. 石油天然气学报, 35(8): 57-61.

刘伟, 朱留方, 许东晖, 等. 2013. 断裂带结构单元特征及其测井识别方法研究. 测井技术, 37(5): 495-498.

刘卫彬, 周新桂, 李世臻, 等. 2016. 构造裂缝对低孔低渗储层的影响作用研究——以东濮凹陷沙三段为例. 天然气地球科学, 27(11): 1993-2004.

刘震, 陈凯, 朱文奇, 等. 2012. 鄂尔多斯盆地西峰地区长 7 段泥岩古压力恢复. 中国石油大学学报(自然科学版), 36(2): 1-7.

刘之的, 赵靖舟. 2014. 鄂尔多斯盆地长 7 段油页岩裂缝测井定量识别. 天然气地球科学, 25(2): 259-265.

刘宗堡, 郭林源, 付晓飞, 等. 2017. 砂泥互层地层断裂带结构特征及控油作用. 中国石油大学学报(自然科学版), 41(2): 21-29.

龙鹏宇, 张金川, 唐玄, 等. 2011. 泥页岩裂缝发育特征及其对页岩气勘探和开发的影响. 天然气地球科学, 22(3): 525-532.

龙旭, 武林芳. 2011. 蚂蚁追踪属性体提取参数对比试验及其在塔河四区裂缝建模中的应用. 石油天然气学报, 33(5): 76-81.

卢聪, 王建, 夏富国, 等. 2011. 页岩压裂裂缝对油气运移影响的模拟研究. 石油天然气学报, 33(9): 127-129.

卢虎胜, 张俊峰, 李世银, 等. 2012. 砂泥岩间互地层破裂准则选取及在裂缝穿透性评价中的应用. 中国石油大学学报(自然科学版), 36(3): 14-19.

芦慧, 鲁雪松, 范俊佳, 等. 2015. 裂缝对致密砂岩气成藏富集与高产的控制作用——以库车前陆盆地东部侏罗系迪北气藏为例. 天然气地球科学, 26(6): 1047-1056.

陆道林, 狄帮让, 李向阳, 等. 2012. 柴西北地区储集层构造裂缝定量描述与预测. 新疆石油地质, 33(3): 344-346.

陆明华, 骆璞, 姜传芳, 等. 2013. 地震属性技术在页岩裂缝预测中的应用. 石油天然气学报, 35(8): 62-64.

路繁荣, 曹禺, 张超, 等. 2017. 同位素吸水剖面测井方法在石油地质中的应用. 石油化工应用, 36(5): 106-109.

吕文雅, 曾联波, 汪剑, 等. 2016a. 致密低渗储层裂缝研究进展. 地质科技情报, 35(4): 74-83.

吕文雅, 曾联波, 张俊辉, 等. 2016b. 川中地区中下侏罗统致密油储层裂缝发育特征. 地球科学与环境学报, 38(2): 226-234.

吕文雅, 曾联波, 张俊辉, 等. 2017. 四川盆地中部下侏罗统致密灰岩储层裂缝的主控因素与发育模式. 地质科学, 52(3): 943-953.

罗群, 魏浩元, 刘冬冬, 等. 2017. 层理缝在致密油成藏富集中的意义、研究进展及其趋势. 石油实验地质, 39(1): 1-7.

马洪敏, 刘兴礼, 刘瑞林. 2011. 成像测井裂缝拾取在直井与相应侧钻井中的应用. 石油天然气学报, 33(11): 85-88.

马瑶, 李文厚, 欧阳征健, 等. 2013. 鄂尔多斯盆地南梁西区长 6 油层组砂岩低孔超低渗储层特征及主控因素. 地质通报, 32(9): 1471-1476.

马中远, 黄苇, 任丽丹, 等. 2014. 顺西地区良里塔格组裂缝特征及石油地质意义. 西南石油大学学报(自然科学版), 36(2): 35-44.

毛国扬, 杨怀成, 张文正. 2011. 裂缝性储层压降分析方法及其应用. 石油天然气学报, 33(7): 116-118.

梅蓉, 高春宁, 雷启鸿, 等. 2013. 华庆油田白 153 区低渗透长 6 油藏井网适应性研究. 石油天然气学报, 35(2): 131-135.

孟俊, 骆杨. 2015. 泾河油田长 8 段垂直裂缝常规测井识别. 测井技术, 39(6): 724-728.

苗凤彬, 曾联波, 祖克威, 等. 2016. 四川盆地梓潼地区须家河组储集层裂缝特征及控制因素. 地质力学学报, 22(1): 76-84.

穆龙新, 赵国良, 田中元, 等. 2009. 储层裂缝预测研究. 北京: 石油工业出版社.

牛海瑞, 杨少春, 汪勇, 等. 2017. 准噶尔盆地车排子地区火山岩裂缝形成期次分析. 天然气地球科学, 28(1): 74-81.

彭功名, 张富美, 杨瑞莎, 等. 2012. 常规测井技术在安塞油田王窑区裂缝识别中的应用. 油气地球物理, 10(1): 31-35.

祁凯, 任战利, 崔军平, 等. 2017. 鄂尔多斯盆地渭北隆起岐山-麟游地区中新生代构造热演化及地质响应——来自裂变径迹分析的证据. 地质学报, 91(1): 151-162.

乔占峰, 沈安江, 邹伟宏, 等. 2011. 断裂控制的非暴露型大气水岩溶作用模式——以塔北英买 2 构造奥陶系碳酸盐岩储层为例. 地质学报, 85(12): 2070-2083.

秦飞, 姚光庆, 李伟才, 等. 2010. 宝北区块不同角度裂缝人造岩心驱油对比试验. 石油天然气学报, 32(6): 450-453.

仇鹏, 牟中海, 蒋裕强, 等. 2011. 裂缝性储层的地震响应特征——以川中地区致密砂岩储层为例. 天然气与石油, 37(3): 49-53.

单敬福, 赵忠军, 李浮萍, 等. 2015. 砂质碎屑储层钙质夹层形成机理及其主控因素分析. 地质论评, 61(3): 614-620.

屈雪峰, 温德顺, 张龙, 等. 2017. 鄂尔多斯盆地延长组超低渗透油藏形成过程分析——以古峰庄—麻黄山地区为例. 沉积学报, 35(2): 383-392.

曲希玉, 刘珍, 高媛等. 2015. 绿泥石包壳对碎屑岩储层物性的影响及其形成环境——以鄂尔多斯盆地大牛地气田上古生界为例. 沉积学报, 33(4): 786-794.

全洪慧, 朱玉双, 张东军, 等. 2011. 储层孔隙结构与水驱油微观渗流特征: 以安塞油田王窑区长 6 油层组为例. 石油与天然气地质, 32(54): 952-960.

冉冶, 王贵文, 赖锦, 等. 2016. 利用测井交会图法定量表征致密油储层成岩相——以鄂尔多斯盆地华池地区长 7 致密油储层为例. 沉积学报, 34(4): 694-706.

任芳祥, 龚姚进, 张吉昌, 等. 2014. 潜山内幕油藏裂缝发育段地震响应特征研究. 天然气地球科学, 25(4): 565-573.

任芳祥, 龚姚进, 谷团, 等. 2015. 潜山内幕油藏裂缝发育段井眼信息响应特征研究. 天然气地球科学, 26(9): 1781-1792.

任战利, 李文厚, 梁宇, 等. 2014. 鄂尔多斯盆地东南部延长组致密油成藏条件及主控因素. 石油与天然气地质, 35(2): 190-198.

阮宝涛, 张菊红, 王志文, 等. 2011. 影响火山岩裂缝发育因素分析. 天然气地球科学, 22(2): 287-292.

商琳, 戴俊生, 贾开富, 等. 2013. 碳酸盐岩潜山不同级别构造裂缝分布规律数值模拟——以渤海湾盆地富台油田为例. 天然气地球科学, 24(6): 1260-1267.

尚凯, 郭峰, 周军, 等. 2010. 鄂尔多斯盆地西南部长 8 低渗透储层特征及形成机理. 天然气勘探与开发, 33(2): 14-18.

盛世锋, 于静, 赵飞, 等. 2014. 百 21 井区夏二段储层裂缝识别及裂缝发育特征. 石油天然气学报, 36(3): 19-23.

时保宏, 张艳, 张雷, 等. 2015. 运用流体包裹体资料探讨鄂尔多斯盆地姬塬地区长 9 油藏史. 石油与天然气地质, 36(1): 17-22.

时建超, 屈雪峰, 雷启鸿, 等. 2016. 致密油储层可动流体分布特征及主控因素分析——以鄂尔多斯盆地长 7 储层为例. 天然气地球科学, 27(5): 827-834.

史成恩, 万晓龙, 赵继勇, 等. 2007. 鄂尔多斯盆地超低渗透油层开发特征. 成都理工大学学报(自然科学版), 34(5): 538-542.

史涛, 高春宁, 雷启鸿, 等. 2013. 白 153 井区长 6₃ 油藏单井产能影响因素分析. 长江大学学报(自科版), 10(2): 84-86.

司马立强, 杨洪鹏, 姚军朋, 等. 2011. 基于时频分析的储层裂缝识别方法. 测井技术, 35(4): 331-334.

斯麦霍夫. 1985. 裂缝性油气储集层勘探的基本理论与方法. 曾志琼, 吴丽芸译. 北京: 石油工业出版社.

苏奥, 陈红汉, 王存武, 等. 2016. 低渗致密砂岩储层的致密化机理与成岩流体演化: 以东海西湖凹陷中央背斜带北部花港组为例. 中国矿业大学学报, 45(5): 972-981.

孙东, 杨丽莎, 王宏斌, 等. 2015. 塔里木盆地哈拉哈塘地区走滑断裂体系对奥陶系海相碳酸盐岩储层的控制作用. 天然气地球科学, 26(S1): 80-87.

孙建孟, 刘坤, 王艳, 等. 2015. 泥页岩储层裂缝识别与有效性评价研究. 测井技术, 39(5): 611-616.

孙庆和, 何玺, 李长禄. 2000. 特低渗透储层微裂缝特征及对注水开发的影响. 石油学报, 21(4): 52-57.

孙炜, 刘学清, 贾昀. 2013. 应力场分析在碳酸盐岩构造裂缝预测中的应用. 石油天然气学报, 35(1): 50-52.

覃小丽, 李荣西, 席胜利, 等. 2017. 鄂尔多斯盆地东部上古生界储层热液蚀变作用. 天然气地球科学, 28(1): 43-51.

汤小燕, 李盼. 2016. 扶余油田泉四段裂缝发育特征及其对开发的影响. 西南石油大学学报(自然科学版), 38(6): 97-104.

唐海, 汪全林, 彭鑫岭, 等. 2011. 川东宣汉地区飞仙关组裂缝特征及成因研究. 西南石油大学学报(自然科学版), 33(4): 78-84.

唐明明, 张金亮. 2017. 基于随机扩展方法的致密油储层裂缝建模研究. 西南石油大学学报(自然科学版), 39(1): 63-72.

唐小梅, 曾联波, 何永宏, 等. 2012a. 沉积与成岩作用对姬塬油田超低渗透油层构造裂缝发育的控制作用. 石油天然气学报, 34(4): 21-25.

唐小梅, 曾联波, 岳锋, 等. 2012b. 鄂尔多斯盆地三叠系延长组页岩油储层裂缝特征及常规测井识别方法. 石油天然气学报, 34(6): 95-99.

唐永, 梅廉夫, 唐文军, 等. 2010a. 裂缝性储层属性分析与随机模拟. 西南石油大学学报(自然科学版), 32(4): 56-66.

唐永, 梅廉夫, 张春生, 等. 2010b. 普光气田飞仙关组储层裂缝特征及其控制因素分析. 石油天然气学报, 32(2): 48-53.

田甜, 王海红, 郑荣才, 等. 2014. 鄂尔多斯盆地镇原地区长8油层组低渗透储层特征. 岩性油气藏, 26(1): 29-35.

万天丰. 1988. 古构造应力场. 北京: 地质出版社.

万晓龙, 高春宁, 王永康, 等. 2009. 人工裂缝与天然裂缝耦合关系及其开发意义. 地质力学学报, 15(3): 245-252.

汪吉林, 朱炎铭, 宫云鹏, 等. 2015. 重庆南川地区龙马溪组页岩微裂缝发育影响因素及程度预测. 天然气地球科学, 26(8): 1579-1586.

汪剑, 崔永谦, 史今雄, 等. 2016. 沁水盆地南部煤储层裂缝测井响应与参数重构. 天然气地球科学, 27(11): 2086-2092.

王超, 张强勇, 刘中春, 等. 2016. 缝洞型油藏裂缝宽度变化预测模型及其应用. 中国石油大学学报(自然科学版), 40(1): 86-91.

王成龙, 夏宏泉, 杨双定. 2013. 基于岩石脆性系数的压裂缝高度与宽度预测方法研究. 测井技术, 37(6): 676-680.

王桂斋, 胡天跃. 2014. 多频声波全波列波形裂缝特征分析及应用. 天然气地球科学, 25(S1): 11-16.

王海方. 2016. 苏北盆地古近系页岩油储层有效裂缝识别. 西南石油大学学报(自然科学版), 38(3): 21-27.

王洪求, 刘伟方, 郑多明, 等. 2011. 塔里木盆地奥陶系碳酸盐岩"非串珠状"缝洞型储层类型及成因. 天然气地球科学, 22(6): 982-988.

王建民, 王佳媛. 2013. 鄂尔多斯盆地伊陕斜坡上的低幅度构造与油气富集. 石油勘探与开发, 40(1): 49-57.

王婧慈, 文德进, 张超谟. 2010. 利用常规测井评价裂缝发育强度的动态模糊评价法——以泌阳凹陷白云岩分布区为例. 石油天然气学报, 32(3): 92-95.

王军, 戴俊生, 冯建伟, 等. 2010a. 乌夏断裂带二叠系火山岩-碎屑岩混杂地层裂缝预测. 中国石油大学学报(自然科学版), 34(4): 19-24.

王军, 戴俊生, 季宗镇. 2010b. 储层裂缝多参数定量预测及在闵桥油田的应用. 西南石油大学学报(自然科学版), 32(3): 51-55.

王俊鹏, 张荣虎, 赵继龙, 等. 2014. 超深层致密砂岩储层裂缝定量评价及预测研究——以塔里木盆地克深气田为例. 天然气地球科学, 25(11): 1735-1745.

王珂, 戴俊生, 贾开富, 等. 2013. 库车拗陷 A 气田砂泥岩互层构造裂缝发育规律. 西南石油大学学报(自然科学版), 35(2): 63-70.

王芮川, 赵靖舟, 丁文龙, 等. 2015. 渝东南地区龙马溪组页岩裂缝发育特征. 天然气地球科学, 26(4): 760-770.

王鹏威, 陈筱, 庞雄奇. 2014. 构造裂缝对致密砂岩气成藏过程的控制作用. 天然气地球科学, 25(2): 185-191.

王瑞雪, 张晓峰, 谈顺佳, 等. 2015. 基于成像测井资料多种滤波方法在裂缝识别中的应用. 测井技术, 39(2): 155-159.

王文环, 彭缓缓, 李光泉, 等. 2015. 大庆低渗透油藏注水动态裂缝开启机理及有效调整对策. 石油与天然气地质, 36(5): 842-847.

王香增, 刘国恒, 黄志龙, 等. 2015. 鄂尔多斯盆地东南部延长组长 7 段泥页岩储层特征. 天然气地球科学, 26(7): 1385-1394.

王香增, 张丽霞, 李宗田, 等. 2016. 鄂尔多斯盆地延长组陆相页岩孔隙类型划分方案及其油气地质意义. 石油与天然气地质, 37(1): 1-7.

王晓畅, 李军, 张松扬, 等. 2011. 基于测井资料的裂缝面孔率标定裂缝孔隙度的数值模拟及应用. 中国石油大学学报(自然科学版), 35(2): 51-56.

王鑫, 姚军, 杨永飞, 等. 2013. 基于组合式平板模型预测曲面裂缝数字岩心渗透率的方法. 中国石油大学学报(自然科学版), 37(6): 82-86.

王永刚. 2012. 济阳坳陷太古界变质岩储层裂缝识别与定量解释. 测井技术, 36(6): 590-595.

王勇刚, 文志刚, 陈玲. 2009. 特低渗透油藏水驱油效率影响因素研究: 以西峰油田白马中区长 8 油层为例. 石油天然气学报, 31(4): 284-288.

王友净, 宋新民, 田昌炳, 等. 2015. 动态裂缝是特低渗透油藏注水开发中出现的新的开发地质属性. 石油勘探与开发, 42(2): 222-228.

王玉满, 李新景, 董大忠, 等. 2016. 海相页岩裂缝孔隙发育机制及地质意义. 天然气地球科学, 27(9): 1602-1610.

王兆生, 曾联波, 张振国, 等. 2012. 巴喀油田裂缝发育特征及常规测井识别方法. 新疆地质, 30(3): 359-362.

王振卿, 王宏斌, 张虎权, 等. 2011. 塔中地区岩溶风化壳裂缝型储层预测技术. 天然气地球科学, 22(5): 889-893.

邬光辉, 陈志勇, 曲泰来, 等. 2012. 塔里木盆地走滑断带碳酸盐岩断裂相特征及其与油气关系. 地质学报, 86(2): 219-227.

吴浩, 刘锐娥, 纪友亮, 等. 2017. 致密气储层孔喉分形特征及其与渗流的关系——以鄂尔多斯盆地下石盒子组盒 8 段为例. 沉积学报, 35(1): 151-162.

吴礼明, 丁文龙, 张金川, 等. 2011. 渝东南地区下志留统龙马溪组富有机质页岩储层裂缝分布预测. 石油天然气学报, 33(9): 43-46.

吴满生, 王志章, 狄帮让, 等. 2011. 新场气田须二段裂缝综合预测方法研究. 石油天然气学报, 33(8): 58-62.

吴胜和. 2010. 储层表征与建模. 北京: 石油工业出版社.

吴胜和, 纪友亮, 岳大力. 等. 2013. 碎屑沉积地质体构型分级方案探讨. 高校地质学报, 19(1): 12-22.

吴永平, 朱忠谦, 肖香姣, 等. 2011. 迪那 2 气田古近系储层裂缝特征及分布评价. 天然气地球科学, 22(6): 989-995.

吴志均, 唐红君, 安凤山. 2003. 川西新场致密砂岩气藏层理缝成因探讨. 石油勘探与开发, 30(2): 109-111.

吴志宇, 等. 2013. 安塞特低渗透油田开发稳产技术. 北京: 石油工业出版社.

吴智平, 陈伟, 薛雁, 等. 2010. 断裂带的结构特征及其对油气的输导和封堵性. 地质学报, 84(4): 570-578.

夏宏泉, 杨双定, 弓浩浩, 等. 2013. 岩石脆性实验及压裂缝高度与宽度测井预测. 西南石油大学学报(自然科学版), 35(4): 81-89.

肖立志, 张元中, 吴文圣, 等. 2010. 成像测井学基础. 北京: 石油工业出版社.

谢景彬, 龙国清, 田昌炳, 等. 2015. 特低渗透砂岩油藏动态裂缝成因及对注水开发的影响——以安塞油田王窑区长6油组为例. 油气地质与采收率, 22(3): 106-110.

熊兴银, 杨茂智, 许建洋, 等. 2016. 基于全方位OVT地震数据的各向异性裂缝预测技术在迪北致密砂岩研究中的应用. 石油地质与工程, 30(1): 65-68.

徐炳高, 李阳兵, 葛祥, 等. 2010. 川西须家河组致密碎屑岩裂缝分布规律与影响因素分析. 测井技术, 34(5): 437-441.

徐蕾, 师永民, 徐常胜, 等. 2013. 长石族矿物对致密油储渗条件的影响——以鄂尔多斯盆地长6油层组为例. 石油勘探与开发, 40(4): 448-454.

徐丽, 王轶平, 段毅, 等. 2012. 鄂尔多斯盆地南梁地区长4+5油层组储层特征. 岩性油气藏, 24(4): 34-39.

许多年, 尹路, 瞿建华, 等. 2015. 低渗透砂砾岩"甜点"储层预测方法及应用——以准噶尔盆地玛湖凹陷北斜坡区三叠系百口泉组为例. 天然气地球科学, 26(S1): 154-161.

许浩, 张君峰, 汤达祯, 等. 2012. 鄂尔多斯盆地苏里格气田低压形成的控制因素. 石油勘探与开发, 39(1): 64-68.

许君玉, 许新. 2016. 鄂尔多斯盆地红河油田裂缝识别. 测井技术, 40(5): 572-577.

薛艳梅, 夏东领, 苏宗富, 等. 2014. 多信息融合分级裂缝建模. 西南石油大学学报(自然科学版), 36(2): 57-63.

严锐涛, 徐怀民, 严锐锋, 等. 2016a. 鄂尔多斯盆地环江油田延长组长8段致密储层特征及主控因素分析. 中国海洋大学学报(自然科学版), 46(8): 96-103.

严锐涛, 曾联波, 赵向原, 等. 2016b. 渤海湾地区Z油田沙一下生物灰岩油藏裂缝特征及其形成机理. 地质科学, 51(2): 484-493.

严侠, 黄朝琴, 姚军, 等. 2016. 裂缝性油藏改进多重子区域模型. 中国石油大学学报(自然科学版), 40(3): 121-129.

杨帆, 章成广, 范姗姗, 等. 2012. 利用斯通利波评价裂缝性致密砂岩储层的渗透性. 石油天然气学报, 34(4): 88-92.

杨华, 傅强, 付金华. 2007. 鄂尔多斯晚三叠世盆地沉积层序与油气成藏. 北京: 地质出版社.

杨华, 窦伟坦, 刘显阳, 等. 2010. 鄂尔多斯盆地三叠系延长组长7沉积相分析. 沉积学报, 28(2): 254-263.

杨华, 付金华, 欧阳征健, 等. 2011. 鄂尔多斯盆地西缘晚三叠世构造—沉积环境分析. 沉积学报, 29(3): 427-439.

杨华, 邓秀芹. 2013. 构造事件对鄂尔多斯盆地延长组深水砂岩沉积的影响. 石油勘探与开发, 40(5): 513-520.

杨华, 傅强, 齐亚林, 等. 2016a. 鄂尔多斯盆地晚三叠世延长期古湖盆生物相带划分及地质意义. 沉积学报, 34(4): 688-693.

杨华, 牛小兵, 徐黎明, 等. 2016b. 鄂尔多斯盆地三叠系长7段页岩油勘探潜力. 石油勘探与开发, 43(4): 511-520.

杨华, 梁晓伟, 牛小兵, 等. 2017. 陆相致密油形成地质条件及富集主控因素——以鄂尔多斯盆地三叠系延长组长7段为例. 石油勘探与开发, 44(1): 12-20.

杨俊杰. 2002. 鄂尔多斯盆地构造演化与油气分布规律. 北京: 石油工业出版社.

杨仁超, 金之钧, 孙冬胜, 等. 2015. 鄂尔多斯晚三叠世湖盆异重流沉积新发现. 沉积学报, 33(1): 10-20.

杨少春, 齐陆宁, 李拴豹. 2012. 埕岛地区埕北20潜山带裂缝类型、发育期次及控制因素. 中国石油大学学报(自然科学版), 36(5): 1-6.

杨遂正, 金文化, 李振宏. 2006. 鄂尔多斯多旋回叠合盆地形成与演化. 天然气地球科学, 17(4): 494-498.

杨懿, 张小莉, 陈冬, 等. 2010. 柴西地区红沟子构造裂缝类型特征及控制因素. 石油天然气学报, 32(2): 284-287.

姚泾利, 王琪, 张瑞, 等. 2011a. 鄂尔多斯盆地华庆地区延长组长 6 砂岩绿泥石膜的形成机理及其环境指示意义. 沉积学报, 29(1): 72-79.

姚泾利, 王琪, 张瑞, 等. 2011b. 鄂尔多斯盆地中部延长组砂岩中碳酸盐胶结物成因与分布规律研究. 天然气地球科学, 22(6): 943-950.

姚泾利, 唐俊, 庞国印, 等. 2013. 鄂尔多斯盆地白豹—华池地区长 8 段孔隙度演化定量模拟. 天然气地球科学, 24(1): 38-46.

姚泾利, 徐丽, 邢蓝田, 等. 2015. 鄂尔多斯盆地延长组长 7 和长 8 油层组流体过剩压力特征与油气运移研究. 天然气地球科学, 26(12): 2219-2226.

姚宜同, 李士祥, 赵彦德, 等. 2015. 鄂尔多斯盆地新安边地区长 7 致密油特征及控制因素. 沉积学报, 33(3): 625-632.

易觉非, 吴兴能. 2010. 水平井成像测井解释中裂缝产状的井斜校正. 石油天然气学报, 32(4): 268-271.

尹帅, 丁文龙, 刘建军, 等. 2016. 沁水盆地南部地区山西组煤系地层裂缝发育特征及其与含气性关系. 天然气地球科学, 27(10): 1855-1868.

喻建, 杨亚娟, 杜金良. 2010. 鄂尔多斯盆地晚三叠世延长组湖侵期沉积特征. 石油勘探与开发, 37(2): 181-187.

袁静, 杨学君, 袁凌荣, 等. 2015. 库车坳陷 DB 气田白垩系砂岩胶结作用及其与构造裂缝关系. 沉积学报, 33(4): 754-763.

袁士义, 宋新民, 冉启全. 2004. 裂缝性油藏开发技术. 北京: 石油工业出版社.

袁伟, 柳广弟, 罗文斌, 等. 2016. 鄂尔多斯盆地长 7 段富有机质页岩中磷灰石类型及其成因. 天然气地球科学, 27(8): 1399-1408.

袁选俊, 林森虎, 刘群, 等. 2015. 湖盆细粒沉积特征与富有机质页岩分布模式——以鄂尔多斯盆地延长组长 7 油层组为例. 石油勘探与开发, 42(1): 34-43.

曾联波. 2008. 低渗透砂岩储层裂缝的形成与分布. 北京: 科学出版社.

曾联波, 郑聪斌. 1999a. 陕甘宁盆地区域裂缝成因及其地质意义. 中国区域地质, 18(4): 391-396.

曾联波, 郑聪斌, 1999b. 陕甘宁盆地靖安地区裂缝及其对油田开发的影响, 西安石油学院学报(自然科学版), 14(1): 16-18.

曾联波, 刘洪涛, 房宝才, 等. 2004. 大庆油田台肇地区低渗透储层裂缝及其开发对策研究. 中国工程科学, 6(11): 73-79.

曾联波, 李跃纲, 王正国, 等. 2007a. 邛西构造微裂缝分布特征研究. 天然气工业, 27(6): 45-49.

曾联波, 李忠兴, 史成恩, 等. 2007b. 鄂尔多斯盆地上三叠统延长组特低渗透砂岩储层裂缝特征及成因. 地质学报, 81(2): 174-180.

曾联波, 漆家福, 王永秀. 2007c. 低渗透储层构造裂缝的成因类型及其形成地质条件. 石油学报, 28(4): 52-56.

曾联波, 史成恩, 王永康, 等. 2007d. 鄂尔多斯盆地特低渗透砂岩储层裂缝压力敏感性及其开发意义. 中国工程科学, 9(11): 35-38.

曾联波, 高春宇, 漆家福, 等. 2008a. 鄂尔多斯盆地陇东地区特低渗透砂岩储层裂缝及其渗流作用. 中国科学(D 辑: 地球科学), 38(S1): 41-47.

曾联波, 漆家福, 王成刚, 等. 2008b. 构造应力对裂缝形成与流体流动的影响. 地学前缘, 15(3): 292-298.

曾联波, 赵继勇, 朱圣举, 等. 2008c. 岩层非均质性对裂缝发育的影响研究. 自然科学进展, 18(2): 216-220.

曾联波, 王正国, 肖淑容. 2009. 西部盆地挤压逆冲构造带低角度裂缝的成因及意义. 石油学报, 30(1): 57-61.

曾联波, 柯式镇, 刘洋. 2010. 低渗透油气储层裂缝研究方法. 北京: 石油工业出版社.

曾联波, 巩磊, 祖克威, 等. 2012. 柴达木盆地西部古近系储层裂缝有效性的影响因素. 地质学报, 86(11): 1809-1814.

曾联波, 朱如凯, 高志勇, 等. 2016. 构造成岩作用及其油气地质意义. 石油科学通报, 1(2): 191-197.

曾联波, 赵向原, 朱圣举, 等. 2017. 低渗透油藏注水诱导裂缝及其开发意义. 石油科学通报, 2(3): 336-343.

曾庆鲁, 张荣虎, 卢文忠, 等. 2017. 基于三维激光扫描技术的裂缝发育规律和控制因素研究——以塔里木盆地库车前陆区索罕村露头剖面为例. 天然气地球科学, 28(3): 397-409.

查明, 苏阳, 高长海, 等. 2017. 致密储层储集空间特征及影响因素: 以准噶尔盆地吉木萨尔凹陷二叠系芦草沟组为例. 中国矿业大学学报, 46(1): 91-101.

张博, 袁文芳, 曹少芳, 等. 2011. 库车坳陷大北地区砂岩储层裂缝主控因素的模糊评判. 天然气地球科学, 22(2): 250-253.

张创, 孙卫, 高辉, 等. 2014. 基于铸体薄片资料的砂岩储层孔隙度演化定量计算方法——以鄂尔多斯盆地环江地区长 8 储层为例. 沉积学报, 32(2): 365-375.

张凤奇, 钟红利, 魏登峰, 等. 2017. 鄂尔多斯盆地陕北斜坡东南部长 7 段致密砂岩油藏成藏物性下限. 天然气地球科学, 28(2): 232-240.

张凤生, 司马立强, 赵冉. 2012. 塔河油田储层裂缝测井识别和有效性评价. 测井技术, 36(3): 261-266.

张福明, 陈义国, 邵才瑞, 等. 2010. 基于双侧向测井的裂缝开度估算模型比较及改进. 测井技术, 34(4): 339-342.

张福祥, 王新海, 李元斌, 等. 2011. 库车山前裂缝性砂岩气层裂缝对地层渗透率的贡献率. 石油天然气学报, 33(6): 149-152.

张关龙, 张奎华, 王圣柱, 等. 2014. 哈拉阿拉特山石炭系裂缝发育特征及成藏意义. 西南石油大学学报(自然科学版), 36(3): 9-18.

张广权, 陈舒薇, 郭书元. 2011. 鄂尔多斯地区东北部大牛地气田山西组沉积相. 石油与天然气地质, 32(3): 388-396.

张克银, 王莹. 2014. 川西坳陷新场地区须家河组五段裂缝分布特征. 石油天然气学报, 36(6): 1-6.

张烈辉, 贾鸣, 张芮菡, 等. 2017. 裂缝性油藏离散裂缝网络模型与数值模拟. 西南石油大学学报(自然科学版), 39(3): 121-127.

张明安. 2011. 油藏井间动态连通性反演方法研究. 油气地质与采收率, 18(3): 70-73.

张奇斌, 李进旺, 王晓东, 等. 2009. 水驱油藏大孔道综合识别. 北京: 石油工业出版社.

张睿, 宁正福, 张海山, 等. 2016. 裂缝性致密储层应力敏感机理新认识. 天然气地球科学, 27(5): 918-923.

张少波, 严利咏, 何珍. 2010. 坪北油田特低渗油藏裂缝对开发效果的影响分析. 石油天然气学报, 32(4): 291-293.

张世懋, 丁晓琪, 易超. 2011. 镇泾地区延长组 8 段致密储层裂缝识别与预测. 测井技术, 35(1): 36-40.

张文正, 杨华, 解丽琴, 等. 2010. 湖底热水活动及其对优质烃源岩发育的影响——以鄂尔多斯盆地长 7 烃源岩为例. 石油勘探与开发, 37(4): 424-429.

张霞, 林春明, 陈召佑. 2011. 鄂尔多斯盆地镇泾区块上三叠统延长组砂岩中绿泥石矿物特征. 地质学报, 85(10): 1659-1671.

张小平, 郭希明, 蒋记伟, 等. 2013. 新场气田裂缝孔隙性储层地质建模研究. 石油天然气学报, 35(10): 41-44.

张晓峰, 潘保芝. 2013. 储层裂缝发育等级划分研究. 测井技术, 37(4): 393-396.

张玉银, 赵向原, 焦军. 2018. 鄂尔多斯盆地安塞地区长 6 储层裂缝特征及主控因素. 复杂油气藏, 11(2): 25-30.

张云钊, 曾联波, 罗群, 等. 2018. 准噶尔盆地吉木萨尔凹陷芦草沟组致密储层裂缝特征和成因机制. 天然气地球科学, 29(2): 211-225.

张兆辉, 高楚桥, 高永德. 2014. 用数值模拟法开展裂缝型储层电阻率控制因素研究. 天然气地球科学, 25(2): 252-258.

赵海峰, 蒋迪, 石俊. 2016. 致密砂岩气藏缝网系统渗流力学和岩石断裂动力学. 天然气地球科学, 27(2): 346-351.

赵金洲, 任岚, 胡永全, 等. 2012. 裂缝性地层水力裂缝非平面延伸模拟. 西南石油大学学报(自然科学版), 34(4): 174-180.

赵金洲, 任岚, 胡永全. 2013. 页岩储层压裂缝成网延伸的受控因素分析. 西南石油大学学报(自然科学版), 35(1): 1-9.

赵金洲, 杨海, 李勇明, 等. 2014. 水力裂缝逼近时天然裂缝稳定性分析. 天然气地球科学, 25(3): 402-408.

赵军, 侯克均, 陈一健, 等. 2010. 地层裂缝的各向异性横波传播特性实验分析. 测井技术, 34(6): 517-521.

赵军龙, 朱广社, 马永宁, 等. 2011. 基于多信息的鄂尔多斯盆地 A 区天然裂缝综合判识研究. 测井技术, 35(6): 544-549.

赵向原. 2015. 安塞特低渗透油藏裂缝动态变化规律及对开发的影响研究. 北京: 中国石油大学(北京).

赵向原, 曾联波, 刘忠群, 等. 2015a. 致密砂岩储层中钙质夹层特征及与天然裂缝分布的关系. 地质论评, 61(1): 163-171.

赵向原, 曾联波, 靳宝光, 等. 2015b. 裂缝性低渗透砂岩油藏合理注水压力探讨. 石油与天然气地质, 36(5): 721-729.

赵向原, 曾联波, 王晓东, 等. 2015c. 鄂尔多斯盆地宁县-合水地区长 6、长 7、长 8 储层裂缝差异性及开发意义. 地质科学, 50(1): 274-285.

赵向原, 曾联波, 祖克威, 等. 2016. 致密储层脆性特征及对天然裂缝的控制作用. 石油与天然气地质, 37(1): 62-71.

赵向原, 曾联波, 胡向阳, 等. 2017a. 低渗透砂岩油藏注水诱导裂缝特征及其识别方法——以鄂尔多斯盆地安塞油田 W 区长 6 油藏为例. 石油与天然气地质, 38(6): 1187-1197.

赵向原, 胡向阳, 曾联波, 等. 2017b. 四川盆地元坝地区长兴组礁滩相储层天然裂缝有效性评价. 天然气工业, 37(2): 52-61.

赵向原, 曾联波, 靳宝光, 等. 2018. 低渗透油藏注水诱导裂缝特征及形成机理: 以鄂尔多斯盆地安塞油田长 6 油藏为例. 石油与天然气地质, 39(4): 696-705.

赵振宇, 郭彦如, 顾家裕, 等. 2013. 不同成岩期泥质岩非构造裂缝发育规律、形成机理及其地质意义. 沉积学报, 31(1): 38-49.

赵政璋, 杜金虎. 2012. 致密油气. 北京: 石油工业出版社.

郑军, 刘鸿博, 周文, 等. 2010. 阿曼五区块 Daleel 油田储层裂缝识别方法研究. 测井技术, 34(3): 251-256.

钟大康. 2017. 致密油储层微观特征及其形成机理——以鄂尔多斯盆地长 6—长 7 段为例. 石油与天然气地质, 38(1): 49-61.

钟大康, 周立建, 孙海涛, 等. 2012. 储层岩石学特征对成岩作用及孔隙发育的影响——以鄂尔多斯盆地陇东地区三叠系延长组为例. 石油与天然气地质, 33(6): 890-899.

周路, 袁敬一, 任东耀, 等. 2015. 吐哈盆地温吉桑区块三工河组致密砂岩"甜点"储层有利区分布预测. 天然气地球科学, 26(6): 1003-1015.

周鹏, 唐雁刚, 尹宏伟, 等. 2017. 塔里木盆地克拉苏构造带克深 2 气藏储层裂缝带发育特征及与产量关系. 天然气地球科学, 28(1): 135-145.

周晓峰, 王建国, 兰朝利, 等. 2016. 鄂尔多斯盆地延长组绿泥石膜的形成机制. 中国石油大学学报(自然科学版), 40(4): 20-28.

周新桂, 张林炎, 屈雪峰, 等. 2009. 沿河湾探区低渗透储层构造裂缝特征及分布规律定量预测. 石油学报, 30(2): 195-200.

周勇, 徐黎明, 纪友亮, 等. 2017. 致密砂岩相对高渗储层特征及分布控制因素研究——以鄂尔多斯盆地陇东地区延长组长 8_2 为例. 中国矿业大学学报, 46(1): 106-120.

朱圣举, 赵向原, 张皎生, 等. 2016. 低渗透砂岩油藏天然裂缝开启压力及影响因素. 西北大学学报 (自然科学版), 46(4): 573-578.

朱毅秀, 杨程宇, 陈明鑫, 等. 2013. 安塞油田杏河区长6储层成岩作用及对孔隙的影响. 特种油气藏, 20(3): 51-55.

朱玉双, 曲志浩, 孔令荣, 等. 2000. 安塞油田坪桥区、王窑区长6油层储层特征及驱油效率分析. 沉积学报, 18(2): 279-283.

祝海华, 钟大康, 姚泾利, 等. 2015. 碱性环境成岩作用及对储集层孔隙的影响——以鄂尔多斯盆地长7段致密砂岩为例. 石油勘探与开发, 42(1): 51-59.

Albertoni A, Lake W. 2003. Inferring connectivity only from well—rate fluctuations in water floods. SPE Reservoir Evaluation & Engineering, 6(1): 6-16.

Altindag R. 2000. The role of rock brittleness on analysis of percussive drilling performance. Proceedings of 5th National Rock Mechanics Symposium Turkey: 105-112.

Ameen M S, MacPherson K, IAl-Marhoon M, et al. 2012. Diverse fracture properties and their impact on performance in conventional and tight-gas reservoirs, Saudi Arabia: The Unayzah, South Haradh case study. AAPG Bulletin, 96(3): 459-492.

Ameen M S. 2014. Fracture and in-situ stress patterns and impact on performance in the Khuff structural prospects, eastern offshore Saudi Arabia. Marine and Petroleum Geology, 50(50): 166-184.

Anh D, Djebbar T. 2007. Inferring interwell connectivity from well bottomhole pressure fluctuations in waterfloods. SPE Reservoir Evaluation & Engineering, 11(5): 874-881.

Aydin A. 2014. Failure modes of shales and their implications for natural and man-made fracture assemblages. AAPG Bulletin, 98(11): 2391-2409.

Bai B, Zhu R K, Wu S T, et al. 2013. Multi-scale method of Nano (Micro)-CT study on microscopic pore structure of tight sandstone of Yanchang Formation, Ordos Basin. Petroleum Exploration and Development, 40(3): 354-358.

Birkle P. 2016. Recovery rates of fracturing fluids and provenance of produced water from hydraulic fracturing of Silurian Qusaiba hot shale, northern Saudi Arabia, with implications on fracture network. AAPG Bulletin, 100(6): 917-941.

Bisdom K, Gauthier B D M, Bertotti G, et al. 2014. Calibrating discrete fracture-network models with a carbonate three-dimensional outcrop fracture network: Implications for naturally fractured reservoir modeling. AAPG Bulletin, 98(7): 1351-1376.

Bisdom K, Bertotti G, Nick H M. 2016. A geometrically based method for predicting stress-induced fracture aperture and flow in discrete fracture networks. AAPG Bulletin, 100(7): 1075-1097.

Bishop A W. 1967. Progressive failure with special reference to the mechanism causing it. Proceedings of the Geotechnical Conference, Oslo.

Bryant S L, Paruchuri R K, Saripalli K P. 2003. Flow and solute transport around injection wells through a single, growing fracture. Advances in Water Resources. 26(8): 803-813.

Busetti S, Mish K, Hennings P, et al. 2012. Damage and plastic deformation of reservoir rocks: Part 2. Propagation of a hydraulic fracture. AAPG Bulletin, 96(9): 1711-1732.

Casini G, Hunt D W, Monsen E, et al. 2016. Fracture characterization and modeling from virtual outcrops. AAPG Bulletin, 100(1): 41-61.

Chen S Q, Zeng L B, Huang P, et al. 2016. The application study on the multi-scales integrated prediction method to fractured reservoir description. Applied Geophysics, 13(1): 80-92.

Cho Y, Ozkan E, Apaydin O G. 2013. Pressure-dependent natural-fracture permeability in shale and its effect on shale-gas well production. SPE Reservoir Evaluation & Engineering, 16(2): 216-228.

Choi J H, Edwards P, Ko K, et al. 2016. Definition and classification of fault damage zones: A review and a new methodological approach. Earth-Science Reviews, 152: 70-87.

Copur H, Bilgin N, Tuncedmir H, et al. 2003. A set of indices based on indentation test for assessment of rock cutting performance and rock properties. The Journal of the South African Institute of Mining and Metallurgy, 103(9): 589-600.

Cui Y F, Wang G W, Jones S J, et al. 2017. Prediction of diagenetic facies using well logs–a case study from the upper Triassic Yanchang Formation, Ordos Basin, China. Marine and Petroleum Geology, 81: 50-65.

Dasgupta S, Chatterjee R, Mohanty S P. 2016. Prediction of pore pressure and fracture pressure in Cauvery and Krishna-Godavari basins, India. Marine and Petroleum Geology, 78: 493-506.

Ding W L, Zhu D W, Cai J J. 2013. Analysis of the developmental characteristics and major regulating factors of fractures in marine–continental transitional shale-gas reservoirs: A case study of the Carboniferous–Permian strata in the southeastern Ordos Basin, central China. Marine and Petroleum Geology, 45(4): 121-133.

Duncan A, Hanks C L, Wallace W, et al. 2012a. Fracture distribution, thermal history and structural evolution of the central Brooks Range Foothills. AAPG Bulletin, 96(12): 2245-2274.

Duncan A, Hanks C, Wallace W K, et al. 2012b. An integrated model of the structural evolution of the central Brooks Range foothills, Alaska, using structural geometry, fracture distribution, geochronology, and microthermometry. AAPG Bulletin, 96(12): 2245-2274.

Eltvik P, Skoglunn T, Settari A. 1992. Waterflood-induced fracturing: Water injection above parting pressure at Valhall. SPE Annual Technical Conference and Exhibition, Washington, D. C.

Ellis M A, Laubach S E, Eichhubl P, et al. 2012. Fracture development and diagenesis of Torridon Group Applecross Formation, near An Teallach, NW Scotland: millennia of brittle deformation resilience? Journal of the Geological Society, 169(3): 297-310.

English J M. 2012. Thermomechanical origin of regional fracture systems. AAPG Bulletin, 96(9): 1597-1625.

Gale J F W, Robert M R, John H. 2007. Natural fractures in Barnett Shale and their importance for hydraulic fracture treatments. AAPG Bulletin, 91(4): 603-622.

Gale J F W, Holder J. 2010. Natural fractures in some US shales and their importance for gas production: Geological Society, London, Petroleum Geology Conference series. Geological Society of London, 7: 1131-1140.

Gale J F W, Laubach S E, Olson J E, et al. 2014. Natural fractures in shale: A review and new observations. AAPG Bulletin, 98(11): 2165-2216.

Giorgioni M, Iannace A, D'Amore M, et al. 2016. Impact of early dolomitization on multi-scale petrophysical heterogeneities and fracture intensity of low-porosity platform carbonates (Albian-Cenomanian, southern Apennines, Italy). Marine and Petroleum Geology, 73: 462-478.

Goktan R M. 1991. Brittleness and micro scale rock cutting efficiency. Mining Science Technology, 13: 237-241.

Grieser B, Bray J. 2007. Identification of production potential in unconventional reservoirs. SPE 106623.

Guo H J, Jia W L, Peng P A, et al. 2014. The composition and its impact on the methane sorption of lacustrine shales from the Upper Triassic Yanchang Formation, Ordos Basin, China. Marine and Petroleum Geology, 57: 509-520.

Hagoort J, Weatherill D B, Settari A. 1980. Modeling the Propagation of waterflood-induced hydraulic fractures. Society of Petroleum Engineers Journal, 20(4): 293-303.

Hajiabdolmajid V, Kaiser P. 2003. Brittleness of rock and stability assessment in hard rock tunneling. Tunnelling and Underground Space Technology, 18(1): 35-48.

Hennings P, Allwardt P, Paul P. 2012. Relationship between fractures, fault zones, stress, and reservoir productivity in the Suban gas field, Sumatra, Indonesia. AAPG Bulletin, 96: 753-772.

Hetényi M. 1966. Handbook of Experimental Stress Analysis. New York: John Wiley.

Honda H, Sanada Y. 1956. Hardness of coal. Fuel, 35: 451.

Hucka V, Das B. 1974. Brittleness determination of rocks by different methods. International Journal of Rock Mechanics and Mining Sciences and Geomechanics Abstracts, 11(10): 389-392.

Iñigo J F, Laubach S E, Hooker J N. 2012. Fracture abundance and patterns in the Subandean fold and thrust belt, Devonian Huamampampa Formation petroleum reservoirs and outcrops, Argentina and Bolivia. Marine and Petroleum Geology, 35(1): 201-218.

Jacquemyn C, Huysmans M, Hunt D, et al. 2015. Multi-scale three-dimensional distribution of fracture-and igneous intrusion-controlled hydrothermal dolomite from digital outcrop model, Latemar platform, Dolomites, northern Italy. AAPG Bulletin, 99(5): 957-984.

Jamison W R. 2016. Fracture system evolution within the Cardium sandstone, central Alberta Foothills folds. AAPG Bulletin, 100(7): 1099-1134.

Jarvie D M, Hill R J, Ruble T E, et al. 2007. Unconventional shale-gas systems: The Mississippian Barnett Shale of north-central Texas as one model for thermogenic shale-gas assessment. AAPG Bulletin, 91(4): 475-499.

Jesse V H. 1960. Glossary of Geology and Related Sciences. Washington: American Geological Institute.

Jiang F J, Chen D, Chen J, et al. 2016. Fractal analysis of shale pore structure of continental gas shale reservoir in the ordos basin, NW China. Energy & Fuels, 30(6): 4676-4689.

Jon E O, Stephen E L, Peter E. 2010. Estimating natural fracture producibility in tight gas sandstones. The Leading Edge, 29(12): 1494-1499.

Ju W, Shen J, Qin Y, et al. 2017. *In-situ* stress state in the Linxing region, eastern Ordos Basin, China: Implications for unconventional gas exploration and production. Marine and Petroleum Geology, 86: 66-78.

Kassis S, Sondergeld C H. 2010. Fracture permeability of gas shale: effects of roughness, fracture offset, proppant, and effective stress. Society of Petroleum Engineers Journal, 131376: 1-17.

Kevin B, Giovanni B, Hamidreza M. 2016. A geometrically based method for predicting stress-induced fracture aperture and flow in discrete fracture networks. AAPG Bulletin, 100(7): 1075-1097.

Khlaifat A, Qutob H, Arastoopour H. 1960. Influence of a single fracture and its aperture on gas production from tight reservoir. Tohoku Journal of Agricultural Research, 11(3): 245-254.

Kim G Y, Narantsetseg B, Ryu B J, et al. 2013. Fracture orientation and induced anisotropy of gas hydrate-bearing sediments in seismic chimney-like-structures of the Ulleung Basin, East Sea. Marine and Petroleum Geology, 47: 182-194.

Kobchenko M, Panahi H, Renard H. 2011. 4D imaging of fracturing in organic-rich shales during heating. Journal of Geophysical Research Solid Earth, 116(B12): B12201.

Kuo M C T, Hanson H G, DesBrisay C L. 1984. Prediction of fracture extension during waterflood operations. SPE California Regional Meeting, Long Beach.

Lai J, Wang G, Fan Z, et al. 2017. Fracture detection in oil-based drilling mud using a combination of borehole image and sonic logs. Marine and Petroleum Geology, 84: 195-214.

Larsen B, Gudmundsson A, Grunnaleite I, et al. 2010. Effects of sedimentary interfaces on fracture pattern, linkage, and cluster formation in peritidal carbonate rocks. Marine and Petroleum Geology, 27(7): 1531-1550.

Laubach S E, Eichhubl P, Hilgers C, et al. 2010. Structural diagenesis. Journal of Structural Geology, 32(12): 1866-1872.

Laubach S E, Ward M E. 2006. Diagenesis in porosity evolution of opening-mode fractures, Middle Triassic to Lower Jurassic La Boca Formation, NE Mexico. Tectonophysics, 419(1): 75-97.

Lavenu P C A, Lamarche J, Gallois A. 2013. Tectonic versus diagenetic origin of fractures in a naturally fractured carbonate reservoir analog. AAPG Bulletin, 97(12): 2207-2232.

Lawn B R, Marshall D B. 1979. Hardness, toughness and brittleness: an indentation analysis. Journal of American Ceramic Society, 62(7/8): 347-350.

Lin A, Maruyama T, Kobayashi K. 2007. Tectonic implications of damage zone-related fault-fracture networks revealed in drill core through the Nojima fault, Japan. Tectonophysics, 443(3-4): 161-173.

Liu J L, Liu K Y, Huang X. 2016. Effect of sedimentary heterogeneities on hydrocarbon accumulations in the Permian Shanxi Formation, Ordos Basin, China: Insight from an integrated stratigraphic forward and petroleum system modelling. Marine and Petroleum Geology, 76: 412-431.

Lorenz J C, Finley S J. 1991. Regional fractures II: Fracturing of Mesaverde Reservoirs in the Piceance basin, Colorado. AAPG Bulletin, 75(11): 1738-1757.

Lorenz J C, Teufel L W, Warpinski N R. 1991. Regional fractures I: A mechanism for the formation of regional fractures at depth in flat-lying reservoirs. AAPG Bulletin, 75(11): 1714-1737.

Lyu W Y, Zeng L B, Liu Z, et al. 2016. Fracture responses of conventional logs in tight-oil sandstones: a case study of the Upper Triassic Yanchang Formation in southwest Ordos Basin, China. AAPG Bulletin, 100(9): 1399-1417.

Lyu W Y, Zeng L B, Liao Z H, et al. 2017a. Fault damage zone characterization in tight-oil sandstones of the Upper Triassic Yanchang Formation in the southwest Ordos Basin, China: Integrating cores, image logs, and conventional logs. Interpretation, 5(4): 1-47.

Lyu W Y, Zeng L B, Zhang B J, et al. 2017b. Influence of natural fractures on gas accumulation in the Upper Triassic tight gas sandstones in the northwestern Sichuan Basin, China. Marine and Petroleum Geology, 83: 60-72.

Mahanjane E S. 2014. The Davie Fracture Zone and adjacent basins in the offshore Mozambique Margin–a new insights for the hydrocarbon potential. Marine and Petroleum Geology, 57: 561-571.

Martin C D. 1996. Brittle failure of rock materials: Test results and constitutive models Canadian Geotechnical Journal, 33(2): 378.

Mc lamore R, Gray K E. 1967. The mechanical behavior of anisotropic sedimentary rocks. Journal of Engineering for Industry, 89(1): 62-73.

McGinnis R N, Ferrill D A, Smart K J, et al. 2015 . Pitfalls of using entrenched fracture relationships: fractures in bedded carbonates of the Hidden Valley fault zone, Canyon Lake Gorge, Comal County, Texas. AAPG Bulletin, 99(12): 2221-2245.

Miall A D. 1985. Architectural elements analysis: A new method of facies analysis applied to fluvial deposits. Earth Science Reviews, 22(4): 261-308.

Miall A D. 1996. The geology of fluvial deposits. Berlin: Springer Verlag Berlin Heidelberg.

Mohammad A A, Sheik S R. 2010. Horizontal permeability anisotropy: Effect upon the evaluation and design of primary and secondary hydraulic fracture treatments in tight gas reservoirs. Journal of Petroleum Science and Engineering, 74(1-2): 4-13.

Mohammed S A, Keith M, Maher A, et al. 2012. Diverse fracture properties and their impact on performance in conventional and tight-gas reservoirs, Saudi Arabia: The Unayzah, South Haradh case study. AAPG Bulletin, 96(3): 459-492.

Morley A. 1944. Strength of Materials. London: Longman Green.

Narr W, Suppe J. 1991. Joint spacing in sedimentary rocks. Journal of Structural Geology, 13(9): 1037-1048.

Nelson R A. 1985. Geologic Analysis of Naturally Fractured Reservoirs. Texas: Gulf Publishing Company.

Nolte K G. 1979. Determination of fracture parameters from fracturing pressure decline. SPE Annual Technical Conference and Exhibition, Las Vegas.

Obert L, Duvall W I. 1967. Rock Mechanics and the Design of Structures in Rock. New York: John Wiley.

Panza E, Agosta F, Rustichelli A, et al. 2016. Fracture stratigraphy and fluid flow properties of shallow-water, tight carbonates: The case study of the Murge Plateau (southern Italy). Marine and Petroleum Geology, 73: 350-370.

Perkins T K, Gonzalez J A. 1982. The effect of thermo-elastic stresses on injection well fracturing. Society of Petroleum Engneers Journal, 25(1): 78-88.

Protodyakonov M M. 1963. Mechanical properties and drill-ability of rocks. Proceedings of the 5th Symposium on Rock Mechanics. Twin Cities, USA: University of Minnesota Press: 103-118.

Quinn J B, Quinn G D. 1997. Indentation brittleness of ceramics: A fresh approach. Journal of Materials Science, 32(16): 4331-4346.

Rajabi M, Sherkati S, Bohloli B, et al. 2010. Subsurface fracture analysis and determination of in-situ stress direction using FMI logs: An example from the Santonian carbonates (Ilam Formation) in the Abadan Plain, Iran. Tectonophysics, 492: 192-200.

Ramsay J G. 1967. Folding and Fracturing of Rocks. London : McGraw-Hill.

Rickman R, Mullen M, Petre E, et al. 2008. A practical use of shale petrophysics for stimulation design optimization: All shale plays are not clones of the Barnett Shale. SPE Annual Technical Conference and Exhibition, Denver.

Riedel M, Bahk J J, Scholz N A, et al. 2012. Mass-transport deposits and gas hydrate occurrences in the Ulleung Basin, East Sea-Part 2: gas hydrate content and fracture-induced anisotropy. Marine and Petroleum Geology, 35(1): 75-90.

Rustichelli A, Torrieri S, Tondi E, et al. 2016. Fracture characteristics in Cretaceous platform and overlying ramp carbonates: an outcrop study from Maiella Mountain (central Italy). Marine and Petroleum Geology, 76: 68-87.

Santos R F V C, Miranda T S, Barbosa J A, et al. 2015. Characterization of natural fracture systems: Analysis of uncertainty effects in linear scanline results. AAPG Bulletin, 99(12): 2203-2219.

Siriwardane H J, Gondle R K, Bromhal G S. 2013. Coupled flow and deformation modeling of carbon dioxide migration in the presence of a caprock fracture during injection. Energy & Fuels, 27(8): 4232-4243.

Sondergeld C H, Newsham K E, Comisky J T, et al. 2010. Petrophysical considerations in evaluating and producing shale gas resources. SPE Unconventional Gas Conference, Pennsylvania.

Stort F, Balsamo F, Cappanera F, et al. 2011. Sub-seismic scale fracture pattern and in situ permeability data in the chalk atop of the Krempe salt ridge at Lägerdorf, NW Germany: Inferences on synfolding stress field evolution and its impact on fracture connectivity. Marine and Petroleum Geology, 28(7): 1315-1332.

Strijker G, Bertotti G, Luthi S M. 2012. Multi-scale fracture network analysis from an outcrop analogue: A case study from the Cambro-Ordovician clastic succession in Petra, Jordan. Marine and Petroleum Geology, 38(1): 104-116.

Swanson S K. 2007. Lithostratigraphic controls on bedding-plane fractures and the potential for discrete groundwater flow through a siliciclastic sandstone aquifer, southern Wisconsin. Sedimentary Geology, 197(1): 65-78.

Tokhmechi B, Memarian H, Noubari H A, et al. 2009. A novel approach proposed for fractured zone detection using petrophysical logs. Journal of Geophysics and Engineering, 6(4): 365-373.

Torabi A, Berg S S. 2011. Scaling of fault attributes: A review. Marine and Petroleum Geology, 28(8): 1444-1460.

Ukar E, Ozkul C, Eichhubl P. 2016. Fracture abundance and strain in folded Cardium Formation, Red Deer River anticline, Alberta Foothills, Canada. Marine and Petroleum Geology, 76: 210-230.

Vandeginste V, John C M, Cosgrove J W, et al. 2014. Dimensions, texture-distribution, and geochemical heterogeneities of fracture-related dolomite geobodies hosted in Ediacaran limestones, northern Oman. AAPG Bulletin, 98 (9): 1789-1809.

Wang G W, Chang X C, Yin W, et al. 2017. Impact of diagenesis on reservoir quality and heterogeneity of the Upper Triassic Chang 8 tight oil sandstones in the Zhenjing area, Ordos Basin, China. Marine and Petroleum Geology, 83: 84-96.

Wang R, Xu G, Wu X, et al. 2016a. Comparative studies of three nonfractured unconventional sandstone reservoirs with superlow permeability: Examples of the Upper Triassic Yanchang Formation in the Ordos Basin, China. Energy & Fuels, 31 (1): 107-118.

Wang T, Dong S Q, Wu S H, et al. 2016b. Numerical simulation of hydrocarbon migration in tight reservoir based on Artificial Immune Ant Colony Algorithm: A case of the Chang 81 reservoir of the Triassic Yanchang Formation in the Huaqing area, Ordos Basin, China. Marine and Petroleum Geology, 78: 17-29.

Wilson C E, Aydin A, Karimi-Fard M, et al. 2011. From outcrop to flow simulation: Constructing discrete fracture models from a LIDAR survey. AAPG Bulletin, 95 (11): 1883-1905.

Wilson T H, Smith V, Brown A. 2015. Developing a model discrete fracture network, drilling, and enhanced oil recovery strategy in an unconventional naturally fractured reservoir using integrated field, image log, and three-dimensional seismic data. AAPG Bulletin, 99 (4): 735-762.

Witte J, Bonora M, Carbone C, et al. 2012. Fracture evolution in oil-producing sills of the Rio Grande Valley, northern Neuquén Basin, Argentina. AAPG bulletin, 96 (7): 1253-1277.

Xu Q H, Shi W Z, Xie X Y. 2016. Deep-lacustrine sandy debrites and turbidites in the lower Triassic Yanchang Formation, southeast Ordos Basin, central China: Facies distribution and reservoir quality. Marine and Petroleum Geology, 7: 1095-1107.

Xu Z J, Liu L F, Wang T G, et al. 2017. Characteristics and controlling factors of lacustrine tight oil reservoirs of the Triassic Yanchang Formation Chang 7 in the Ordos Basin, China. Marine and Petroleum Geology, 82: 265-296.

Yagiz S. 2006. An investigation on the relationship between rock strength and brittleness. Proceedings of the 59th Geological Congress of Turkey. Ankara, Turkey: MTA General Directory Press: 352.

Yang R C, Fan A P, Han Z Z, et al. 2017a. Lithofacies and origin of the Late Triassic muddy gravity-flow deposits in the OrdosBasin, central China. Marine and Petroleum Geology, 85: 194-219.

Yang R, Jin Z, van Loon A J T, et al. 2017b. Climatic and tectonic controls of lacustrine hyperpycnite origination in the Late Triassic Ordos Basin, central China: implications for unconventional petroleum development. AAPG Bulletin, 101 (1): 95-117.

Yang Z, He S, Guo X W, et al. 2016. Formation of low permeability reservoirs and gas accumulation process in the Daniudi Gas Field, Northeast Ordos Basin, China. Marine and Petroleum Geology, 70: 222-236.

Yao J L, Deng X Q, Zhao Y D, et al. 2013. Characteristics of tight oil in Triassic Yanchang formation, Ordos Basin. Petroleum Exploration and Development, 40 (2): 161-169.

Yousef A M, Gentil P H, Jensen J L, et al. 2006. A capacitance model to infer interwell connectivity from production and injection rate fluctuations. SPE Reservoir Evaluation & Engineering, 9 (6): 95322 : 630-646.

Yousef A A, Jensen J L, Lake L W. 2009. Integrated interpretation of interwell connectivity using injection and production fluctuations. Mathematical Geosciences, 41 (1) : 81-102.

Zeeb C, Gomez-Rivas E, Bons P D, et al. 2013. Evaluation of sampling methods for fracture network characterization using outcrops. AAPG Bulletin, 97 (9): 1545-1566.

Zeng L B. 2010. Microfracturing in the Upper Triassic Sichuan Basin tight gas sandstones: Tectonic, overpressure, and diagenetic origins. AAPG Bulletin, 94 (12): 1811-1825.

Zeng L B, Li X Y. 2009. Fractures in sandstone reservoirs of ultra-low permeability: The Upper Triassic Yanchang Formation in the Ordos Basin, China. AAPG Bulletin, 93 (4): 461-477.

Zeng L B, Liu H T. 2009. The key geological factors influencing on development of low-permeability sandstone reservoirs: A case study of the Taizhao Area in the Songliao Basin, China. Energy Exploration and Exploitation, 27 (6): 425-437.

Zeng L B, Li Y G. 2010. Tectonic fractures in the tight gas sandstones of the Upper Triassic Xujiahe Formation in the Western Sichuan Basin, China. Acta Geologica Sinica, 84 (5): 1229-1238.

Zeng L B, Liu H T. 2010. Influence of fractures on the development of low-permeability sandstone reservoirs: A case study from the Taizhao district, Daqing Oilfield, China. Journal of Petroleum Science and Engineering, 72 (1-2): 120-127.

Zeng L B, Gao C Y, Qi J F, et al. 2008a. The distribution rule and seepage effect of the fractures in the ultra-low permeability sandstone reservoir in east Gansu Province, Ordos Basin. Science in China (Series D: Earth Sciences), 51 (S2): 44-52.

Zeng L B, Zhao J Y, Zhu S X, et al. 2008b. Impact of rock anisotropy on fracture development. Progress in Natural Science Materials International, 18 (11): 1403-1408.

Zeng L B, He Y H, Xiong W L. 2010a. Origin and geological significance of the cross fractures in the Upper Triassic Yanchang Formation, Ordos Basin, China. Energy Exploration and Exploitation, 28 (2): 59-70.

Zeng L B, Jiang J W, Yang Y L. 2010b. Fractures in the low porosity and ultra-low permeability glutenite reservoirs: A case study of the Late Eocene Hetaoyuan Formation in the Anpeng Oilfield, Nanxiang Basin, China. Marine and Petroleum Geology, 27 (7): 1642-1650.

Zeng L B, Tang X M, Qi J F, et al. 2012a. Insight into the Cenozoic tectonic evolution of the Qaidam Basin, Northwest China from fracture information. International Journal of Earth Sciences, 101 (8): 2183-2191.

Zeng L B, Tang X M, Wang T C, et al. 2012b. The influence of fracture cements in tight Paleogene saline lacustrine carbonate reservoirs, Western Qaidam Basin, Northwest China. AAPG Bulletin, 96 (11): 2003-2017.

Zeng L B, Tang X W, Gong L, et al. 2012c. Storage and seepage unit: A new approach to evaluating reservoir anisotropy of low-permeability sandstones. Energy Exploration and Exploitation, 30 (1): 59-70.

Zeng L B, Su H, Tang X M, et al. 2013. Fractured tight sandstone reservoirs: A new play type in the Dongpu Depression, Bohai Bay Basin, China. AAPG Bulletin, 97 (3): 363-377.

Zeng L B, Tang X M, Jiang J W, et al. 2015. Unreliable determination of in-situ stress orientation by borehole breakouts in fractured tight reservoirs: A case study of the Anpeng Oilfield, Nanxiang Basin, China. AAPG Bulletin, 99 (11): 1991-2003.

Zeng L B, Lyu W Y, Li J, et al. 2016. Natural fractures and their influence on shale gas enrichment in Sichuan Basin, China. Journal of Natural Gas Science & Engineering, 30: 1-9.

Zhao J F, Nigel P M, Liu C Y, et al. 2015. Outcrop architecture of a fluvio-lacustrine succession: Upper Triassic Yanchang Formation, Ordos Basin, China. Marine and Petroleum Geology, 68: 394-413.

Zhao J Z, Jia H, Pu W F, et al. 2011. Influences of fracture aperture on the water-shutoff performance of PEI cross-linking HPAM Gels in hydraulic fractured reservoirs. Energy & Fuels, 25 (6): 2616-2624.

Zhou Y, Ji Y L, Xu L M, et al. 2016. Controls on reservoir heterogeneity of tight sand oil reservoirs in Upper Triassic Yanchang Formation in Longdong Area, southwest Ordos Basin, China: Implications for reservoir quality prediction and oil accumulation. Marine and Petroleum Geology, 78: 110-135.

Zou C N, Yang Z, Tao S Z, et al. 2013. Continuous hydrocarbon accumulation over a large area as a distinguishing characteristic of unconventional petroleum: The Ordos Basin, North-Central China. Earth-Science Reviews, 126 (9): 358-369.

图　版

姬塬油田长 4+5 剪切裂缝
（G175 井，2383.5m，细砂岩）

姬塬油田长 4+5 剪切裂缝
（G47 井，2446.5m，细砂岩）

姬塬油田长 4+5 剪切裂缝
（G8 井，2421.3m，粉砂岩）

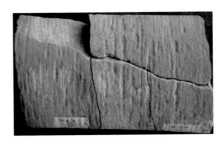

姬塬油田长 4+5 剪切裂缝
（G40 井，2401.4m，泥质粉砂岩）

姬塬油田长 4+5 充填裂缝带
（G188 井，2293.6m，细砂岩）

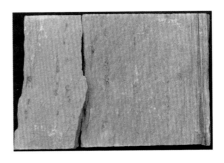

姬塬油田长 4+5 层理缝
（G258 井，2352.7m，细砂岩）

华庆油田长 6 剪切裂缝
（B270 井，2011.0m，细砂岩）

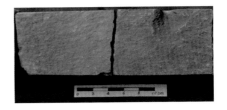

华庆油田长 6 剪切裂缝
（W38 井，2025.2m，细砂岩）

华庆油田长 6 剪切裂缝
（B411 井，2131.2m，细砂岩）

华庆油田长 6 剪切裂缝
（Y415 井，2049.1m，细砂岩）

华庆油田长 6 剪切裂缝
（Y284 井，2197.1m，细砂岩）

华庆油田长 6 剪切裂缝
（Y410 井，2391.7m，细砂岩）

华庆油田长 6 剪切裂缝
（L125 井，2043.0m，细砂岩）

华庆油田长 6 剪切裂缝
（Y417 井，2064.3m，细砂岩）

安塞油田长 6 剪切裂缝
（W25-9 井，细砂岩）

安塞油田长 6 剪切裂缝
（W25-9 井，细砂岩）

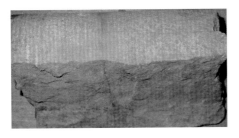

安塞油田长 6 剪切裂缝
（W109-31 井，细砂岩）

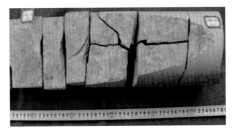

安塞油田长 6 剪切裂缝
（WJ16-156 井，细砂岩）

靖安油田长 6 剪切裂缝
（L50-32 井，1661.2m，细砂岩）

靖安油田长 6 剪切裂缝
（L50-32 井，1660.3m，细砂岩）

靖安油田长 6 剪切裂缝
（L19-36 井，1495.5m，细砂岩）

靖安油田长 6 层理缝
（L19-36 井，1482.1m，细砂岩）

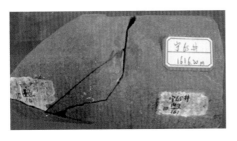

合水地区长 7 剪切裂缝
（N65 井，1616.2m，细砂岩）

合水地区长 7 剪切裂缝
（N65 井，1604.0m，细砂岩）

合水地区长 7 剪切裂缝
（N70 井，1609.8m，细砂岩）

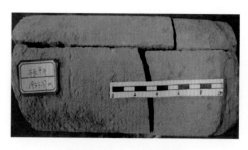

合水地区长 7 剪切裂缝
（B9 井，1953.37m，细砂岩）

合水地区长 7 剪切裂缝
（X98 井，1754.0m，细砂岩）

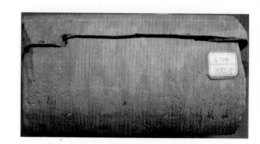

合水地区长 7 剪切裂缝
（Z73 井，1582.15m，泥岩）

合水地区长 7 一组剪切裂缝
（Z73 井，1587.8m，泥岩）

合水地区长 7 裂缝含油性好
（N80 井，1719.08m，细砂岩）

合水地区长 7 剪切裂缝
（X93 井，1711.22m，细砂岩）

合水地区长 7 剪切裂缝
（C73 井，1945.5m，细砂岩）

合水地区长 7 充填裂缝
（C73 井，1946.0m，细砂岩）

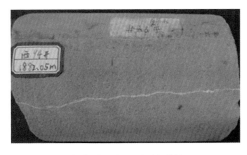

合水地区长 7 充填裂缝
（X94 井，1882.05m，粉砂岩）

合水地区长 7 层理缝
（X93 井，1774.96m，细砂岩）

合水地区长 7 页理缝和剪切裂缝
（N53 井，1773.5m，页岩）

合水地区长 7 层理缝
（AP239-241 井，2560.1m，细砂岩）

合水地区长 7 层理缝
（Z126 井，1602.3m，细砂岩）

泾河地区长 7 裂缝含油性好
（J8 井，1213.5m，粉砂岩）

泾河地区长 7 剪切裂缝
（J2 井，942.6m，泥岩）

泾河地区长 7 层理缝
（J7 井，1437.26m，粉砂岩）

泾河地区长 7 层理缝
（J23 井，1349.6m，粉砂岩）

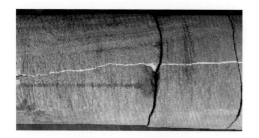

洛河地区长 7 充填裂缝
（L2 井，1078.7m，细砂岩）

洛河地区长 7 剪切裂缝
（L3 井，943.1m，泥岩）

西峰油田长 8 裂缝含油性好
（Z18 井，细砂岩）

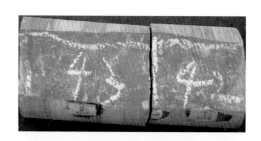

西峰油田长 8 剪切裂缝
（Z52 井，细砂岩）

西峰油田长 8 充填裂缝终止于泥岩界面
（X162 井，细砂岩）

西峰油田长 8 剪切裂缝
（X161 井，粉砂岩）

西峰油田长 8 一组平行剪切裂缝
（Z12 井，细砂岩）

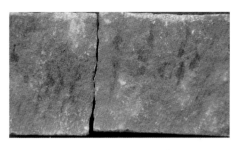

西峰油田长 8 层理缝
（X159，细砂岩）

西峰油田长 8 层理缝
（X37 井，细砂岩）

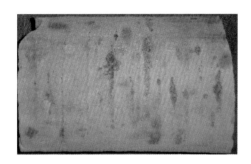

西峰油田长 8 层理缝
（Z110 井，细砂岩）

西峰油田长 8 层理缝
（X124 井，2059.23m，细砂岩）

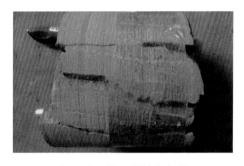

红河油田长 8 裂缝发育带
（H74 井，2255.5m，细砂岩）

红河油田长 8 裂缝发育带
（H1057-3 井，2230.8m，细砂岩）

红河油田长 8 裂缝发育带
（H73 井，2303.9m，细砂岩）

红河油田长 8 剪切裂缝

（H105 井，2265.50m，细砂岩）

红河油田长 8 剪切裂缝含油性好

（H8 井，2049.02m，细砂岩）

红河油田长 8 剪切裂缝

（H166 井，2398.4m，细砂岩）

红河油田长 8 两组正交裂缝

（H29 井，2195.9m，细砂岩）

红河油田长 8 剪切裂缝

（H65 井，2260.96m，泥质粉砂岩）

红河油田长 8 剪切裂缝

（H47 井，1897.85m，粉砂岩）

红河油田长 8 剪切裂缝

（H69 井，2048.2m，泥质粉砂岩）

红河油田长 8 充填的水平剪切裂缝

（H71 井，2409.68m，泥质粉砂岩）

红河油田长 8 一组平行剪切裂缝
（ZJ19 井，2077.45m，粉砂岩）

红河油田长 8 剪切裂缝含油性好
（ZJ26 井，2062.6m，细砂岩）

红河油田长 8 裂缝含油性好
（H70，2119.76m，细砂岩）

红河油田长 8 裂缝含油性好
（H133 井，1921.9m，细砂岩）

马岭油田长 8 剪切裂缝
（L216 井，2574.18m，细砂岩）

马岭油田长 8 剪切裂缝
（L248 井，2450.52m，细砂岩）

马岭油田长 8 剪切裂缝
（M30 井，2421.4m，细砂岩）

马岭油田长 8 层理缝
（L252 井，2111.95m，细砂岩）

姬塬油田长 4+5 充填裂缝与有效裂缝
（G155 井，2300.2m）

安塞油田长 6 微构造裂缝
（W19-3 井，细砂岩）

安塞油田长 6 微构造裂缝（X2-5 井，细砂岩）

安塞油田长 6 微层理缝（X7-8 井，细砂岩）

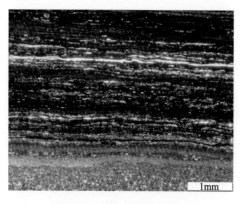

泾河地区长 7 微页理缝
（J4 井，页岩）

西峰油田长 8 微构造裂缝
（X105 井，细砂岩）

西峰油田长 8 微构造裂缝
（Z13 井，细砂岩）

西峰油田长 8 微构造裂缝
（Z13 井，粉砂岩）

西峰油田长 8 微构造裂缝
（Z13 井，细砂岩）

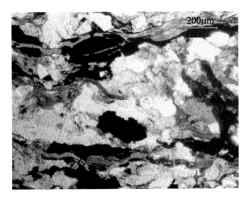
西峰油田长 8 微构造裂缝
（Z13 井，细砂岩）

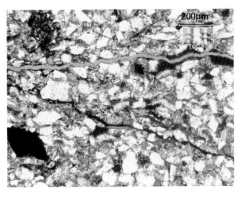
西峰油田长 8 微构造裂缝
（Z41 井，粉砂岩）

西峰油田长 8 微构造裂缝
（Z34 井，细砂岩）

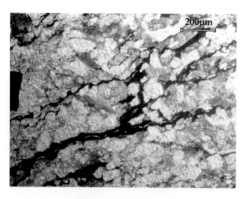

西峰油田长 8 微层理缝

（Z34 井，细砂岩）

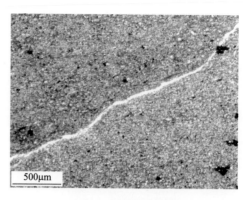

红河油田长 8 微层理缝

（H105 井）

红河油田长 8 微构造裂缝

（ZJ19 井，2296.6m）

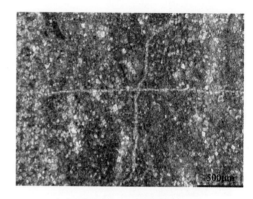

红河油田长 8 两期微构造裂缝

（ZJ52 井，1783.0m）

金锁关剖面延长组北东向和西北向构造裂缝

金锁关剖面延长组构造裂缝

平凉剖面延长组构造裂缝

平凉剖面延长组构造裂缝

汭水河剖面延长组构造裂缝

汭水河剖面延长组构造裂缝

董家河剖面长 6 两组正交裂缝

枣林子剖面长 6 构造裂缝

谭家河剖面长 6 构造裂缝

谭家河剖面长 6 构造裂缝

谭家河剖面长 6 构造裂缝

旬邑县剖面长 7 页岩中的构造裂缝

王家河剖面长 7 构造裂缝

甘裕剖面长 8 构造裂缝

平面上呈雁列式排列的剪切裂缝(长 8)

剖面上呈雁列式排列的剪切裂缝(长 8)

张家滩剖面长 7 段天然裂缝